線性代數（第四版）

杜之韓、劉麗、吳曦 編著

行列式的性質　行列式按行(列)展開定理
矩陣及其運算　矩陣的初等變換與矩陣的秩
向量組的線性關係　矩陣的秩　向量組的秩　其次線性方程組解的結構
線性空間　維數　基與坐標　標準正交基
相似矩陣與矩陣對角化　實對稱矩陣的對角化
標準形　正定二次型
線性規劃教學模型　層次分析數學模型

財經錢線

第四版前言

　　本書於2003年1月問世,作為經濟類、管理類專業本科線性代數教材已在西南財經大學的學生中使用過十二屆。其間曾出版過修訂版與第三版。較之於前三版,第四版主要的變動是:

　　(1) 對某些概念的陳述做了調整,使之更精確、完整。

　　(2) 在行列式、矩陣等有難度的章節中增加了例題。

　　(3) 對各章節的習題做了部分的增減。

　　感謝十三年來使用過本教材的所有老師與同學,他們在授課或學習中提出的寶貴意見使本教材日臻完善。

　　第四版的修訂工作主要由趙建容、吳曦、韓本山完成。

編　者

目　　錄

1　n 階行列式 ·· (1)
　　§1.1　n 階行列式 ·· (1)
　　§1.2　行列式的性質 ·· (7)
　　§1.3　行列式按行(列)展開定理 ································· (16)
　　§1.4　克萊姆法則 ·· (28)
　　復習題一 ·· (33)
2　矩陣 ··· (39)
　　§2.1　矩陣及其運算 ··· (39)
　　§2.2　逆矩陣 ·· (52)
　　§2.3　分塊矩陣 ·· (61)
　　§2.4　矩陣的初等變換與矩陣的秩 ······························ (67)
　　復習題二 ·· (79)
3　線性方程組 ··· (84)
　　§3.1　消元法 ·· (84)
　　§3.2　n 維向量 ·· (94)
　　§3.3　向量組的線性關係 ·· (97)
　　§3.4　向量組的秩 ·· (106)
　　§3.5　齊次線性方程組解的結構 ·································· (115)
　　§3.6　非齊次線性方程組解的結構 ······························ (121)
　　復習題三 ·· (127)
4　線性空間 ··· (134)
　　§4.1　線性空間 ·· (134)
　　§4.2　維數、基與坐標 ··· (136)
　　§4.3　內積 ·· (141)
　　§4.4　標準正交基 ·· (144)
　　復習題四 ·· (150)

1

5　矩陣的特徵值與特徵向量 ……………………………………（153）

§5.1　矩陣的特徵值與特徵向量 ……………………………（153）

§5.2　相似矩陣與矩陣對角化 ………………………………（163）

§5.3　實對稱矩陣的對角化 …………………………………（171）

復習題五 ……………………………………………………（179）

6　二次型 ………………………………………………………（185）

§6.1　二次型 …………………………………………………（185）

§6.2　標準形 …………………………………………………（190）

§6.3　正定二次型 ……………………………………………（200）

復習題六 ……………………………………………………（206）

7　若干經濟數學模型 …………………………………………（210）

§7.1　投入產出數學模型 ……………………………………（210）

§7.2　線性規劃數學模型 ……………………………………（215）

§7.3　層次分析數學模型 ……………………………………（219）

參考答案 ………………………………………………………（226）

參考文獻 ………………………………………………………（252）

1　n 階行列式

線性代數的研究對象之一是較初等數學中的二元一次方程組、三元一次方程組更為一般的,由 m 個方程組成的含有 n 個變量的一次方程組. 今後我們稱之為 n 元線性方程組. 行列式是在對線性方程組的研究中開發出來的一種重要工具. 通過本章的學習,我們將看到,正是行列式工具的引入,才使得由 n 個方程組成的 n 元線性方程組的解以極其完美的形式展現於人們面前. 隨著本書內容的展開,我們還將看到,行列式還有超越線性方程組的更為廣泛的應用.

§1.1　n 階行列式

§1.1.1　排列及其奇偶性

為了給出 n 階行列式的定義須引入排列的概念.

稱 n 個不同元素的全排列為一個 n 級排列. 本書論及的主要是自然數特別是前 n 個自然數的排列. 顯然,前 n 個自然數可構成 $n!$ 個不同的 n 級排列,其中 $n! = 1 \times 2 \times \cdots \times n$. 通常記作

$$i_1 i_2 \cdots i_n, \text{其中 } i_k (k = 1, 2, \cdots, n) \in \{1, 2, \cdots, n\} \tag{1.1}$$

設 i_s 和 i_t 為 n 級排列 (1.1) 中任意兩個數,且有 $s < t$. 若 $i_s > i_t$,則稱數對 (i_s, i_t) 構成一個**逆序**,否則稱 (i_s, i_t) 構成一個**順序**. 稱一個 n 級排列中的逆序總數為此排列的**逆序數**,記作 $\tau(i_1 i_2 \cdots i_n)$. 當一個排列的逆序數為奇數時,稱此排列為**奇排列**; 當一個排列的逆序數為偶數時,稱此排列為**偶排列**. 依此,n 級排列「$1, 2 \cdots n$」中任何數對都不構成逆序,故有 $\tau(1, 2 \cdots n) = 0$,且此排列為偶排列. 今後稱此排列為前 n 個自然數的**自然排列**. n 級排列「$n\ \overline{n-1} \cdots 3, 2, 1$」中任何數對都構成逆序,故有

$$\tau(n\ \overline{n-1} \cdots 3, 2, 1) = C_n^2 = \frac{n(n-1)}{2}$$

易知,當 $n = 4k(k = 1,2,3\cdots)$ 或 $n = 4k + 1(k = 0,1,2,\cdots)$ 時此排列為偶排列;當 $n = 4k + 2$ 或 $n = 4k + 3(k = 0,1,2\cdots)$ 時此排列為奇排列. 對於任意給定的一個 n 級排列,可以通過依次計數其逆序數來確定其奇偶性.

例 1 試確定 5 級排列(1)52413 及(2)53412 的奇偶性.

解 (1) 此排列中構成逆序的數對依次為 $(5,2),(5,4),(5,1),(5,3),(2,1),(4,1),(4,3)$. 於是 $\tau(52413) = 7$,從而 52413 是奇排列.

(2) 此排列中構成逆序的數對依次為 $(5,3),(5,4),(5,1),(5,2),(3,1),(3,2),(4,1),(4,2)$. 於是 $\tau(53412) = 8$,從而 53412 是偶排列.

我們注意到,例 1 中排列(2)是由排列(1)交換其排在第二和第五位的兩個數 2 和 3 的位置而得到的. 結果(1),(2)兩個排列具有不同的奇偶性. 其實這裡蘊藏著一個一般的規律性.

一般地,將一個 n 級排列中某兩個數交換位置稱作對該排列施行的一次**對換**. 特別地,若交換的是相鄰兩個數,則稱作**相鄰對換**. 我們有以下的結論:

定理 1.1 經一次對換,排列改變其奇偶性.

證明 先考慮相鄰對換的情形.

設 n 級排列 $i_1\cdots i_m a b j_1\cdots j_l$ 經相鄰對換變成

$$i_1\cdots i_m b a j_1\cdots j_l$$

顯然,這一變化只使 a,b 兩數間的「序」發生變化:若 (a,b) 為逆序,則 (b,a) 為順序;若 (a,b) 為順序,則 (b,a) 為逆序. 其餘任意兩數間的序都保持不變. 這樣,兩個排列的逆序數恰相差 1. 從而相鄰對換改變了排列的奇偶性.

再考慮非相鄰對換的情形.

設 n 級排列

$$i_1\cdots i_r a k_1\cdots k_s b j_1\cdots j_l \tag{1.2}$$

經非相鄰對換變成新排列

$$i_1\cdots i_r b k_1\cdots k_s a j_1\cdots j_l \tag{1.3}$$

這一變化亦可通過一系列的相鄰對換實現:將原排列中的數 a 依次與其後的 $k_1\cdots k_s b$ 作相鄰對換(共 $s + 1$ 次)變成排列

$$i_1\cdots i_r k_1\cdots k_s b a j_1\cdots j_l \tag{1.4}$$

再將數 b 依次與其前面的 $k_s\cdots k_1$ 作相鄰對換(共 s 次). 這樣,經 $2s + 1$ 次相鄰對換,排列(1.2)變成排列(1.3),其間經歷了 $2s + 1$ 次奇偶性的變化,從而最終改變了排列的奇偶性.

推論 在全部 n 級排列中$(n \geqslant 2)$,奇排列、偶排列各占一半.

證明 設全部 n 級排列中,奇排列、偶排列個數分別為 s 和 t. 因為將每個奇排列的前兩個數作對換,即可得到 s 個不同的偶排列,從而 $s \leqslant t$;同理可得 $t \leqslant s$. 於是 $s = t$,即奇偶排列各占一半.

最後我們指出,容易驗證,任意 n 級排列都可經過有限次對換變成自然排列.

§1.1.2 n 階行列式定義

定義 1.1 將 n^2 個數依(1.5)式排列並標記:

$$\begin{vmatrix} a_{11} & a_{12} & \cdots & a_{1n} \\ a_{21} & a_{22} & \cdots & a_{2n} \\ \cdots & \cdots & \cdots & \cdots \\ a_{n1} & a_{n2} & \cdots & a_{nn} \end{vmatrix} \tag{1.5}$$

稱(1.5)為一個 n 階行列式(其中橫向排列的 n 個數構成行列式的**行**,縱向排列的數構成行列式的**列**. 行列式中的數 a_{ij} 又稱**元素**. 其第一下標和第二下標分別表示此元素所處的行和列,依次簡稱**行標**和**列標**),它表示取自不同行及不同列的元素的全部 $n!$ 個乘積的代數和,即有

$$\begin{vmatrix} a_{11} & a_{12} & \cdots & a_{1n} \\ a_{21} & a_{22} & \cdots & a_{2n} \\ \cdots & \cdots & \cdots & \cdots \\ a_{n1} & a_{n2} & \cdots & a_{nn} \end{vmatrix} = \sum_{j_1 j_2 \cdots j_n} (-1)^{\tau(j_1 j_2 \cdots j_n)} a_{1j_1} a_{2j_2} \cdots a_{nj_n} \tag{1.6}$$

特別地,1 階行列式 $|a_{11}| = a_{11}$.

稱行列式的自左上角至右下角的對角線為行列式的**主對角線**,另一條對角線為**次對角線**.

依定義 1.1,(1.6)式右端和式(稱之為行列式的**展開式**)中每一項符號的確定規則是:當該項中的因子(即行列式中的元素)的行標依次成自然排列時,若其列標所構成的 n 級排列 $j_1 j_2 \cdots j_n$ 為偶排列,則該項賦予正號,否則賦予負號. 符號「$\sum_{j_1 j_2 \cdots j_n}$」表示對全部 n 級排列求和.

例 2 2 階行列式

$$\begin{vmatrix} a_{11} & a_{12} \\ a_{21} & a_{22} \end{vmatrix} = (-1)^{\tau(12)} a_{11} a_{22} + (-1)^{\tau(21)} a_{12} a_{21} = a_{11} a_{22} - a_{12} a_{21}$$

3 階行列式

$$\begin{vmatrix} a_{11} & a_{12} & a_{13} \\ a_{21} & a_{22} & a_{23} \\ a_{31} & a_{32} & a_{33} \end{vmatrix} = (-1)^{\tau(123)} a_{11}a_{22}a_{33} + (-1)^{\tau(231)} a_{12}a_{23}a_{31}$$
$$+ (-1)^{\tau(312)} a_{13}a_{21}a_{32} + (-1)^{\tau(321)} a_{13}a_{22}a_{31}$$
$$+ (-1)^{\tau(132)} a_{11}a_{23}a_{32} + (-1)^{\tau(213)} a_{12}a_{21}a_{33}$$
$$= a_{11}a_{22}a_{33} + a_{12}a_{23}a_{31} + a_{13}a_{21}a_{32} - a_{13}a_{22}a_{31}$$
$$- a_{11}a_{23}a_{32} - a_{12}a_{21}a_{33}$$

事實上,由於2、3階行列式的展開式分別只有2項和6項,其符號規律比較容易掌握,讀者不妨自己總結並牢記. 下圖展示了3階行列式中正項與負項的構成規則:

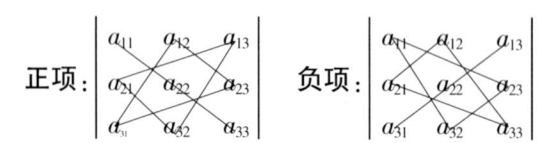

正項: $\begin{vmatrix} a_{11} & a_{12} & a_{13} \\ a_{21} & a_{22} & a_{23} \\ a_{31} & a_{32} & a_{33} \end{vmatrix}$ 負項: $\begin{vmatrix} a_{11} & a_{12} & a_{13} \\ a_{21} & a_{22} & a_{23} \\ a_{31} & a_{32} & a_{33} \end{vmatrix}$

例3 設

$$D = \begin{vmatrix} a_{11} & a_{12} \\ a_{21} & a_{22} \end{vmatrix} \neq 0, D_1 = \begin{vmatrix} b_1 & a_{12} \\ b_2 & a_{22} \end{vmatrix}, D_2 = \begin{vmatrix} a_{11} & b_1 \\ a_{21} & b_2 \end{vmatrix}$$

試證明 $x_1 = \dfrac{D_1}{D}, x_2 = \dfrac{D_2}{D}$ 是二元線性方程組

$$\begin{cases} a_{11}x_1 + a_{12}x_2 = b_1 \\ a_{21}x_1 + a_{22}x_2 = b_2 \end{cases}$$

的解.

證明 將 x_1, x_2 中的 D, D_1, D_2 依行列式定義展開後代入方程組驗證即得(詳細計算留給讀者來完成).

事實上還可以證明這是方程組的唯一解. 而且,對於含有 n 個方程的 n 元線性方程組亦有類似的結果,我們將在 §1.4 中對此作詳細討論.

例4 計算下列行列式:

$$(1) D = \begin{vmatrix} a & 0 & 0 & 0 & 0 \\ 0 & 0 & 0 & b & 0 \\ 0 & 0 & 0 & 0 & c \\ 0 & 0 & d & 0 & 0 \\ 0 & e & 0 & 0 & 0 \end{vmatrix}; \quad (2) D = \begin{vmatrix} a_{11} & 0 & \cdots & 0 \\ a_{21} & a_{22} & \cdots & 0 \\ \cdots & \cdots & \cdots & \cdots \\ a_{n1} & a_{n2} & \cdots & a_{nn} \end{vmatrix}.$$

解 （1）因行列式展開式中每一項都是行列式中來自不同行且不同列的元素的乘積，乘積中只要有一個因子是零此項就是零，而此5階行列式中可能的非零元素唯有 a、b、c、d、e 5 個，它們恰來自不同的行與列，故得

$$D = (-1)^{\tau(14532)} abcde = -abcde.$$

（2）依定義1.1,此行列式的展開式中有眾多的零項，其可能的非零項必具以下形式（略去其符號，下同）

$$a_{11}a_{2j_2}a_{3j_3}\cdots a_{nj_n}$$

因上述項中已有來自行列式第一列的因子 a_{11}，故 a_{2j_2} 只能是 $a_{22}, a_{23}, \cdots a_{2n}$ 中的某一個，但其間只有 a_{22} 可能是非零的，於是行列式可能的非零項為

$$a_{11}a_{22}a_{3j_3}\cdots a_{nj_n}$$

類似上述分析最終不難推得，行列式(2)的可能的非零項只有 1 項：$a_{11}a_{22}\cdots a_{nn}$. 從而得

$$D = (-1)^{\tau(12\cdots n)} a_{11}a_{22}\cdots a_{nn} = a_{11}a_{22}\cdots a_{nn}$$

今後稱形如(2)的行列式為**下三角行列式**. 上述計算表明，下三角行列式等於其主對角線上元素的乘積.

最後,我們不加證明地給出 n 階行列式的如下等價定義：

定義 1.2

$$\begin{vmatrix} a_{11} & a_{12} & \cdots & a_{1n} \\ a_{21} & a_{22} & \cdots & a_{2n} \\ \cdots & \cdots & \cdots & \cdots \\ a_{n1} & a_{n2} & \cdots & a_{nn} \end{vmatrix} = \sum_{i_1 i_2 \cdots i_n} (-1)^{\tau(i_1 i_2 \cdots i_n)} a_{i_1 1} a_{i_2 2} \cdots a_{i_n n} \qquad (1.7)$$

有興趣的讀者可以通過證明(1.6),(1.7)式右端的展開式完全相同從而證明定義1.2與定義1.1完全等價.

習題 1.1

1. 試確定下列各排列的奇偶性：

   (1) 453162;　　　　　　　(2) 7146523;

   (3) $13\cdots(2k-1)24\cdots(2k)$,($k$ 為自然數).

2. 試確定 i、j,使下面的(前 8 個自然數的)8 級排列成為偶排列：

   (1) $i45178j3$;　　　　　　(2) $8i13j765$.

3. 計算下列行列式：

(1) $\begin{vmatrix} \cos\alpha & \sin\alpha \\ \sin\alpha & \cos\alpha \end{vmatrix}$

(2) $\begin{vmatrix} 1 & -2 & 3 \\ 2 & 1 & -1 \\ 4 & -3 & 5 \end{vmatrix}$

(3) $\begin{vmatrix} x & -1 & 2 \\ 1 & x & 3 \\ 2 & -2 & x \end{vmatrix}$

(4) $\begin{vmatrix} 1 & -1 & 0 \\ 2 & x & -1 \\ 3 & 0 & x \end{vmatrix}$

(5) $\begin{vmatrix} 4 & 0 & 0 & 0 & 0 \\ -1 & 0 & 2 & 0 & 0 \\ 0 & -1 & 4 & 0 & 0 \\ 0 & 3 & 0 & 3 & 0 \\ 0 & 0 & 0 & 2 & 5 \end{vmatrix}$

(6) $\begin{vmatrix} 0 & 0 & \cdots & 0 & 1 & 0 \\ 0 & 0 & \cdots & 2 & 0 & 0 \\ \cdots & \cdots & \cdots & \cdots & \cdots & \cdots \\ 0 & n-2 & \cdots & 0 & 0 & 0 \\ n-1 & 0 & \cdots & 0 & 0 & 0 \\ 0 & 0 & \cdots & 0 & 0 & n \end{vmatrix}$

(7) $\begin{vmatrix} 0 & 0 & \cdots & 0 & a_{1n} \\ 0 & 0 & \cdots & a_{2,n-1} & a_{2n} \\ \cdots & \cdots & \cdots & \cdots & \cdots \\ 0 & a_{n-1,2} & \cdots & a_{n-1,n-1} & a_{n-1,n} \\ a_{n1} & a_{n2} & \cdots & a_{n,n-1} & a_{nn} \end{vmatrix}$

(8) $\begin{vmatrix} a_{11} & a_{12} & a_{13} & a_{14} & a_{15} \\ a_{21} & a_{22} & a_{23} & a_{24} & a_{25} \\ a_{31} & a_{32} & 0 & 0 & 0 \\ a_{41} & a_{42} & 0 & 0 & 0 \\ a_{51} & a_{52} & 0 & 0 & 0 \end{vmatrix}$

§1.2 行列式的性質

根據行列式的定義,一個 n 階行列式的展開式有 $n!$ 項. 不難想見,當 n 較大時,這是一項多麼煩冗的計算! 於是,揭示行列式的計算規律,並利用這些規律來簡化行列式的計算,便成為行列式研究的重要課題.

下面依次給出行列式的 5 條性質及其推論,以揭示對一個行列式實施的哪些變動不會改變行列式的值,哪些變動會使行列式的值發生規律性變化,以及行列式具有什麼特徵時其值為零.

設 n 階行列式

$$D = \begin{vmatrix} a_{11} & a_{12} & \cdots & a_{1n} \\ a_{21} & a_{22} & \cdots & a_{2n} \\ \cdots & \cdots & \cdots & \cdots \\ a_{n1} & a_{n2} & \cdots & a_{nn} \end{vmatrix}$$

稱將 D 中的行、列依次互換後所成的行列式為 D 的**轉置行列式**. 記作 D^T. 即有

$$D^T = \begin{vmatrix} a_{11} & a_{21} & \cdots & a_{n1} \\ a_{12} & a_{22} & \cdots & a_{n2} \\ \cdots & \cdots & \cdots & \cdots \\ a_{1n} & a_{2n} & \cdots & a_{nn} \end{vmatrix}$$

性質 1 $D^T = D.$

證明 設行列式 D^T 中位於第 i 行、第 j 列的元素為 b_{ij}. 則有

$$b_{ij} = a_{ji} \quad (i,j = 1,2,\cdots,n)$$

於是,由定義 1.1

$$D^T = \sum_{j_1 j_2 \cdots j_n} (-1)^{\tau(j_1 j_2 \cdots j_n)} b_{1j_1} b_{2j_2} \cdots b_{nj_n}$$
$$= \sum_{j_1 j_2 \cdots j_n} (-1)^{\tau(j_1 j_2 \cdots j_n)} a_{j_1 1} a_{j_2 2} \cdots a_{j_n n}$$

再由定義 1.2,$D^T = D.$

性質 1 表明,行列式中行與列的地位完全相當,因而下面給出的行列式有關行的性質對列亦成立,以下不再一一說明.

性質 2 將 D 中兩行元素對調變成行列式 D_1,則 $D_1 = -D.$

證明 設

$$D = \begin{vmatrix} a_{11} & a_{12} & \cdots & a_{1n} \\ \cdots & \cdots & \cdots & \cdots \\ a_{s1} & a_{s2} & \cdots & a_{sn} \\ \cdots & \cdots & \cdots & \cdots \\ a_{t1} & a_{t2} & \cdots & a_{tn} \\ \cdots & \cdots & \cdots & \cdots \\ a_{n1} & a_{n2} & \cdots & a_{nn} \end{vmatrix}$$

將第 s 行與第 t 行對調變成

$$D_1 = \begin{vmatrix} b_{11} & b_{12} & \cdots & b_{1n} \\ \cdots & \cdots & \cdots & \cdots \\ b_{s1} & b_{s2} & \cdots & b_{sn} \\ \cdots & \cdots & \cdots & \cdots \\ b_{t1} & b_{t2} & \cdots & b_{tn} \\ \cdots & \cdots & \cdots & \cdots \\ b_{n1} & b_{n2} & \cdots & b_{nn} \end{vmatrix} \quad (1 \leqslant s < t \leqslant n)$$

則,由假設有

$$b_{sj} = a_{tj}, b_{tj} = a_{sj}, b_{ij} = a_{ij} (i \neq s, t; j = 1, 2, \cdots, n)$$

由定義 1.1

$$D_1 = \sum_{j_1 j_2 \cdots j_n} (-1)^{\tau(j_1 \cdots j_s \cdots j_t \cdots j_n)} b_{1j_1} \cdots b_{sj_s} \cdots b_{tj_t} \cdots b_{nj_n}$$

$$= \sum_{j_1 j_2 \cdots j_n} (-1)^{\tau(j_1 \cdots j_s \cdots j_t \cdots j_n)} a_{1j_1} \cdots a_{tj_s} \cdots a_{sj_t} \cdots a_{nj_n}$$

$$= \sum_{j_1 j_2 \cdots j_n} (-1)^{\tau(j_1 \cdots j_s \cdots j_t \cdots j_n)} a_{1j_1} \cdots a_{sj_t} \cdots a_{tj_s} \cdots a_{nj_n}$$

注意,上面第三個等號右端的和式中每一項的因子(即行列式 D 的元素)的行標已成自然排列,而列標所成的 n 級排列與該項前面的符號因子 $(-1)^{\tau(j_1 \cdots j_s \cdots j_t \cdots j_n)}$ 中的 n 級排列剛好相差一次對換,從而 $(-1)^{\tau(j_1 \cdots j_t \cdots j_s \cdots j_n)}$ $= -(-1)^{\tau(j_1 \cdots j_s \cdots j_t \cdots j_n)}$,於是得

$$D_1 = -\sum_{j_1 j_2 \cdots j_n} (-1)^{\tau(j_1 \cdots j_t \cdots j_s \cdots j_n)} a_{1j_1} \cdots a_{sj_t} \cdots a_{tj_s} \cdots a_{nj_n} = -D$$

將性質 2 用於有兩行完全相同的行列式 D 上：互換 D 中相同的兩行,得 $D = -D$,從而 $D = 0$. 我們將此結果敘述成如下的推論：

推論 若行列式 D 中有兩行完全相同,則 $D = 0$.

性質 3 行列式中某行的公共因子可以提到行列式外面來. 即有

$$D = \begin{vmatrix} a_{11} & a_{12} & \cdots & a_{1n} \\ \cdots & \cdots & \cdots & \cdots \\ ka_{i1} & ka_{i2} & \cdots & ka_{in} \\ \cdots & \cdots & \cdots & \cdots \\ a_{n1} & a_{n2} & \cdots & a_{nn} \end{vmatrix} = k \begin{vmatrix} a_{11} & a_{12} & \cdots & a_{1n} \\ \cdots & \cdots & \cdots & \cdots \\ a_{i1} & a_{i2} & \cdots & a_{in} \\ \cdots & \cdots & \cdots & \cdots \\ a_{n1} & a_{n2} & \cdots & a_{nn} \end{vmatrix} = kD_1$$

證明 由定義 1.1

$$D = \sum_{j_1 j_2 \cdots j_n} (-1)^{\tau(j_1 \cdots j_i \cdots j_n)} a_{1j_1} \cdots (ka_{ij_i}) \cdots a_{nj_n}$$
$$= k \sum_{j_1 j_2 \cdots j_n} (-1)^{\tau(j_1 \cdots j_i \cdots j_n)} a_{1j_1} \cdots a_{ij_i} \cdots a_{nj_n} = kD_1$$

推論 1 若行列式 D 中某行元素全為零,則 $D = 0$.

推論 2 若行列式 D 中某兩行的對應元素成比例,則 $D = 0$.

性質 4 若行列式 D 中某行的每個元素都是兩數之和,則 D 可依此行拆成兩個行列式 D_1 與 D_2 之和,即有

$$D = \begin{vmatrix} a_{11} & a_{12} & \cdots & a_{1n} \\ \cdots & \cdots & \cdots & \cdots \\ b_{i1} + c_{i1} & b_{i2} + c_{i2} & \cdots & b_{in} + c_{in} \\ \cdots & \cdots & \cdots & \cdots \\ a_{n1} & a_{n2} & \cdots & a_{nn} \end{vmatrix}$$

$$= \begin{vmatrix} a_{11} & a_{12} & \cdots & a_{1n} \\ \cdots & \cdots & \cdots & \cdots \\ b_{i1} & b_{i2} & \cdots & b_{in} \\ \cdots & \cdots & \cdots & \cdots \\ a_{n1} & a_{n2} & \cdots & a_{nn} \end{vmatrix} + \begin{vmatrix} a_{11} & a_{12} & \cdots & a_{1n} \\ \cdots & \cdots & \cdots & \cdots \\ c_{i1} & c_{i2} & \cdots & c_{in} \\ \cdots & \cdots & \cdots & \cdots \\ a_{n1} & a_{n2} & \cdots & a_{nn} \end{vmatrix} = D_1 + D_2$$

讀者可利用定義 1.1 自己給出性質 4 的證明. 根據性質 4 及性質 3 的推論 2, 容易得出行列式計算中應用最多的下面的性質:

性質 5 將行列式中某行元素的 k 倍加到另一行的相應元素上,行列式的值不變. 即有

$$\begin{vmatrix} a_{11} & a_{12} & \cdots & a_{1n} \\ \cdots & \cdots & \cdots & \cdots \\ a_{s1} & a_{s2} & \cdots & a_{sn} \\ \cdots & \cdots & \cdots & \cdots \\ a_{t1} & a_{t2} & \cdots & a_{tn} \\ \cdots & \cdots & \cdots & \cdots \\ a_{n1} & a_{n2} & \cdots & a_{nn} \end{vmatrix} = \begin{vmatrix} a_{11} & a_{12} & \cdots & a_{1n} \\ \cdots & \cdots & \cdots & \cdots \\ a_{s1}+ka_{t1} & a_{s2}+ka_{t2} & \cdots & a_{sn}+ka_{tn} \\ \cdots & \cdots & \cdots & \cdots \\ a_{t1} & a_{t2} & \cdots & a_{tn} \\ \cdots & \cdots & \cdots & \cdots \\ a_{n1} & a_{n2} & \cdots & a_{nn} \end{vmatrix}$$

行列式的性質何以能簡化行列式的計算？請看以下例題．

例1　計算上三角行列式

$$D = \begin{vmatrix} a_{11} & a_{12} & \cdots & a_{1n} \\ 0 & a_{22} & \cdots & a_{2n} \\ \cdots & \cdots & \cdots & \cdots \\ 0 & 0 & \cdots & a_{nn} \end{vmatrix}$$

解　注意到 D 的轉置行列式 D^T 恰是下三角行列式，由 §1.1 例4 得

$$D = D^T = a_{11}a_{22}\cdots a_{nn}$$

即上三角行列式等於其主對角線上元素的乘積．

至此我們看到，上、下三角行列式都等於其主對角線元素的乘積．這一結果在行列式計算中常被人們加以利用．

為了清楚地反應行列式的變化過程，特規定以下記號：

「$r_i \leftrightarrow r_j$」表示將行列式的第 i, j 行對調；

「$r_i + kr_j$」表示將行列式的第 j 行的 k 倍加到第 i 行；

此外約定，對行列式的列施行的類似變化只須將上述記號中的字母「r」換作「c」．

例如，「$c_2 - 3c_4$」表示將第 4 列的 (-3) 倍加到第 2 列；「$c_4 + c_1 + c_2 + c_3$」表示將第 1、2、3 列都加到第 4 列上去．

例2　計算行列式

$$D = \begin{vmatrix} 2 & -1 & 0 & 1 \\ 1 & 0 & 2 & 3 \\ -3 & 1 & 1 & -1 \\ 3 & 2 & 0 & 2 \end{vmatrix}$$

解

$$D \xrightarrow{r_1 \leftrightarrow r_2} - \begin{vmatrix} 1 & 0 & 2 & 3 \\ 2 & -1 & 0 & 1 \\ -3 & 1 & 1 & -1 \\ 3 & 2 & 0 & 2 \end{vmatrix} \xrightarrow[r_4 - 3r_1]{r_2 - 2r_1, r_3 + 3r_1} - \begin{vmatrix} 1 & 0 & 2 & 3 \\ 0 & -1 & -4 & -5 \\ 0 & 1 & 7 & 8 \\ 0 & 2 & -6 & -7 \end{vmatrix}$$

$$\xrightarrow{r_3 + r_2, r_4 + 2r_2} - \begin{vmatrix} 1 & 0 & 2 & 3 \\ 0 & -1 & -4 & -5 \\ 0 & 0 & 3 & 3 \\ 0 & 0 & -14 & -17 \end{vmatrix} = 3 \begin{vmatrix} 1 & 0 & 2 & 3 \\ 0 & 1 & 4 & 5 \\ 0 & 0 & 1 & 1 \\ 0 & 0 & -14 & -17 \end{vmatrix}$$

$$\xrightarrow{r_4 + 14r_3} 3 \begin{vmatrix} 1 & 0 & 2 & 3 \\ 0 & 1 & 4 & 5 \\ 0 & 0 & 1 & 1 \\ 0 & 0 & 0 & -3 \end{vmatrix} = -9$$

例3 計算行列式

$$D = \begin{vmatrix} 1+x & 1 & 1 & 1 \\ 1 & 1-x & 1 & 1 \\ 1 & 1 & 1+y & 1 \\ 1 & 1 & 1 & 1-y \end{vmatrix}$$

解 若 $y = 0$,則因 D 中第 3、4 行相同,故有 $D = 0$;
若 $y \neq 0$,則

$$D \xrightarrow[(i=2,3,4)]{r_i - r_1} \begin{vmatrix} 1+x & 1 & 1 & 1 \\ -x & -x & 0 & 0 \\ -x & 0 & y & 0 \\ -x & 0 & 0 & -y \end{vmatrix}$$

$$\xrightarrow{c_1 - c_2 + \frac{x}{y}c_3 - \frac{x}{y}c_4} \begin{vmatrix} x & 1 & 1 & 1 \\ 0 & -x & 0 & 0 \\ 0 & 0 & y & 0 \\ 0 & 0 & 0 & -y \end{vmatrix} = x^2 y^2$$

例4 證明

$$\begin{vmatrix} x_1 + y_1 & y_1 + z_1 & z_1 + x_1 \\ x_2 + y_2 & y_2 + z_2 & z_2 + x_2 \\ x_3 + y_3 & y_3 + z_3 & z_3 + x_3 \end{vmatrix} = 2 \begin{vmatrix} x_1 & y_1 & z_1 \\ x_2 & y_2 & z_2 \\ x_3 & y_3 & z_3 \end{vmatrix}$$

11

證明 方法1. 由性質4,左端行列式 D 可依第1列拆成兩個行列式 D_1、D_2 之和:$D = D_1 + D_2$;同理,D_1、D_2 又可分別依第2列拆成 $D_1 = D_{11} + D_{12}$, $D_2 = D_{21} + D_{22}$;最後 D_{11}、D_{12}、D_{21}、D_{22} 又可依第3列各自拆成兩個行列式之和.顯然,在這8個行列式中,有6個行列式均有兩個相同的列從而值為零,於是得

$$D = \begin{vmatrix} x_1 & y_1 & z_1 \\ x_2 & y_2 & z_2 \\ x_3 & y_3 & z_3 \end{vmatrix} + \begin{vmatrix} y_1 & z_1 & x_1 \\ y_2 & z_2 & x_2 \\ y_3 & z_3 & x_3 \end{vmatrix}$$

注意到上式右端第2個行列式只須依次對調1、3列,2、3列即成第1個行列式,故原等式成立.

方法2.

$$D \xrightarrow{c_3 - c_1 + c_2} \begin{vmatrix} x_1 + y_1 & y_1 + z_1 & 2z_1 \\ x_2 + y_2 & y_2 + z_2 & 2z_2 \\ x_3 + y_3 & y_3 + z_3 & 2z_3 \end{vmatrix}$$

$$= 2 \begin{vmatrix} x_1 + y_1 & y_1 + z_1 & z_1 \\ x_2 + y_2 & y_2 + z_2 & z_2 \\ x_3 + y_3 & y_3 + z_3 & z_3 \end{vmatrix} \xrightarrow[c_1 - c_2]{c_2 - c_3} 2 \begin{vmatrix} x_1 & y_1 & z_1 \\ x_2 & y_2 & z_2 \\ x_3 & y_3 & z_3 \end{vmatrix}$$

例5 計算行列式

$$D = \begin{vmatrix} b & a & a & \cdots & a \\ a & b & a & \cdots & a \\ a & a & b & \cdots & a \\ \cdots & \cdots & \cdots & \cdots & \cdots \\ a & a & a & \cdots & b \end{vmatrix}$$

解

$$D \xrightarrow{c_1 + c_2 + c_3 + \cdots + c_n} \begin{vmatrix} (n-1)a + b & a & a & \cdots & a \\ (n-1)a + b & b & a & \cdots & a \\ (n-1)a + b & a & b & \cdots & a \\ \cdots & \cdots & \cdots & \cdots & \cdots \\ (n-1)a + b & a & a & \cdots & b \end{vmatrix}$$

$$= [(n-1)a+b] \begin{vmatrix} 1 & a & a & \cdots & a \\ 1 & b & a & \cdots & a \\ 1 & a & b & \cdots & a \\ \cdots & \cdots & \cdots & \cdots & \cdots \\ 1 & a & a & \cdots & b \end{vmatrix}$$

$$\xrightarrow[(i=2,3,\cdots,n)]{r_i - r_1} [(n-1)a+b] \begin{vmatrix} 1 & a & a & \cdots & a \\ 0 & b-a & 0 & \cdots & 0 \\ 0 & 0 & b-a & \cdots & 0 \\ \cdots & \cdots & \cdots & \cdots & \cdots \\ 0 & 0 & 0 & \cdots & b-a \end{vmatrix}$$

$$= [(n-1)a+b](b-a)^{n-1}$$

例6 计算行列式 $D = \begin{vmatrix} a_1+x_1 & a_2 & a_3 & \cdots & a_n \\ a_1 & a_2+x_2 & a_3 & \cdots & a_n \\ a_1 & a_2 & a_3+x_3 & \cdots & a_n \\ \cdots & \cdots & \cdots & \cdots & \cdots \\ a_1 & a_2 & a_3 & \cdots & a_n+x_n \end{vmatrix}$,其中 $x_1 x_2 \cdots x_n \neq 0$.

解

$$D \xrightarrow[(i=2,3,\cdots,n)]{r_i - r_1} \begin{vmatrix} a_1+x_1 & a_2 & a_3 & \cdots & a_n \\ -x_1 & x_2 & 0 & \cdots & 0 \\ -x_1 & 0 & x_3 & \cdots & 0 \\ \cdots & \cdots & \cdots & \cdots & \cdots \\ -x_1 & 0 & 0 & \cdots & x_n \end{vmatrix}$$

$$\xrightarrow{c_1 + x_1 \sum_{i=2}^{n} \frac{c_i}{x_i}} \begin{vmatrix} a_1+x_1+x_1\sum_{i=2}^{n}\frac{a_i}{x_i} & a_2 & a_3 & \cdots & a_n \\ 0 & x_2 & 0 & \cdots & 0 \\ 0 & 0 & x_3 & \cdots & 0 \\ \cdots & & \cdots & \cdots & \cdots \\ 0 & 0 & 0 & \cdots & x_n \end{vmatrix}$$

$$= (a_1+x_1+x_1\sum_{i=2}^{n}\frac{a_i}{x_i})x_2 x_3 \cdots x_n = (1+x_1\sum_{i=1}^{n}\frac{a_i}{x_i})x_1 x_2 \cdots x_n$$

上述算例表明,利用行列式的性質可使一些行列式的計算大為簡化.對許多行列式,特別是其元素都是數字的行列式而言,利用性質將其化為上(下)三角行列式(或其他便於計算的形式)常常是有效的.當然,在變化行列式時,方法可以是相當靈活的(讀者不妨嘗試用其他方法計算例2—例5).

為掌握行列式計算的規律,做足夠數量的題是完全有必要的.

習題 1.2

1. 計算行列式

(1) $\begin{vmatrix} 1 & 2 & 0 & 1 \\ 1 & 3 & 5 & 0 \\ 0 & 1 & 5 & 6 \\ 1 & 2 & 3 & 4 \end{vmatrix}$
(2) $\begin{vmatrix} 2 & 1 & 4 & -1 \\ 3 & -1 & 2 & -1 \\ 1 & 2 & 3 & -2 \\ 5 & 0 & 6 & -2 \end{vmatrix}$

(3) $\begin{vmatrix} 2 & 3 & 4 & 1 \\ 3 & 4 & 1 & 2 \\ 4 & 1 & 2 & 3 \\ 1 & 2 & 3 & 4 \end{vmatrix}$
(4) $\begin{vmatrix} 401 & 399 & -1 \\ 398 & 400 & 0 \\ 299 & 298 & 2 \end{vmatrix}$

(5) $\begin{vmatrix} 1 & 1 & 1 & 1 \\ a & b & c & d \\ c & c & d & a \\ 0 & 0 & c-d & b \end{vmatrix}$
(6) $\begin{vmatrix} a & -b & -b & -b \\ a & -b & 0 & 0 \\ a & 0 & c & 0 \\ a & 0 & 0 & -c \end{vmatrix}$

(7) $\begin{vmatrix} 0 & a & b & a \\ a & 0 & a & b \\ b & a & 0 & a \\ a & b & a & 0 \end{vmatrix}$

(8) $\begin{vmatrix} a_1-b & a_2 & a_3 & \cdots & a_n \\ a_1 & a_2-b & a_3 & \cdots & a_n \\ a_1 & a_2 & a_3-b & \cdots & a_n \\ \cdots & \cdots & \cdots & \cdots & \cdots \\ a_1 & a_2 & a_3 & \cdots & a_n-b \end{vmatrix}$

2. 解下列方程

(1) $\begin{vmatrix} 1 & 2 & 3 & x+4 \\ 1 & 2 & x+3 & 4 \\ 1 & x+2 & 3 & 4 \\ x+1 & 2 & 3 & 4 \end{vmatrix} = 0$

(2) $\begin{vmatrix} 2 & 2 & 2 & \cdots & n-x \\ 1 & 1-x & 1 & \cdots & 1 \\ 1 & 1 & 2-x & \cdots & 1 \\ \cdots & \cdots & \cdots & \cdots & \cdots \\ 1 & 1 & 1 & \cdots & (n-1)-x \end{vmatrix} = 0$

3. 證明下列等式

(1) $\begin{vmatrix} x_1+y_1 & y_1+z_1 & z_1+x_1 \\ x_2+y_2 & y_2+z_2 & z_2+x_2 \\ x_3+y_3 & y_3+z_3 & z_3+x_3 \end{vmatrix} = 2 \begin{vmatrix} x_1 & y_1 & z_1 \\ x_2 & y_2 & z_2 \\ x_3 & y_3 & z_3 \end{vmatrix}$

(註:用不同於例 4 的方法)

(2) $\begin{vmatrix} ax+by & ay+bz & az+bx \\ ay+bz & az+bx & ax+by \\ az+bx & ax+by & ay+bz \end{vmatrix} = (a^3+b^3) \begin{vmatrix} x & y & z \\ y & z & x \\ z & x & y \end{vmatrix}$

4. 計算 n 階行列式

(1) $\begin{vmatrix} 0 & 1 & 1 & \cdots & 1 & 1 \\ 1 & 0 & 1 & \cdots & 1 & 1 \\ 1 & 1 & 0 & \cdots & 1 & 1 \\ \cdots & \cdots & \cdots & \cdots & \cdots & \cdots \\ 1 & 1 & 1 & \cdots & 0 & 1 \\ 1 & 1 & 1 & \cdots & 1 & 0 \end{vmatrix}$

(2) $\begin{vmatrix} 1 & 2 & 2 & \cdots & 2 \\ 2 & 2 & 2 & \cdots & 2 \\ 2 & 2 & 3 & \cdots & 2 \\ \cdots & \cdots & \cdots & \cdots & \cdots \\ 2 & 2 & 2 & \cdots & n \end{vmatrix}$

(3) $\begin{vmatrix} 1 & 1 & \cdots & 1 & -n \\ 1 & 1 & \cdots & -n & 1 \\ \cdots & \cdots & \cdots & \cdots & \cdots \\ 1 & -n & \cdots & 1 & 1 \\ -n & 1 & \cdots & 1 & 1 \end{vmatrix}$

(4) $\begin{vmatrix} a+x & a & a & \cdots & a \\ a & a+2x & a & \cdots & a \\ a & a & a+3x & \cdots & a \\ \cdots & \cdots & \cdots & & \cdots \\ a & a & a & \cdots & a+nx \end{vmatrix}$

5. 若 n 階行列式 D_n 中的元素滿足 $a_{ij} = -a_{ji}(i,j = 1,2,\cdots,n)$，則稱 D_n 為**反對稱行列式**. 試證明當 n 為奇數時反對稱行列式 $D_n = 0$.

§1.3 行列式按行(列) 展開定理

上一節我們看到利用行列式的性質可使某些行列式的計算大為簡化. 本節我們將討論行列式計算的另一主要途徑——降階計算. 一般而言, 低階行列式較之高階行列式要容易計算. 因此若能找到將高階行列式的計算轉化為低階行列式計算的途徑, 對簡化行列式的計算無疑是有益的.

§1.3.1 按某行(列) 展開行列式

定義1.3 將行列式(1.5)中元素 a_{ij} 所在的第 i 行、第 j 列劃去之後所得到的 $n-1$ 階行列式稱作元素 a_{ij} 的餘子式, 記為 M_{ij}; 稱 $A_{ij} = (-1)^{i+j} M_{ij}$ 為 a_{ij} 的代數餘子式.

例1 設 $D = \begin{vmatrix} -1 & 2 & 0 \\ 1 & 1 & 3 \\ 0 & 4 & 2 \end{vmatrix}$, 則元素 $a_{23} = 3$ 的餘子式為

$$M_{23} = \begin{vmatrix} -1 & 2 \\ 0 & 4 \end{vmatrix} = -4$$

代數餘子式為 $A_{23} = (-1)^{2+3} M_{23} = 4.$

為給出行列式按行(列)展開定理,先介紹下面的引理.

引理　若 n 階行列式 D 的第 i 行元素中除 a_{ij} 外都為零,則
$$D = a_{ij} A_{ij}$$

證明　(1) 先考慮 a_{ij} 位於第 1 行第 1 列的情形. 此時

$$D = \begin{vmatrix} a_{11} & 0 & \cdots & 0 \\ a_{21} & a_{22} & \cdots & a_{2n} \\ \cdots & \cdots & \cdots & \cdots \\ a_{n1} & a_{n2} & \cdots & a_{nn} \end{vmatrix}$$

因 D 的第 1 行元素中除 a_{11} 外都為零,故在 D 的展開式中含有因子 $a_{1j_1}(j_1 \neq 1)$ 的項都為零. 於是

$$D = \sum_{1j_2\cdots j_n} (-1)^{\tau(1j_2\cdots j_n)} a_{11} a_{2j_2} \cdots a_{nj_n} = a_{11} \sum_{j_2\cdots j_n} (-1)^{\tau(j_2\cdots j_n)} a_{2j_2} \cdots a_{nj_n}$$
$$= a_{11} M_{11} = a_{11} A_{11}$$

(2) 再考慮一般情形. 此時

$$D = \begin{vmatrix} a_{11} & a_{12} & \cdots & a_{1j} & \cdots & a_{1n} \\ a_{21} & a_{22} & \cdots & a_{2j} & \cdots & a_{2n} \\ \cdots & \cdots & & \cdots & & \cdots \\ 0 & 0 & & a_{ij} & & 0 \\ \cdots & \cdots & & \cdots & & \cdots \\ a_{n1} & a_{n2} & \cdots & a_{nj} & \cdots & a_{nn} \end{vmatrix}$$

先將 D 的第 i 行依次與其上面的第 $i-1$ 行,第 $i-2$ 行,$\cdots$ 第 1 行對調. 由行列式性質 2,有

$$D = (-1)^{i-1} \begin{vmatrix} 0 & 0 & \cdots & 0 & a_{ij} & 0 & \cdots & 0 \\ a_{11} & a_{12} & \cdots & a_{1,j-1} & a_{1j} & a_{1,j+1} & \cdots & a_{1n} \\ \cdots & \cdots & & \cdots & \cdots & \cdots & & \cdots \\ a_{n1} & a_{n2} & \cdots & a_{n,j-1} & a_{nj} & a_{n,j+1} & \cdots & a_{nn} \end{vmatrix}$$

再將上式右端行列式的第 j 列依次與其左邊的第 $j-1$ 列,第 $j-2$ 列,$\cdots$ 第 1 列對調. 於是

$$D = (-1)^{i-1+(j-1)} \begin{vmatrix} a_{ij} & 0 & \cdots & 0 & 0 & \cdots & 0 \\ a_{1j} & a_{11} & \cdots & a_{1,j-1} & a_{1,j+1} & \cdots & a_{1n} \\ \cdots & \cdots & \cdots & \cdots & \cdots & \cdots & \cdots \\ a_{nj} & a_{n1} & \cdots & a_{n,j-1} & a_{n,j+1} & \cdots & a_{nn} \end{vmatrix}$$

此時, 上式右端行列式已成(1)的情形. 故
$$D = (-1)^{i+j} a_{ij} M_{ij} = a_{ij} A_{ij}$$

定理 1.2 n 階行列式 D 等於它的任意一行(列)元素與其代數餘子式的乘積之和. 即

$$D = a_{i1}A_{i1} + a_{i2}A_{i2} + \cdots + a_{in}A_{in} \tag{1.8}$$

或

$$D = a_{1j}A_{1j} + a_{2j}A_{2j} + \cdots + a_{nj}A_{nj} \tag{1.9}$$

$$(i, j = 1, 2, \cdots, n)$$

證明 由行列式性質1, 只須證(1.8).

$$D = \begin{vmatrix} a_{11} & a_{12} & \cdots & a_{1n} \\ \cdots & \cdots & \cdots & \cdots \\ a_{i1} & a_{i2} & \cdots & a_{in} \\ \cdots & \cdots & \cdots & \cdots \\ a_{n1} & a_{n2} & \cdots & a_{nn} \end{vmatrix}$$

$$= \begin{vmatrix} a_{11} & a_{12} & \cdots & a_{1n} \\ \cdots & \cdots & \cdots & \cdots \\ a_{i1}+0+\cdots+0 & 0+a_{i2}+\cdots+0 & \cdots & 0+0+\cdots+a_{in} \\ \cdots & \cdots & \cdots & \cdots \\ a_{n1} & a_{n2} & \cdots & a_{nn} \end{vmatrix}$$

由行列式性質4及引理, 得

$$D = \begin{vmatrix} a_{11} & a_{12} & \cdots & a_{1n} \\ \cdots & \cdots & \cdots & \cdots \\ a_{i1} & 0 & \cdots & 0 \\ \cdots & \cdots & \cdots & \cdots \\ a_{n1} & a_{n2} & \cdots & a_{nn} \end{vmatrix} + \begin{vmatrix} a_{11} & a_{12} & \cdots & a_{1n} \\ \cdots & \cdots & \cdots & \cdots \\ 0 & a_{i2} & \cdots & 0 \\ \cdots & \cdots & \cdots & \cdots \\ a_{n1} & a_{n2} & \cdots & a_{nn} \end{vmatrix} + \cdots$$

$$+\begin{vmatrix} a_{11} & a_{12} & \cdots & a_{1n} \\ \cdots & \cdots & \cdots & \cdots \\ 0 & 0 & \cdots & a_{in} \\ \cdots & \cdots & \cdots & \cdots \\ a_{n1} & a_{n2} & \cdots & a_{nn} \end{vmatrix}$$

$$= a_{i1}A_{i1} + a_{i2}A_{i2} + \cdots + a_{in}A_{in} \quad (i = 1, 2, \cdots, n)$$

定理 1.2 表明, n 階行列式 D 可降階為 $n-1$ 階行列式來計算. 特別地, 當 D 的某行(列) 有眾多元素為零時, 將 D 按此行展開將使計算量大為減少.

例 2 計算行列式

$$D = \begin{vmatrix} 1 & 4 & 0 & 3 & 1 \\ 8 & 6 & 3 & -7 & 9 \\ 0 & 5 & 0 & 4 & 0 \\ 0 & 5 & 0 & 0 & 0 \\ 3 & -4 & 0 & -1 & 2 \end{vmatrix}$$

解 因 D 中第 3 列只有一個非零元素, 故可利用公式(1.9)將 D 按第 3 列展開, 得

$$D = 3 \cdot (-1)^{2+3} \begin{vmatrix} 1 & 4 & 3 & 1 \\ 0 & 5 & 4 & 0 \\ 0 & 5 & 0 & 0 \\ 3 & -4 & -1 & 2 \end{vmatrix}$$

$$\xrightarrow{\text{按第 3 行展開}} -3 \cdot 5(-1)^{3+2} \begin{vmatrix} 1 & 3 & 1 \\ 0 & 4 & 0 \\ 3 & -1 & 2 \end{vmatrix}$$

$$\xrightarrow{\text{按第 2 行展開}} 15 \cdot 4(-1)^{2+2} \begin{vmatrix} 1 & 1 \\ 3 & 2 \end{vmatrix} = -60$$

本例充分利用了行列式中有眾多元素為零這一特點反覆使用公式(1.8)、(1.9) 將 D 逐次降階, 極大地簡化了行列式的計算. 其實, 即使行列式中沒有這麼多零, 我們也可以利用行列式的性質「造」出足夠多的零, 再使用公式(1.8)、(1.9) 進行計算.

例 3　計算行列式

$$D = \begin{vmatrix} 2 & -3 & 4 & 1 \\ 4 & 2 & 3 & 2 \\ 1 & 0 & 2 & 0 \\ 3 & -1 & 4 & 0 \end{vmatrix}$$

解　$D \xrightarrow{r_2 - 2r_1} \begin{vmatrix} 2 & -3 & 4 & 1 \\ 0 & 8 & -5 & 0 \\ 1 & 0 & 2 & 0 \\ 3 & -1 & 4 & 0 \end{vmatrix} = - \begin{vmatrix} 0 & 8 & -5 \\ 1 & 0 & 2 \\ 3 & -1 & 4 \end{vmatrix}$

$\xrightarrow{c_3 - 2c_1} - \begin{vmatrix} 0 & 8 & -5 \\ 1 & 0 & 0 \\ 3 & -1 & -2 \end{vmatrix} = \begin{vmatrix} 8 & -5 \\ -1 & -2 \end{vmatrix} = -21$

例 2、例 3 所展示的算法稱為行列式的降階算法．對於某些具有特殊結構的 n 階行列式，有時可利用降階法導出其遞推公式，從而最終將行列式計算出來．下面的例 4 就是一個簡單而富有啟發性的例子．

例 4　計算 n 階行列式

$$D_n = \begin{vmatrix} x & -1 & 0 & \cdots & 0 & 0 \\ 0 & x & -1 & \cdots & 0 & 0 \\ 0 & 0 & x & \cdots & 0 & 0 \\ \cdots & \cdots & \cdots & \cdots & \cdots & \cdots \\ 0 & 0 & 0 & \cdots & x & -1 \\ a_n & a_{n-1} & a_{n-2} & \cdots & a_2 & x+a_1 \end{vmatrix}$$

解　將 D_n 按第 1 列展開

$$D_n = x \begin{vmatrix} x & -1 & \cdots & 0 & 0 \\ 0 & x & \cdots & 0 & 0 \\ \cdots & \cdots & \cdots & \cdots & \cdots \\ 0 & 0 & \cdots & x & -1 \\ a_{n-1} & a_{n-2} & \cdots & a_2 & x+a_1 \end{vmatrix}$$

$$+ a_n \cdot (-1)^{n+1} \begin{vmatrix} -1 & 0 & \cdots & 0 & 0 \\ x & -1 & \cdots & 0 & 0 \\ 0 & x & \cdots & 0 & 0 \\ \cdots & \cdots & \cdots & \cdots & \cdots \\ 0 & 0 & \cdots & x & -1 \end{vmatrix}$$

於是,得遞推公式

$$D_n = xD_{n-1} + a_n$$

這裡 D_{n-1} 是與 D_n 具有相同結構的 $n-1$ 階行列式,於是有

$$D_{n-1} = xD_{n-2} + a_{n-1}$$

同理,$D_{n-2} = xD_{n-3} + a_{n-2}, \cdots, D_2 = xD_1 + a_2$. 而 $D_1 = x + a_1$,故得

$$\begin{aligned} D_n &= x(xD_{n-2} + a_{n-1}) + a_n = x^2 D_{n-2} + a_{n-1}x + a_n \\ &= x^2(xD_{n-3} + a_{n-2}) + a_{n-1}x + a_n \\ &= \cdots\cdots \\ &= x^{n-2}(xD_1 + a_2) + a_3 x^{n-3} + a_4 x^{n-4} + \cdots + a_n \\ &= x^n + a_1 x^{n-1} + a_2 x^{n-2} + \cdots + a_{n-1}x + a_n \end{aligned}$$

行列式降階算法的一個著名例子是如下的範德蒙(Vandermonde)行列式.

例 5 證明範德蒙行列式

$$V_n = \begin{vmatrix} 1 & 1 & 1 & \cdots & 1 \\ a_1 & a_2 & a_3 & \cdots & a_n \\ a_1^2 & a_2^2 & a_3^2 & \cdots & a_n^2 \\ \cdots & \cdots & \cdots & \cdots & \cdots \\ a_1^{n-1} & a_2^{n-1} & a_3^{n-1} & \cdots & a_n^{n-1} \end{vmatrix} = \prod_{1 \le j < i \le n} (a_i - a_j) \quad (1.10)$$

其中連乘積 $\prod_{1 \le j < i \le n} (a_i - a_j)$ 表示滿足條件「$1 \le j < i \le n$」的所有因子 $(a_i - a_j)$ 的乘積.

證明 對階數 n 使用數學歸納法. 當 $n = 2$ 時,

$$V_2 = \begin{vmatrix} 1 & 1 \\ a_1 & a_2 \end{vmatrix} = a_2 - a_1 = \prod_{1 \le j < i \le n} (a_i - a_j),$$

故 (1.10) 式成立. 假設結論對 $n-1$ 階範德蒙行列式成立,現證結論對 n 階範德蒙行列式亦成立.

從 V_n 的第 n 行開始,自下而上直到第 2 行,都以上一行元素的 $-a_1$ 倍加到下

一行,得

$$V_n = \begin{vmatrix} 1 & 1 & 1 & \cdots & 1 \\ 0 & a_2 - a_1 & a_3 - a_1 & \cdots & a_n - a_1 \\ 0 & a_2(a_2 - a_1) & a_3(a_3 - a_1) & \cdots & a_n(a_n - a_1) \\ \cdots & \cdots & \cdots & \cdots & \cdots \\ 0 & a_2^{n-2}(a_2 - a_1) & a_3^{n-2}(a_3 - a_1) & \cdots & a_n^{n-2}(a_n - a_1) \end{vmatrix}$$

按第 1 列展開並提取公因式,得

$$V_n = (a_2 - a_1)(a_3 - a_1)\cdots(a_n - a_1) \begin{vmatrix} 1 & 1 & \cdots & 1 \\ a_2 & a_3 & \cdots & a_n \\ \cdots & \cdots & \cdots & \cdots \\ a_2^{n-2} & a_3^{n-2} & \cdots & a_n^{n-2} \end{vmatrix}$$

顯然,等號右端的行列式是 $n-1$ 階範德蒙行列式,故由歸納假設,得

$$V_n = (a_2 - a_1)(a_3 - a_1)\cdots(a_n - a_1) \prod_{2 \le j < i \le n}(a_i - a_j) = \prod_{1 \le j < i \le n}(a_i - a_j)$$

於是,對任意自然數 n,等式(1.10) 都成立.

例 6 設

$$D = \begin{vmatrix} 3 & -5 & 2 & 1 \\ 1 & 1 & 0 & 5 \\ -1 & 3 & 1 & 3 \\ 2 & -4 & -1 & 3 \end{vmatrix}$$

求:

(1) $A_{11} + A_{21} + A_{31} + A_{41}$
(2) $M_{11} + M_{12} + M_{13} + M_{14}$
(3) $2A_{21} - 4A_{22} - A_{23} + 3A_{24}$

解 (1) 令 $D_1 = \begin{vmatrix} 1 & -5 & 2 & 1 \\ 1 & 1 & 0 & 5 \\ 1 & 3 & 1 & 3 \\ 1 & -4 & -1 & 3 \end{vmatrix}$. 顯然 D 和 D_1 的第一列的代數餘子式

完全相同. 因此所求的和式恰好是 D_1 按第一列的展開式. 於是

$$A_{11} + A_{21} + A_{31} + A_{41} = \begin{vmatrix} 1 & -5 & 2 & 1 \\ 1 & 1 & 0 & 5 \\ 1 & 3 & 1 & 3 \\ 1 & -4 & -1 & 3 \end{vmatrix} = 40$$

（2）同理，因為 $D_2 = \begin{vmatrix} 1 & -1 & 1 & -1 \\ 1 & 1 & 0 & 5 \\ -1 & 3 & 1 & 3 \\ 2 & -4 & -1 & 3 \end{vmatrix}$ 和 D 的第一列的代數餘子式完全相同，所求和式是 D_2 按第一行的展開式，即

$$M_{11} + M_{12} + M_{13} + M_{14} = A_{11} - A_{12} + A_{13} - A_{14} = \begin{vmatrix} 1 & -1 & 1 & -1 \\ 1 & 1 & 0 & 5 \\ -1 & 3 & 1 & 3 \\ 2 & -4 & -1 & 3 \end{vmatrix} = 34$$

（3）同上，為了求和式 $2A_{21} - 4A_{22} - A_{23} + 3A_{24}$，我們只需將 D 中第二行元素依次替換為和式中的系數 $2, -4, -1, 3$，即

$$2A_{21} - 4A_{22} - A_{23} + 3A_{24} = \begin{vmatrix} 3 & -5 & 2 & 1 \\ 2 & -4 & -1 & 3 \\ -1 & 3 & 1 & 3 \\ 2 & -4 & -1 & 3 \end{vmatrix} = 0$$

注意到，在例 6 的（3）中，我們所替換的元素恰好是 D 的第四行的元素．如果系數換成其他行的元素，結果仍然是零．這不是偶然的．事實上，我們有如下定理 1.2 的推論．

推論 n 階行列式 D 中任意一行（列）元素與其他行（列）對應元素的代數餘子式的乘積之和為零．即

$$a_{s1}A_{i1} + a_{s2}A_{i2} + \cdots + a_{sn}A_{in} = 0 \quad (s \neq i) \tag{1.11}$$

$$a_{1s}A_{1j} + a_{2s}A_{2j} + \cdots + a_{ns}A_{nj} = 0 \quad (s \neq j) \tag{1.12}$$

證明 （僅就行的情形證）將（1.8）式右端中的 $a_{i1}, a_{i2}, \cdots, a_{in}$ 分別換成行列式 D 的第 s 行元素 $a_{s1}, a_{s2}, \cdots, a_{sn}(s \neq i)$，相應地左端 D 中的第 i 行元素便改換成第 s 行元素．這樣，D 中的第 i 行和第 s 行完全相同，故 $D = 0$．於是（1.11）式成立．

定理 1.2 及其推論又可統一表示成如下形式：

$$\sum_{j=1}^{n} a_{sj}A_{ij} = \begin{cases} D, & s = i \\ 0, & s \neq i \end{cases} \tag{1.13}$$

及

$$\sum_{i=1}^{n} a_{is}A_{ij} = \begin{cases} D, & s = j \\ 0, & s \neq j \end{cases} \tag{1.14}$$

§1.3.2 拉普拉斯(Laplace)展開定理

下面介紹的拉普拉斯定理可視作定理 1.2 的推廣.

定義 1.4 在 n 階行列式 D 中任取 k 行、k 列 ($1 \leq k \leq n$),稱位於這些行與列的交叉點處的 k^2 個元素按照其在 D 中的相對位置所組成的 k 階行列式 N 為 D 的一個 k 階子式;稱劃去 N 所在的行與列後剩下的元素按照其在 D 中的相對位置所組成的 $n-k$ 階行列式 M 為 N 的餘子式;若 N 所在的行與列的行標與列標分別為 $i_1, i_2, \cdots, i_k$ 及 $j_1, j_2, \cdots, j_k$,則稱

$$(-1)^{(i_1+i_2+\cdots+i_k)+(j_1+j_2+\cdots+j_k)} M$$

為 N 的代數餘子式,記作 A.

例 7 設

$$D = \begin{vmatrix} 1 & 2 & 3 & 4 \\ 0 & -1 & 3 & 2 \\ 4 & 0 & 4 & 2 \\ 3 & -2 & 0 & 1 \end{vmatrix}$$

則 D 的位於第 1、3 行,第 2、3 列的 2 階子式為 $N_1 = \begin{vmatrix} 2 & 3 \\ 0 & 4 \end{vmatrix}$,$N_1$ 的代數餘子式為

$$A_1 = (-1)^{(1+3)+(2+3)} \begin{vmatrix} 0 & 2 \\ 3 & 1 \end{vmatrix}$$

D 的位於第 1、2、4 行,第 2、3、4 列的 3 階子式為

$$N_2 = \begin{vmatrix} 2 & 3 & 4 \\ -1 & 3 & 2 \\ -2 & 0 & 1 \end{vmatrix}$$

N_2 的代數餘子式為

$$A_2 = (-1)^{(1+2+4)+(2+3+4)} \cdot 4$$

顯然,n 階行列式 D 位於某 k 行的 k 階子式有 C_n^k 個,從而 D 共有 $(C_n^k)^2$ 個 k 階子式.

定理 1.3 n 階行列式 D 等於其位於某 k 行的所有 k 階子式 $N_1, N_2, \cdots, N_t$ 與其對應的代數餘子式 $A_1, A_2, \cdots, A_t$ 的乘積之和,即

$$D = \sum_{i=1}^{t} N_i A_i \qquad (其中 t = C_n^k) \qquad (1.15)$$

證略．

顯然,定理1.2是定理1.3中 $k=1$ 時的特款．依照(1.15)展開行列式似乎很繁,但當行列式的某些行中有眾多的零時,(1.15)式的實用價值立即展現出來．且看下例．

例 8 計算行列式
$$D = \begin{vmatrix} 1 & 2 & 3 & 4 \\ 0 & 2 & 1 & 0 \\ 5 & 6 & 7 & 8 \\ 0 & 0 & 3 & 0 \end{vmatrix}$$

解 因 D 中第2、4行的 $C_4^2 = 6$ 個2階子式中只有一個是非零的,故將 D 按第2、4行展開得

$$D = \begin{vmatrix} 2 & 1 \\ 0 & 3 \end{vmatrix} \cdot (-1)^{(2+4)+(2+3)} \begin{vmatrix} 1 & 4 \\ 5 & 8 \end{vmatrix} = 72$$

例 9 計算 $m+n$ 階行列式

$$D = \begin{vmatrix} a_{11} & \cdots & a_{1m} & c_{11} & \cdots & c_{1n} \\ \cdots & \cdots & \cdots & \cdots & \cdots & \cdots \\ a_{m1} & \cdots & a_{mm} & c_{m1} & \cdots & c_{mn} \\ 0 & \cdots & 0 & b_{11} & \cdots & b_{1n} \\ \cdots & \cdots & \cdots & \cdots & \cdots & \cdots \\ 0 & \cdots & 0 & b_{n1} & \cdots & b_{nn} \end{vmatrix}$$

解 按前 m 列展開,得

$$D = \begin{vmatrix} a_{11} & \cdots & a_{1m} \\ \cdots & \cdots & \cdots \\ a_{m1} & \cdots & a_{mm} \end{vmatrix} (-1)^{(1+2+\cdots+m)+(1+2+\cdots+m)} \begin{vmatrix} b_{11} & \cdots & b_{1n} \\ \cdots & \cdots & \cdots \\ b_{n1} & \cdots & b_{nn} \end{vmatrix}$$

$$= \begin{vmatrix} a_{11} & \cdots & a_{1m} \\ \cdots & \cdots & \cdots \\ a_{m1} & \cdots & a_{mm} \end{vmatrix} \begin{vmatrix} b_{11} & \cdots & b_{1n} \\ \cdots & \cdots & \cdots \\ b_{n1} & \cdots & b_{nn} \end{vmatrix}$$

例 10 計算 $2n$ 階行列式

$$D_{2n} = \begin{vmatrix} a & & & & & & b \\ & \ddots & & & & \iddots & \\ & & a & b & & & \\ & & b & a & & & \\ & \iddots & & & & \ddots & \\ b & & & & & & a \end{vmatrix}$$

(其中未寫出的元素皆為零)

解 按第 1、$2n$ 行展開,因位於這兩行的全部 2 階子式中只有一個(即位於 1、$2n$ 列的 $\begin{vmatrix} a & b \\ b & a \end{vmatrix}$)可能非零且其餘子式恰為 D_{2n-2} ($n \geq 2$),故得

$$D_{2n} = \begin{vmatrix} a & b \\ b & a \end{vmatrix} \cdot (-1)^{(1+2n)+(1+2n)} D_{2n-2}$$

於是,得遞推公式

$$D_{2n} = (a^2 - b^2) D_{2n-2}$$

從而

$$D_{2n} = (a^2 - b^2)^2 D_{2n-4} = \cdots = (a^2 - b^2)^{n-1} D_2 = (a^2 - b^2)^n$$

習題 1.3

1. 計算行列式

(1) $\begin{vmatrix} 5 & -2 & 1 & 3 \\ 0 & 0 & 4 & 0 \\ -3 & -1 & 6 & 2 \\ 1 & 0 & 7 & 0 \end{vmatrix}$
(2) $\begin{vmatrix} 3 & -1 & 0 & 2 \\ 1 & 3 & 1 & 0 \\ 4 & 2 & 0 & -1 \\ -2 & 0 & -2 & 1 \end{vmatrix}$

(3) $\begin{vmatrix} 2 & -3 & 4 & 1 \\ 4 & 2 & 3 & 2 \\ 1 & 0 & 2 & 0 \\ 3 & -1 & 4 & 0 \end{vmatrix}$
(4) $\begin{vmatrix} 1 & 0 & 2 & 0 \\ 3 & 4 & 5 & 6 \\ 7 & 8 & 9 & 10 \\ 11 & 0 & 12 & 0 \end{vmatrix}$

$$(5)\begin{vmatrix} x & a & b & 0 & c \\ 0 & y & 0 & 0 & d \\ 0 & e & z & 0 & f \\ g & h & k & u & l \\ 0 & 0 & 0 & 0 & v \end{vmatrix} \qquad (6)\begin{vmatrix} a-3 & -1 & 0 & 1 \\ -1 & a-3 & 1 & 0 \\ 0 & 1 & a-3 & -1 \\ 1 & 0 & -1 & a-3 \end{vmatrix}$$

2. 計算下列 n 階行列式

$$(1)\quad D_n = \begin{vmatrix} x & y & 0 & \cdots & 0 & 0 \\ 0 & x & y & \cdots & 0 & 0 \\ \cdots & \cdots & \cdots & \cdots & \cdots & \cdots \\ 0 & 0 & 0 & \cdots & x & y \\ y & 0 & 0 & \cdots & 0 & x \end{vmatrix}$$

$$(2)\quad D_n = \begin{vmatrix} a_0 & -1 & 0 & \cdots & 0 & 0 \\ a_1 & x & -1 & \cdots & 0 & 0 \\ \cdots & \cdots & \cdots & \cdots & \cdots & \cdots \\ a_{n-2} & 0 & 0 & \cdots & x & -1 \\ a_{n-1} & 0 & 0 & \cdots & 0 & x \end{vmatrix}$$

$$(3)\quad D_n = \begin{vmatrix} 2 & -1 & 0 & \cdots & 0 & 0 \\ -1 & 2 & -1 & \cdots & 0 & 0 \\ 0 & -1 & 2 & \cdots & 0 & 0 \\ \cdots & \cdots & \cdots & \cdots & \cdots & \cdots \\ 0 & 0 & 0 & \cdots & 2 & -1 \\ 0 & 0 & 0 & \cdots & -1 & 2 \end{vmatrix}$$

3. 設多項式

$$f(x) = \begin{vmatrix} 2 & 0 & x & 1 \\ -1 & 3 & 4 & 0 \\ 1 & 2 & x^3 & 1 \\ 0 & -2 & x^2 & 4 \end{vmatrix}$$

求 $f(x)$ 各項的系數及常數項.

§1.4 克萊姆法則

本節我們將 §1.1 例 3 中二元一次方程組的解的結果推廣到含有 n 個變量 n 個方程的線性方程組的情形.

定理 1.4 （克萊姆法則）若 n 元線性方程組

$$\begin{cases} a_{11}x_1 + a_{12}x_2 + \cdots + a_{1n}x_n = b_1 \\ a_{21}x_1 + a_{22}x_2 + \cdots + a_{2n}x_n = b_2 \\ \cdots\cdots\cdots\cdots\cdots\cdots\cdots\cdots\cdots\cdots \\ a_{n1}x_1 + a_{n2}x_2 + \cdots + a_{nn}x_n = b_n \end{cases} \tag{1.16}$$

的系數行列式

$$D = \begin{vmatrix} a_{11} & a_{12} & \cdots & a_{1n} \\ a_{21} & a_{22} & \cdots & a_{2n} \\ \cdots & \cdots & \cdots & \cdots \\ a_{n1} & a_{n2} & \cdots & a_{nn} \end{vmatrix} \neq 0$$

則方程組 (1.16) 有唯一解

$$x_1 = \frac{D_1}{D}, x_2 = \frac{D_2}{D}, \cdots, x_n = \frac{D_n}{D} \tag{1.17}$$

其中 $D_j(j=1,2,\cdots,n)$ 是將 D 中的第 j 列元素依次換成 (1.16) 的常數項所得到的行列式. 即

$$D_j = \begin{vmatrix} a_{11} & \cdots & a_{1,j-1} & b_1 & a_{1,j+1} & \cdots & a_{1n} \\ a_{21} & \cdots & a_{2,j-1} & b_2 & a_{2,j+1} & \cdots & a_{2n} \\ \cdots & \cdots & \cdots & \cdots & \cdots & \cdots & \cdots \\ a_{n1} & \cdots & a_{n,j-1} & b_n & a_{n,j+1} & \cdots & a_{nn} \end{vmatrix} \tag{1.18}$$

證明① 先證明(1.17)是方程組(1.16)的解,這只須將(1.17)代入(1.16)中每個方程進行驗證即可. 為方便計,將方程組(1.16)簡寫成如下形式:

$$\sum_{j=1}^{n} a_{ij}x_j = b_i \quad (i = 1, 2, \cdots, n) \tag{1.19}$$

將 D_j 按第 j 列展開: $D_j = \sum_{k=1}^{n} b_k A_{kj}$. 於是

$$x_j = \frac{D_j}{D} = \frac{1}{D}\sum_{k=1}^{n} b_k A_{kj}$$

代入(1.19)左端,得

$$\sum_{j=1}^{n} a_{ij} \frac{1}{D}\sum_{k=1}^{n} b_k A_{kj} = \frac{1}{D}\sum_{j=1}^{n} a_{ij}\left(\sum_{k=1}^{n} b_k A_{kj}\right) = \frac{1}{D}\sum_{j=1}^{n} \sum_{k=1}^{n} a_{ij} b_k A_{kj}$$

$$= \frac{1}{D}\sum_{k=1}^{n} \sum_{j=1}^{n} a_{ij} b_k A_{kj} = \frac{1}{D}\sum_{k=1}^{n} b_k \sum_{j=1}^{n} a_{ij} A_{kj}$$

$$=^{②} \frac{1}{D} b_i D = b_i \quad (i = 1, 2, \cdots, n)$$

即(1.17)是方程組(1.16)的解.

再證明解的唯一性.

設 $x_j = c_j \quad (j = 1, 2, \cdots, n)$ 是(1.16)的解,現證明必有

$$c_j = \frac{D_j}{D} \quad (j = 1, 2, \cdots, n)$$

---

① 下面的證明中將多次用到求和號 $\sum$ 和雙重求和號 $\sum\sum$. 它們的正確使用能極大地簡化計算過程. 容易證明,求和號 $\sum$ 有如下性質:

1° $\sum_{i=1}^{n} ka_i = k\sum_{i=1}^{n} a_i$;   2° $\sum_{i=1}^{n}(a_i + b_i) = \sum_{i=1}^{n} a_i + \sum_{i=1}^{n} b_i$

雙重求和號的意義如下:

$$\sum_{j=1}^{n}\sum_{i=1}^{n} a_{ij} = \sum_{j=1}^{n}(a_{1j} + a_{2j} + \cdots + a_{nj}) = \sum_{j=1}^{n} a_{1j} + \sum_{j=1}^{n} a_{2j} + \cdots + \sum_{j=1}^{n} a_{nj}$$

$$= (a_{11} + a_{12} + \cdots + a_{1n}) + (a_{21} + a_{22} + \cdots + a_{2n}) + \cdots + (a_{n1} + a_{n2} + \cdots + a_{nn})$$

容易證明,雙重求和號可交換求和順序,即

$$\sum_{j=1}^{n}\sum_{i=1}^{n} a_{ij} = \sum_{i=1}^{n}\sum_{j=1}^{n} a_{ij}$$

② 此處等號成立是因為其左端和式中對所有的 $k \neq i$, $b_k \sum_{j=1}^{n} a_{ij} A_{kj} = 0$,唯有當 $k = i$ 時

$$b_k \sum_{j=1}^{n} a_{ij} A_{kj} = b_i \sum_{j=1}^{n} a_{ij} A_{ij} = b_i D.$$

因 $x_j = c_j$ $(j = 1, 2, \cdots, n)$ 是(1.16)即(1.19)的解,故有

$$\sum_{j=1}^{n} a_{ij} c_j = b_i \quad (i = 1, 2, \cdots, n) \tag{1.20}$$

以 A_{ik} 乘等式(1.20)兩端,得

$$A_{ik} \sum_{j=1}^{n} a_{ij} c_j = A_{ik} b_i \quad (i = 1, 2, \cdots, n)$$

於是,一方面

$$\sum_{i=1}^{n} A_{ik} \sum_{j=1}^{n} a_{ij} c_j = \sum_{i=1}^{n} A_{ik} b_i = D_k$$

另一方面

$$\sum_{i=1}^{n} A_{ik} \sum_{j=1}^{n} a_{ij} c_j = \sum_{j=1}^{n} \sum_{i=1}^{n} (A_{ik} a_{ij}) c_j = \sum_{j=1}^{n} c_j \sum_{i=1}^{n} a_{ij} A_{ik} = Dc_k$$

從而 $Dc_k = D_k$,因 $D \neq 0$,故得

$$c_k = \frac{D_k}{D} \quad (k = 1, 2, \cdots, n)$$

或

$$c_j = \frac{D_j}{D} \quad (j = 1, 2, \cdots, n)$$

定義 1.5 若方程組(1.16)中常數項全為零:

$$\begin{cases} a_{11} x_1 + a_{12} x_2 + \cdots + a_{1n} x_n = 0 \\ a_{21} x_1 + a_{22} x_2 + \cdots + a_{2n} x_n = 0 \\ \cdots\cdots\cdots\cdots\cdots\cdots\cdots\cdots\cdots\cdots\cdots \\ a_{n1} x_1 + a_{n2} x_2 + \cdots + a_{nn} x_n = 0 \end{cases} \tag{1.21}$$

則稱(1.21)為齊次線性方程組.

由定理1.4立即可得下面的推論:

推論1 若 n 元齊次線性方程組(1.21)的系數行列式 $D \neq 0$,則(1.21)只有零解,即 $x_j = 0$ $(j = 1, 2, \cdots, n)$ 是(1.21)的唯一解.

作為推論1的逆否命題,我們尚有下面的推論2.

推論2 若齊次線性方程組(1.21)有非零解

$$x_j = c_j \quad (c_j \text{ 中至少有一個取非零值}, j = 1, 2, \cdots, n)$$

則其系數行列式 $D = 0$.

推論2表明, $D = 0$ 是齊次線性方程組(1.21)有非零解的必要條件. 事實上在第三章我們還將證明它亦是(1.21)有非零解的充分條件.

例 1 用克萊姆法則解方程組

$$\begin{cases} x_1 - x_2 + x_3 + 5x_4 = 10 \\ 2x_1 + 3x_2 - x_3 = -3 \\ -x_1 - 4x_3 + 2x_4 = -4 \\ x_2 + x_3 + 4x_4 = 3 \end{cases}$$

解 因方程組的系數行列式

$$D = \begin{vmatrix} 1 & -1 & 1 & 5 \\ 2 & 3 & -1 & 0 \\ -1 & 0 & -4 & 2 \\ 0 & 1 & 1 & 4 \end{vmatrix} = -148 \neq 0$$

故方程組有唯一解. 又

$$D_1 = \begin{vmatrix} 10 & -1 & 1 & 5 \\ -3 & 3 & -1 & 0 \\ -4 & 0 & -4 & 2 \\ 3 & 1 & 1 & 4 \end{vmatrix} = -296 \quad D_2 = \begin{vmatrix} 1 & 10 & 1 & 5 \\ 2 & -3 & -1 & 0 \\ -1 & -4 & -4 & 2 \\ 0 & 3 & 1 & 4 \end{vmatrix} = 296$$

$$D_3 = \begin{vmatrix} 1 & -1 & 10 & 5 \\ 2 & 3 & -3 & 0 \\ -1 & 0 & -4 & 2 \\ 0 & 1 & 3 & 4 \end{vmatrix} = -148 \quad D_4 = \begin{vmatrix} 1 & -1 & 1 & 10 \\ 2 & 3 & -1 & -3 \\ -1 & 0 & -4 & -4 \\ 0 & 1 & 1 & 3 \end{vmatrix} = -148$$

故方程組的解為

$$x_1 = \frac{D_1}{D} = 2, x_2 = \frac{D_2}{D} = -2, x_3 = \frac{D_3}{D} = 1, x_4 = \frac{D_4}{D} = 1.$$

例 2 試討論當 a、b 取何值時線性方程組

$$\begin{cases} ax_1 + 2x_2 + 3x_3 = 8 \\ 2ax_1 + 2x_2 + 3x_3 = 10 \\ x_1 + 2x_2 + bx_3 = 5 \end{cases}$$

有唯一解,並求出這個解.

解

$$D = \begin{vmatrix} a & 2 & 3 \\ 2a & 2 & 3 \\ 1 & 2 & b \end{vmatrix} = 2a(3-b)$$

故當 $a \neq 0$ 且 $b \neq 3$ 時方程組有唯一解．又

$$D_1 = \begin{vmatrix} 8 & 2 & 3 \\ 10 & 2 & 3 \\ 5 & 2 & b \end{vmatrix} = 4(3-b)$$

$$D_2 = \begin{vmatrix} a & 8 & 3 \\ 2a & 10 & 3 \\ 1 & 5 & b \end{vmatrix} = 15a - 6ab - 6$$

$$D_3 = \begin{vmatrix} a & 2 & 8 \\ 2a & 2 & 10 \\ 1 & 2 & 5 \end{vmatrix} = 2(a+2)$$

所以，當 $a \neq 0$ 且 $b \neq 3$ 時，方程組的唯一解為

$$x_1 = \frac{2}{a}, x_2 = \frac{15a - 6ab - 6}{2a(3-b)}, x_3 = \frac{a+2}{a(3-b)}.$$

應該指出，克萊姆法則將由 n 個方程組成的 n 元線性方程組的解用行列式表達成如此簡單的形式，在理論分析上具有十分重要的意義，其美學價值亦不容置疑．不過因其計算之煩冗，即使在計算技術十分先進的今天，實際應用中克萊姆法則亦鮮有使用．在本書第四章，我們將討論更一般而有效的求解由 m 個方程組成的 n 元線性方程組的方法．

習題 1.4

1. 用克萊姆法則解下列方程組：

(1) $\begin{cases} x_2 - 3x_3 + 4x_4 = -5 \\ x_1 - 2x_3 + 3x_4 = -4 \\ 4x_1 + 3x_2 - 5x_3 = 5 \\ 3x_1 + 2x_2 - 5x_4 = 12 \end{cases}$ (2) $\begin{cases} x_1 + 2x_2 + 3x_3 - 2x_4 = 6 \\ 2x_1 - x_2 - 2x_3 - 3x_4 = 8 \\ 3x_1 + 2x_2 - x_3 + 2x_4 = 4 \\ 2x_1 - 3x_2 + 2x_3 + x_4 = -8 \end{cases}$

2. 試討論 λ 為何值時，線性方程組

$$\begin{cases} \lambda x_1 + x_2 + x_3 = 1 \\ x_1 + \lambda x_2 + x_3 = \lambda \\ x_1 + x_2 + \lambda x_3 = \lambda^2 \end{cases}$$

有唯一解，並求出這個解．

3. 試討論 a 取何值時齊次線性方程組只有零解：

$(1)\begin{cases} ax_1 + 2x_2 + x_3 = 0 \\ 2x_1 + ax_2 + x_3 = 0 \\ ax_1 - 2ax_2 + x_3 = 0 \end{cases}$
$(2)\begin{cases} (a+2)x_1 + 4x_2 + x_3 = 0 \\ -4x_1 + (a-3)x_2 + 4x_3 = 0 \\ -x_1 + 4x_2 + (a+4)x_3 = 0 \end{cases}$

復習題一

(一) 填空

1. 設 n 階行列式

$$D = \begin{vmatrix} 0 & 1 & 1 & \cdots & 1 & 1 \\ 1 & 0 & 1 & \cdots & 1 & 1 \\ 1 & 1 & 0 & \cdots & 1 & 1 \\ \cdots & \cdots & \cdots & \cdots & \cdots & \cdots \\ 1 & 1 & 1 & \cdots & 0 & 1 \\ 1 & 1 & 1 & \cdots & 1 & 0 \end{vmatrix}$$

則 D 的值為＿＿＿＿＿＿．

2. 設行列式

$$D = \begin{vmatrix} a_{11} & a_{12} & a_{13} \\ a_{21} & a_{22} & a_{23} \\ a_{31} & a_{32} & a_{33} \end{vmatrix} = a$$

則行列式

$$D_1 = \begin{vmatrix} 2a_{11} & 3a_{12} - a_{11} & 4a_{13} - a_{12} \\ 2a_{21} & 3a_{22} - a_{21} & 4a_{23} - a_{22} \\ 2a_{31} & 3a_{32} - a_{31} & 4a_{33} - a_{32} \end{vmatrix}$$

= ＿＿＿＿＿＿．

3. 設行列式

$$D = \begin{vmatrix} 1 & 2 & 6 & 4 \\ 2 & 3 & 7 & 5 \\ 3 & 4 & 8 & 6 \\ 4 & 5 & 9 & 7 \end{vmatrix}$$

則 D 的第 3 列元素的代數餘子式之和為_____.

4. 設
$$f(x) = \begin{vmatrix} x & 1 & -2 & 1 \\ 0 & 1-x & 1 & 1 \\ 3 & 1 & 2x & 1 \\ 4 & -3 & 2 & 3x-4 \end{vmatrix}$$
則 $f(x)$ 的展開式中 x^4 的系數為_____, x^3 的系數為_____, 常數項為_____.

5. 方程
$$\begin{vmatrix} 1 & 1 & 1 & 1 \\ -2 & x & 3 & 1 \\ 2 & 2 & x & 4 \\ 3 & 3 & 4 & x \end{vmatrix} = 0$$
的根 $x =$ _____.

6. 當 λ 滿足條件_____時線性方程組
$$\begin{cases} \lambda x_1 - x_2 - x_3 + x_4 = 0 \\ -x_1 + \lambda x_2 + x_3 - x_4 = 0 \\ -x_1 + x_2 + \lambda x_3 - x_4 = 0 \\ x_1 - x_2 - x_3 + \lambda x_4 = 0 \end{cases}$$
只有零解.

(二) 選擇

1. 設 4 階行列式
$$D = \begin{vmatrix} a_1 & 0 & 0 & b_1 \\ 0 & a_2 & b_2 & 0 \\ 0 & b_3 & a_3 & 0 \\ b_4 & 0 & 0 & a_4 \end{vmatrix}$$
則 D 的值為_____.

(A) $a_1 a_2 a_3 a_4 - b_1 b_2 b_3 b_4$; 　　(B) $a_1 a_2 a_3 a_4 + b_1 b_2 b_3 b_4$;
(C) $(a_1 a_2 - b_1 b_2)(a_3 a_4 - b_3 b_4)$; 　(D) $(a_2 a_3 - b_2 b_3)(a_1 a_4 - b_1 b_4)$.

2. 設 D 為 n 階行列式, A_{ij} 為 D 的元素 a_{ij} 的代數餘子式, 則_____.

(A) $\sum_{i=1}^{n} a_{ij} A_{ij} = 0 \quad (j = 1, 2, \cdots, n)$;

(B) $\sum_{i=1}^{n} a_{ij}A_{ij} = D \quad (j = 1, 2, \cdots, n)$;

(C) $\sum_{j=1}^{n} a_{1j}A_{2j} = D$;

(D) $\sum_{j=1}^{n} a_{ij}A_{ij} = 0 \quad (i = 1, 2, \cdots, n)$.

3. 設行列式

$$D = \begin{vmatrix} a_{11} & a_{12} & \cdots & a_{1n} \\ a_{21} & a_{22} & \cdots & a_{2n} \\ \cdots & \cdots & \cdots & \cdots \\ a_{n1} & a_{n2} & \cdots & a_{nn} \end{vmatrix} = a$$

則行列式

$$D_1 = \begin{vmatrix} a_{1n} & a_{1,n-1} & \cdots & a_{11} \\ a_{2n} & a_{2,n-1} & \cdots & a_{21} \\ \cdots & \cdots & \cdots & \cdots \\ a_{nn} & a_{n,n-1} & \cdots & a_{n1} \end{vmatrix}$$

= _____ .

(A) a;   (B) $-a$;   (C) $(-1)^n a$;   (D) $(-1)^{\frac{n(n-1)}{2}} a$.

4. 設

$$f(x) = \begin{vmatrix} x-2 & x-1 & x-2 & x-3 \\ 2x-2 & 2x-1 & 2x-2 & 2x-3 \\ 3x-3 & 3x-2 & 4x-5 & 3x-5 \\ 4x & 4x-3 & 5x-7 & 4x-3 \end{vmatrix}$$

則方程 $f(x) = 0$ 的根的個數為_____ .

(A) 1;   (B) 2;   (C) 3;   (D) 4.

5. 方程

$$\begin{vmatrix} a_1 & a_2 & a_3 & a_4+x \\ a_1 & a_2 & a_3+x & a_4 \\ a_1 & a_2+x & a_3 & a_4 \\ a_1+x & a_2 & a_3 & a_4 \end{vmatrix} = 0$$

的根為_____ .

(A)$a_1 + a_2, a_3 + a_4$; (B)$0, a_1 + a_2 + a_3 + a_4$;
(C)$a_1 a_2 a_3 a_4, 0$; (D)$0, -a_1 - a_2 - a_3 - a_4$.

6. 設 D 為 n 階行列式,下列命題中錯誤的是_____.

(A) 若 D 中至少有 $n^2 - n + 1$ 個元素為 0,則 $D = 0$;

(B) 若 D 中每列元素之和均為 0,則 $D = 0$;

(C) 若 D 中位於某 k 行及某 l 列的交點處的元素都為 0,且 $k + l > n$,則 $D = 0$;

(D) 若 D 的主對角線和次對角線上的元素都為 0,則 $D = 0$.

(三) 計算與證明

1. 設

$$f(x) = \begin{vmatrix} x - a_{11} & -a_{12} & -a_{13} & -a_{14} \\ -a_{21} & x - a_{22} & -a_{23} & -a_{24} \\ -a_{31} & -a_{32} & x - a_{33} & -a_{34} \\ -a_{41} & -a_{42} & -a_{43} & x - a_{44} \end{vmatrix}$$

試求 $f(x)$ 中 x^4、x^3 的系數及常數項.

2. 設行列式

$$D = \begin{vmatrix} 3 & 0 & 4 & 0 \\ 1 & 2 & 2 & 2 \\ 0 & -7 & 0 & 1 \\ 5 & 3 & -2 & 2 \end{vmatrix}$$

求 D 的第 4 行元素的代數餘子式之和.

3. 計算行列式

(1) $\begin{vmatrix} 1-a & a & 0 & 0 & 0 \\ -1 & 1-a & a & 0 & 0 \\ 0 & -1 & 1-a & a & 0 \\ 0 & 0 & -1 & 1-a & a \\ 0 & 0 & 0 & -1 & 1-a \end{vmatrix}$

(2) $\begin{vmatrix} \dfrac{1}{3} & -\dfrac{5}{2} & \dfrac{2}{5} & \dfrac{3}{2} \\ 3 & -12 & \dfrac{21}{5} & 15 \\ \dfrac{2}{3} & -\dfrac{9}{2} & \dfrac{4}{5} & \dfrac{5}{2} \\ -\dfrac{1}{7} & \dfrac{2}{7} & -\dfrac{1}{7} & \dfrac{3}{7} \end{vmatrix}$

(3) $\begin{vmatrix} 0 & a & b & c \\ a & 0 & c & b \\ b & c & 0 & a \\ c & b & a & 0 \end{vmatrix}$

4. 試證明:若 n 階行列式位於 s 個行與 t 個列的交點處的元素都為 0,且 $s+t>n$,則行列式為 0.

5. 計算下列 n 階行列式

(1)* $\begin{vmatrix} 1 & 2 & 3 & \cdots & n \\ x & 1 & 2 & \cdots & n-1 \\ x & x & 1 & \cdots & n-2 \\ \cdots & \cdots & \cdots & & \cdots \\ x & x & x & \cdots & 1 \end{vmatrix}$

(2) $\begin{vmatrix} x+1 & x & x & \cdots & x \\ x & x+\dfrac{1}{2} & x & \cdots & x \\ x & x & x+\dfrac{1}{3} & \cdots & x \\ \cdots & \cdots & \cdots & \cdots & \cdots \\ x & x & x & \cdots & x+\dfrac{1}{n} \end{vmatrix}$

(3) $\begin{vmatrix} x & 1 & 1 & \cdots & 1 \\ 1 & y_1 & 0 & \cdots & 0 \\ 1 & 0 & y_2 & \cdots & 0 \\ \cdots & \cdots & \cdots & \cdots & \cdots \\ 1 & 0 & 0 & \cdots & y_{n-1} \end{vmatrix}$

$$(4)\begin{vmatrix} 1-a_1 & a_2 & 0 & \cdots & 0 & 0 \\ -1 & 1-a_2 & a_3 & \cdots & 0 & 0 \\ 0 & -1 & 1-a_3 & \cdots & 0 & 0 \\ \cdots & \cdots & \cdots & \cdots & \cdots & \cdots \\ 0 & 0 & 0 & \cdots & 1-a_{n-1} & a_n \\ 0 & 0 & 0 & \cdots & -1 & 1-a_n \end{vmatrix}$$

$$(5)\begin{vmatrix} 1 & 2 & 3 & \cdots & n \\ 2 & 3 & 4 & \cdots & 1 \\ 3 & 4 & 5 & \cdots & 2 \\ \cdots & \cdots & \cdots & & \cdots \\ n & 1 & 2 & \cdots & n-1 \end{vmatrix}$$

$$(6)^*\begin{vmatrix} 2a & a^2 & 0 & \cdots & 0 & 0 \\ 1 & 2a & a^2 & \cdots & 0 & 0 \\ 0 & 1 & 2a & \cdots & 0 & 0 \\ \cdots & \cdots & \cdots & & \cdots & \cdots \\ 0 & 0 & 0 & \cdots & 2a & a^2 \\ 0 & 0 & 0 & \cdots & 1 & 2a \end{vmatrix}$$

6. 當 a、b 滿足什麼條件時,齊次線性方程組

$$\begin{cases} x_1 + x_2 + x_3 + ax_4 = 0 \\ x_1 + 2x_2 + x_3 + x_4 = 0 \\ x_1 + x_2 - 3x_3 + x_4 = 0 \\ x_1 + x_2 + ax_3 + bx_4 = 0 \end{cases}$$

只有零解?

7. 當 a、b、c 滿足什麼條件時,方程組

$$\begin{cases} x + y + z = a + b + c \\ ax + by + cz = a^2 + b^2 + c^2 \\ bcx + cay + abz = 3abc \end{cases}$$

有唯一解?求出這個解.

2 矩陣

矩陣是線性代數的主要研究對象之一,是現代科技理論及現代經濟理論中不可缺少的數學工具.

本章主要介紹矩陣的基本概念及其運算,為今後利用矩陣工具研究線性方程組以及矩陣理論的進一步展開作必要的準備.

§2.1 矩陣及其運算

§2.1.1 矩陣的概念

定義 2.1 由 $m \cdot n$ 個數排成 m 行 n 列的矩形數表

$$\begin{pmatrix} a_{11} & a_{12} & \cdots & a_{1n} \\ a_{21} & a_{22} & \cdots & a_{2n} \\ \cdots & \cdots & \cdots & \cdots \\ a_{m1} & a_{m2} & \cdots & a_{mn} \end{pmatrix} \quad (2.1)$$

稱作一個 $m \times n$ 矩陣. 矩陣中的數 $a_{ij}(i=1,2,\cdots,m;j=1,2,\cdots,n)$ 稱為矩陣的元素,它的兩個下標分別標明了它所在的行與列.

元素是實數的矩陣稱為**實矩陣**,元素是復數的矩陣稱為**復矩陣**. 本書只討論實矩陣. 通常用大寫字母 A、B、C…… 等表示矩陣. 矩陣(2.1)可簡寫成 $A=(a_{ij})$ 或 $A=(a_{ij})_{m\times n}$.

行數和列數相同的矩陣稱為**方陣**. 方陣

$$A = \begin{pmatrix} a_{11} & a_{12} & \cdots & a_{1n} \\ a_{21} & a_{22} & \cdots & a_{2n} \\ \cdots & \cdots & \cdots & \cdots \\ a_{n1} & a_{n2} & \cdots & a_{nn} \end{pmatrix} \quad (2.2)$$

又稱 n **階矩陣**. 通常稱方陣(2.2)中元素 a_{11}、a_{22}、$\cdots$ a_{nn} 所連成的直線為方陣的**主對角線**. 稱 $a_{ii}(i=1,2,\cdots,n)$ 為**主對角元**. 若一個方陣的主對角元都是1,而其餘元素都為0,則稱之為 n **階單位陣**,記作 E(或 E_n) 即

$$E = \begin{pmatrix} 1 & 0 & \cdots & 0 \\ 0 & 1 & \cdots & 0 \\ \cdots & \cdots & \cdots & \cdots \\ 0 & 0 & \cdots & 1 \end{pmatrix}$$

只有1行的矩陣稱為**行矩陣**. 例如 $A = (a_1 \quad a_2 \quad \cdots \quad a_n)$. 只有1列的矩陣稱為**列矩陣**. 例如 $B = \begin{pmatrix} b_1 \\ b_2 \\ \vdots \\ b_m \end{pmatrix}$. 元素都是零的矩陣稱為**零矩陣**,通常記作 $O_{m \times n}$ 或 O.

例如

$$O_{2 \times 4} = \begin{pmatrix} 0 & 0 & 0 & 0 \\ 0 & 0 & 0 & 0 \end{pmatrix}, \quad O_{3 \times 3} = \begin{pmatrix} 0 & 0 & 0 \\ 0 & 0 & 0 \\ 0 & 0 & 0 \end{pmatrix}$$

例1 線性方程組

$$\begin{cases} a_{11}x_1 + a_{12}x_2 + \cdots + a_{1n}x_n = b_1 \\ a_{21}x_1 + a_{22}x_2 + \cdots + a_{2n}x_n = b_2 \\ \cdots\cdots\cdots\cdots\cdots\cdots\cdots\cdots\cdots\cdots\cdots \\ a_{m1}x_1 + a_{m2}x_2 + \cdots + a_{mn}x_n = b_m \end{cases} \quad (2.3)$$

的系數構成的矩陣

$$A = \begin{pmatrix} a_{11} & a_{12} & \cdots & a_{1n} \\ a_{21} & a_{22} & \cdots & a_{2n} \\ \cdots & \cdots & \cdots & \cdots \\ a_{m1} & a_{m2} & \cdots & a_{mn} \end{pmatrix}$$

是 $m \times n$ 矩陣,稱為方程組(2.3)的**系數矩陣**. 將(2.3)的常數項作為第 $n+1$ 列添加到矩陣 A 中構成的新矩陣

$$\begin{pmatrix} a_{11} & a_{12} & \cdots & a_{1n} & b_1 \\ a_{21} & a_{22} & \cdots & a_{2n} & b_2 \\ \cdots & \cdots & \cdots & \cdots & \cdots \\ a_{m1} & a_{m2} & \cdots & a_{mn} & b_m \end{pmatrix}$$

稱為方程組(2.3)的**增廣矩陣**,記作 $\bar{A}$. 方程組(2.3)的第 i 個方程的系數及常數項構成行矩陣:

$$(a_{i1} \quad a_{i2} \quad \cdots \quad a_{in} \quad b_i).$$

方程組(2.3)的常數項構成列矩陣 B:

$$B = \begin{pmatrix} b_1 \\ b_2 \\ \vdots \\ b_m \end{pmatrix}$$

方程組(2.3)的 n 個未知數可組成列矩陣 X:

$$X = \begin{pmatrix} x_1 \\ x_2 \\ \vdots \\ x_n \end{pmatrix}$$

例2 甲、乙、丙三名學生的考試成績如下表:

	英語	數學	計算機	金融學
甲	84	90	78	83
乙	91	75	64	92
丙	64	86	76	89

考試成績可用一個 3×4 矩陣表示為

$$\begin{pmatrix} 84 & 90 & 78 & 83 \\ 91 & 75 & 64 & 92 \\ 64 & 86 & 76 & 89 \end{pmatrix}$$

§2.1.2 矩陣的運算

通常稱兩個具有相同行數和相同列數的矩陣為**同型矩陣**.

定義2.2 設 $A = (a_{ij})_{m \times n}, B = (b_{ij})_{m \times n}$,若它們的對應元素相等,即

$$a_{ij} = b_{ij} \quad (i = 1, 2, \cdots, m; j = 1, 2, \cdots, n)$$

則稱矩陣 A 與 B 相等,記作 $A = B$.

根據定義2.2,唯有同型矩陣才能論及是否相等. 當兩個矩陣相等時,它們的全部對應元素都相等. 例如,設

$$A = \begin{pmatrix} x & 2 & y \\ -1 & z & 0 \end{pmatrix}, B = \begin{pmatrix} 3 & a & 4 \\ b & 5 & c \end{pmatrix}, 且 A = B$$

則必有
$$x = 3, y = 4, z = 5, a = 2, b = -1, c = 0.$$

1. 矩陣的加法

定義 2.3　設 $A = (a_{ij})_{m \times n}, B = (b_{ij})_{m \times n}$. 稱矩陣 $(a_{ij} + b_{ij})_{m \times n}$ 為矩陣 A 與 B 的和,記作 $A + B$. 即

$$A + B = \begin{pmatrix} a_{11} + b_{11} & a_{12} + b_{12} & \cdots & a_{1n} + b_{1n} \\ a_{21} + b_{21} & a_{22} + b_{22} & \cdots & a_{2n} + b_{2n} \\ \cdots & \cdots & \cdots & \cdots \\ a_{m1} + b_{m1} & a_{m2} + b_{m2} & \cdots & a_{mn} + b_{mn} \end{pmatrix}$$

定義 2.4　設 $A = (a_{ij})_{m \times n}$,稱矩陣 $(-a_{ij})_{m \times n}$ 為 A 的負矩陣,記作 $-A$. 即 A 的負矩陣為

$$-A = \begin{pmatrix} -a_{11} & -a_{12} & \cdots & -a_{1n} \\ -a_{21} & -a_{22} & \cdots & -a_{2n} \\ \cdots & \cdots & \cdots & \cdots \\ -a_{m1} & -a_{m2} & \cdots & -a_{mn} \end{pmatrix}$$

利用負矩陣可以定義矩陣的減法:$A - B = A + (-B)$.

利用定義容易驗證矩陣的加法滿足下面的運算律:

1° $(A + B) + C = A + (B + C)$;　　　　　　　　　　　　　（結合律）

2° $A + B = B + A$;　　　　　　　　　　　　　　　　　　　（交換律）

3° $A + O = A$;

4° $A + (-A) = O$.

例 3　設

$$A = \begin{pmatrix} 2 & -1 \\ 0 & 3 \\ 1 & 4 \end{pmatrix}, \quad B = \begin{pmatrix} 4 & 1 \\ 3 & -2 \\ 5 & 1 \end{pmatrix}$$

求 $A + B$ 及 $A - B$.

解

$$A + B = \begin{pmatrix} 2+4 & -1+1 \\ 0+3 & 3+(-2) \\ 1+5 & 4+1 \end{pmatrix} = \begin{pmatrix} 6 & 0 \\ 3 & 1 \\ 6 & 5 \end{pmatrix}$$

$$A - B = A + (-B) = \begin{pmatrix} 2+(-4) & -1+(-1) \\ 0+(-3) & 3+2 \\ 1+(-5) & 4+(-1) \end{pmatrix} = \begin{pmatrix} -2 & -2 \\ -3 & 5 \\ -4 & 3 \end{pmatrix}$$

2. 數乘矩陣

定義2.5　設 $A = (a_{ij})_{m \times n}$，$k$ 為常數．稱矩陣 $(ka_{ij})_{m \times n}$ 為數 k 與矩陣 A 的數量乘積，簡稱數乘，記作 kA（或 Ak）．即

$$kA = \begin{pmatrix} ka_{11} & ka_{12} & \cdots & ka_{1n} \\ ka_{21} & ka_{22} & \cdots & ka_{2n} \\ \cdots & \cdots & \cdots & \cdots \\ ka_{m1} & ka_{m2} & \cdots & ka_{mn} \end{pmatrix}$$

利用定義不難驗證，數乘運算滿足下面的運算律：

1° $1A = A$；

2° $k(lA) = (kl)A$　　（k、l 為常數，下同）；

3° $(k+l)A = kA + lA$；

4° $k(A+B) = kA + kB$.

矩陣的加法與數乘統稱矩陣的**線性運算**．

3. 矩陣的乘法

定義2.6　設 $A = (a_{ij})_{m \times s}$，$B = (b_{ij})_{s \times n}$，$c_{ij} = \sum_{k=1}^{s} a_{ik}b_{kj}$（$i = 1, 2, \cdots, m$；$j = 1, 2, \cdots, n$）．稱矩陣 $C = (c_{ij})_{m \times n}$ 為矩陣 A 與 B 的乘積，記作 AB．即

$$AB = C = \left(\sum_{k=1}^{s} a_{ik}b_{kj} \right)_{m \times n}$$

此定義表明：

1°　當矩陣 A 的列數與矩陣 B 的行數相等時 AB 才有意義；

2°　$A_{m \times s}$ 與 $B_{s \times n}$ 的乘積是一個 $m \times n$ 矩陣 $C = (c_{ij})_{m \times n}$，其元素 c_{ij} 等於矩陣 A 的第 i 行元素與矩陣 B 的第 j 列的對應元素的乘積之和．

例4　設

$$A = \begin{pmatrix} 2 & -1 \\ 1 & 0 \\ -2 & 1 \end{pmatrix}, \qquad B = \begin{pmatrix} 1 & 2 \\ -1 & 1 \end{pmatrix}$$

求 AB．

解　因 A 為 3×2 矩陣，B 為 2×2 矩陣，故 AB 有意義，且 AB 為 3×2 矩陣：

$$AB = \begin{pmatrix} 2 \times 1 + (-1) \times (-1) & 2 \times 2 + (-1) \times 1 \\ 1 \times 1 + 0 \times (-1) & 1 \times 2 + 0 \times 1 \\ -2 \times 1 + 1 \times (-1) & -2 \times 2 + 1 \times 1 \end{pmatrix} = \begin{pmatrix} 3 & 3 \\ 1 & 2 \\ -3 & -3 \end{pmatrix}$$

顯然,例 4 中因 B 的列數不等於 A 的行數,故 BA 沒有意義.

例 5 計算 AB 與 BA,設

(1) $A = \begin{pmatrix} 0 & 1 & 1 \\ -1 & 0 & 2 \end{pmatrix}, B = \begin{pmatrix} 2 & 3 \\ 0 & 1 \\ -1 & 2 \end{pmatrix}$;

(2) $A = \begin{pmatrix} 1 & 2 \\ 0 & 1 \end{pmatrix}, B = \begin{pmatrix} -1 & 1 \\ 2 & 1 \end{pmatrix}$.

解

(1) $AB = \begin{pmatrix} -1 & 3 \\ -4 & 1 \end{pmatrix}, \quad BA = \begin{pmatrix} -3 & 2 & 8 \\ -1 & 0 & 2 \\ -2 & -1 & 3 \end{pmatrix}$

(2) $AB = \begin{pmatrix} 3 & 3 \\ 2 & 1 \end{pmatrix}, \quad BA = \begin{pmatrix} -1 & -1 \\ 2 & 5 \end{pmatrix}$

例 5 表明,即使 AB、BA 都有意義也未必有 $AB = BA$[例 5(1) 中的 AB 與 BA 甚至是不同型的矩陣!]. 可見我們熟知的乘法交換律對矩陣乘法並不成立. 因此當你用一個矩陣去乘另一個矩陣時一定要指明是「左乘」還是「右乘」,例如對「AB」可讀作「A 左乘 B」或「B 右乘 A」. 初學者往往對矩陣乘法不滿足交換律感到奇怪. 其實既然矩陣乘法的運算對象是矩陣,而矩陣的「乘」又是以如此獨特的方式加以定義的,我們又有什麼理由期待它一定會滿足交換律呢?

事實上,許多與乘法相關的運算規律,對矩陣來說亦不再成立:

1° 對數 a、b 來說,若 $ab = 0$,則必有 $a = 0$ 或 $b = 0$. 但對矩陣 A、B 而言,當 $AB = O$ 時,卻未必有 $A = O$ 或 $B = O$.

例如,雖然

$$\begin{pmatrix} 1 & -1 \\ -1 & 1 \end{pmatrix} \begin{pmatrix} 2 & 2 \\ 2 & 2 \end{pmatrix} = \begin{pmatrix} 0 & 0 \\ 0 & 0 \end{pmatrix}$$

但矩陣

$$\begin{pmatrix} 1 & -1 \\ -1 & 1 \end{pmatrix}、\begin{pmatrix} 2 & 2 \\ 2 & 2 \end{pmatrix}$$

都不是零矩陣.

2° 對數 a、b、c 來說,若 $ab = ac, a \neq 0$,則可將 a 消去,得到 $b = c$. 但對矩陣 A、B、C 而言,若 $AB = AC, A \neq O$,卻未必有 $B = C$.

例如
$$\begin{pmatrix} 1 & -1 \\ -1 & 1 \end{pmatrix} \begin{pmatrix} 2 & 1 \\ -1 & 1 \end{pmatrix} = \begin{pmatrix} 1 & -1 \\ -1 & 1 \end{pmatrix} \begin{pmatrix} 1 & 2 \\ -2 & 2 \end{pmatrix}$$

儘管矩陣 $\begin{pmatrix} 1 & -1 \\ -1 & 1 \end{pmatrix} \neq O$,但若將它消去,則得

$$\begin{pmatrix} 2 & 1 \\ -1 & 1 \end{pmatrix} = \begin{pmatrix} 1 & 2 \\ -2 & 2 \end{pmatrix}$$

這顯然是錯誤的.

1°、2° 表明,對矩陣運算,消去律不再成立. 以上討論提示我們:當我們對新的運算對象定義一種新的運算時切不可想當然地認為這種運算會滿足我們熟知的數的某種運算規律.

不過,矩陣乘法還是具有許多與數的乘法類似的運算規律(當然,我們首先假設以下涉及的矩陣應使相應的運算能夠進行):

1° $(AB)C = A(BC)$;   (結合律)

2° $A(B + C) = AB + AC$;   (左乘分配律)

3° $(B + C)A = BA + CA$;   (右乘分配律)

4° $k(AB) = (kA)B = A(kB)$.   (數乘結合律)

利用定義容易驗證上述運算律. 下面僅給出 1°(較難的一個)的證明.

證明 設 $A = (a_{ij})_{m \times s}, B = (b_{ij})_{s \times t}, C = (c_{ij})_{t \times n}$. 則 $(AB)C = (u_{ij})$ 與 $A(BC) = (v_{ij})$ 都是 $m \times n$ 矩陣. 現只須證明它們的對應元素相等,即
$$u_{ij} = v_{ij} \quad (i = 1, 2, \cdots, m; j = 1, 2, \cdots, n).$$

由定義 2.6,
$$AB = (\sum_{k=1}^{s} a_{ik} b_{kh})_{m \times t} \quad (i = 1, 2, \cdots, m; h = 1, 2, \cdots, t)$$
$$BC = (\sum_{h=1}^{t} b_{kh} c_{hj})_{s \times n} \quad (k = 1, 2, \cdots, s; j = 1, 2, \cdots, n)$$

故得
$$u_{ij} = \sum_{h=1}^{t} (\sum_{k=1}^{s} a_{ik} b_{kh}) c_{hj} = \sum_{h=1}^{t} \sum_{k=1}^{s} a_{ik} b_{kh} c_{hj} = \sum_{k=1}^{s} \sum_{h=1}^{t} a_{ik} b_{kh} c_{hj}$$
$$= \sum_{k=1}^{s} a_{ik} (\sum_{h=1}^{t} b_{kh} c_{hj}) = v_{ij} \quad (i = 1, 2, \cdots, m; j = 1, 2, \cdots, n)$$

借助於矩陣乘法及矩陣相等的定義,例 1 的線性方程組(2.3) 中的第 i 個方程可以表示成

$$(a_{i1} \quad a_{i2} \quad \cdots \quad a_{in}) \begin{pmatrix} x_1 \\ x_2 \\ \vdots \\ x_n \end{pmatrix} = b_i \quad (i = 1, 2, \cdots, m)$$

於是方程組(2.3) 可以表示成

$$\begin{pmatrix} a_{11} & a_{12} & \cdots & a_{1n} \\ a_{21} & a_{22} & \cdots & a_{2n} \\ \cdots & \cdots & \cdots & \cdots \\ a_{m1} & a_{m2} & \cdots & a_{mn} \end{pmatrix} \begin{pmatrix} x_1 \\ x_2 \\ \vdots \\ x_n \end{pmatrix} = \begin{pmatrix} b_1 \\ b_2 \\ \vdots \\ b_m \end{pmatrix}$$

或簡作

$$AX = B \tag{2.4}$$

即方程組(2.3) 可以寫成相當簡潔的**矩陣方程**(2.4) 的形式. 矩陣及其乘法的功能由此可見一斑.

關於矩陣乘法,我們還要指出,雖然一般而言交換律不再成立,但對某些矩陣來說,$AB = BA$ 的情形亦會出現. 例如對於兩個 n 階**對角矩陣**

$$A = \begin{pmatrix} a_1 & & & \\ & a_2 & & \\ & & \ddots & \\ & & & a_n \end{pmatrix} \text{ 及 } B = \begin{pmatrix} b_1 & & & \\ & b_2 & & \\ & & \ddots & \\ & & & b_n \end{pmatrix}$$

(矩陣中的非主對角元皆為零,習慣上可以將其略去不寫) 顯然有

$$AB = BA = \begin{pmatrix} a_1 b_1 & & & \\ & a_2 b_2 & & \\ & & \ddots & \\ & & & a_n b_n \end{pmatrix}$$

一般稱滿足 $AB = BA$ 的矩陣為**可交換的**. 這樣,兩個同階對角矩陣是可交換的.

對角陣 A 又可寫成

$$A = \text{diag}(a_1, a_2, \cdots, a_n).$$

作為對角陣的特例,主對角元都相等的對角陣稱為數量矩陣. 例如
$$K = \mathrm{diag}(k, k, \cdots, k)$$
即為一數量矩陣. 借助於單位矩陣, 數量矩陣 K 又可寫成 $K = kE$.

例6 試證明 n 階單位矩陣與任意 n 階矩陣是可交換的.

證明 設 $A = (a_{ij})_{n \times n}$ 為任意 n 階矩陣. 則有

$$EA = \begin{pmatrix} 1 & & & \\ & 1 & & \\ & & \ddots & \\ & & & 1 \end{pmatrix} \begin{pmatrix} a_{11} & a_{12} & \cdots & a_{1n} \\ a_{21} & a_{22} & \cdots & a_{2n} \\ \cdots & \cdots & \cdots & \cdots \\ a_{n1} & a_{n2} & \cdots & a_{nn} \end{pmatrix}$$

$$= \begin{pmatrix} a_{11} & a_{12} & \cdots & a_{1n} \\ a_{21} & a_{22} & \cdots & a_{2n} \\ \cdots & \cdots & \cdots & \cdots \\ a_{n1} & a_{n2} & \cdots & a_{nn} \end{pmatrix} = A$$

$$AE = \begin{pmatrix} a_{11} & a_{12} & \cdots & a_{1n} \\ a_{21} & a_{22} & \cdots & a_{2n} \\ \cdots & \cdots & \cdots & \cdots \\ a_{n1} & a_{n2} & \cdots & a_{nn} \end{pmatrix} \begin{pmatrix} 1 & & & \\ & 1 & & \\ & & \ddots & \\ & & & 1 \end{pmatrix}$$

$$= \begin{pmatrix} a_{11} & a_{12} & \cdots & a_{1n} \\ a_{21} & a_{22} & \cdots & a_{2n} \\ \cdots & \cdots & \cdots & \cdots \\ a_{n1} & a_{n2} & \cdots & a_{nn} \end{pmatrix} = A$$

故 E 與 A 是可交換的.

例6還表明,單位矩陣在矩陣乘法中的地位與數1在數的乘法中的地位相當. 讀者可通過計算 $E_m A_{m \times n}$ 和 $A_{m \times n} E_n$ 進一步體會這一結論.

利用例6,對於上述數量矩陣 K,顯然有 $KA = AK = kA$. 這表明,不論用 K 左乘方陣 A 還是右乘方陣 A 所得到的積都等於用數 k 乘 A 所得到的矩陣. 這是數量矩陣的重要性質.

下面給出可視為矩陣乘法特例的方陣乘冪的定義.

定義2.7 設 A 為 n 階矩陣,k 為自然數. 稱 k 個 A 的連乘積為 A 的 k 次冪,記作 A^k. 即

$$A^k = \underbrace{AA\cdots A}_{k個}$$

此外,對 n 階矩陣 A,規定 A 的零次冪為單位陣,即 $A^0 = E$.

由此定義,容易驗證方陣的冪滿足下列運算律:

1° $A^k A^l = A^{k+l}$ (k,l 為非負整數,下同);

2° $(A^k)^l = A^{kl}$.

由於矩陣乘法不滿足交換律,所以對於同階方陣 A、B,一般 $(AB)^k \neq A^k B^k$. 此外,初等數學中一些熟知的公式,一般亦不可隨意移植到矩陣運算中來. 例如,因

$$(A+B)^2 = (A+B)(A+B) = A^2 + AB + BA + B^2$$

而一般 $AB \neq BA$. 故一般 $(A+B)^2 \neq A^2 + 2AB + B^2$. 這是初學者應加以注意的.

定義 2.8 設 $f(x) = a_0 x^m + a_1 x^{m-1} + \cdots + a_{m-1} x + a_m$ 為 x 的 m 次多項式,A 為 n 階矩陣. 稱

$$f(A) = a_0 A^m + a_1 A^{m-1} + \cdots + a_{m-1} A + a_m E$$

為 n 階矩陣 A 的 m 次多項式.

顯然,n 階矩陣 A 的 m 次多項式仍為 n 階矩陣.

例 7 設 $A = \begin{pmatrix} 1 & 0 \\ \lambda & 1 \end{pmatrix}$, $f(x) = x^3 - 2x + 4$,求 $f(A)$.

解

$$A^2 = \begin{pmatrix} 1 & 0 \\ \lambda & 1 \end{pmatrix} \begin{pmatrix} 1 & 0 \\ \lambda & 1 \end{pmatrix} = \begin{pmatrix} 1 & 0 \\ 2\lambda & 1 \end{pmatrix}$$

$$A^3 = \begin{pmatrix} 1 & 0 \\ 2\lambda & 1 \end{pmatrix} \begin{pmatrix} 1 & 0 \\ \lambda & 1 \end{pmatrix} = \begin{pmatrix} 1 & 0 \\ 3\lambda & 1 \end{pmatrix}$$

$$f(A) = A^3 - 2A + 4E = \begin{pmatrix} 1 & 0 \\ 3\lambda & 1 \end{pmatrix} - 2\begin{pmatrix} 1 & 0 \\ \lambda & 1 \end{pmatrix} + 4\begin{pmatrix} 1 & 0 \\ 0 & 1 \end{pmatrix} = \begin{pmatrix} 3 & 0 \\ \lambda & 3 \end{pmatrix}$$

例 8 設 $A = \begin{pmatrix} -1 & 3 \\ 0 & 2 \end{pmatrix}$, $B = \begin{pmatrix} 1 & 2 \\ -3 & 1 \end{pmatrix}$,求 $A^2 - AB - 2A$.

解

$$A^2 - AB - 2A = A(A - B - 2E)$$

$$= \begin{pmatrix} -1 & 3 \\ 0 & 2 \end{pmatrix} \left[\begin{pmatrix} -1 & 3 \\ 0 & 2 \end{pmatrix} - \begin{pmatrix} 1 & 2 \\ -3 & 1 \end{pmatrix} - \begin{pmatrix} 2 & 0 \\ 0 & 2 \end{pmatrix} \right] = \begin{pmatrix} 13 & -4 \\ 6 & -2 \end{pmatrix}$$

4. 矩陣的轉置

定義 2.9 設

$$A = (a_{ij})_{m \times n} = \begin{pmatrix} a_{11} & a_{12} & \cdots & a_{1n} \\ a_{21} & a_{22} & \cdots & a_{2n} \\ \cdots & \cdots & \cdots & \cdots \\ a_{m1} & a_{m2} & \cdots & a_{mn} \end{pmatrix}$$

若一個矩陣以 A 的第 i 行($i = 1, 2, \cdots, m$) 為其第 i 列,則稱此矩陣為 A 的轉置矩陣,記作 A^T 或 A'. 即

$$A^T = \begin{pmatrix} a_{11} & a_{21} & \cdots & a_{m1} \\ a_{12} & a_{22} & \cdots & a_{m2} \\ \cdots & \cdots & \cdots & \cdots \\ a_{1n} & a_{2n} & \cdots & a_{mn} \end{pmatrix}$$

顯然,若記 $A^T = (a'_{st})_{n \times m}$,則有

$$a'_{st} = a_{ts} \quad (s = 1, 2, \cdots, n; t = 1, 2, \cdots, m)$$

轉置運算滿足下面的運算律:

1° $(A^T)^T = A$;
2° $(A + B)^T = A^T + B^T$;
3° $(kA)^T = kA^T$; (k 為常數)
4° $(AB)^T = B^T A^T$.

利用定義 2.9,運算律 1°—3° 極易驗證. 現只給出 4° 的證明.

證明 設

$$A = (a_{ij})_{m \times l}, \quad B = (b_{ij})_{l \times n}, \quad AB = (c_{ij})_{m \times n},$$
$$A^T = (a'_{st})_{l \times m}, \quad B^T = (b'_{st})_{n \times l}$$

則 $(AB)^T, B^T A^T$ 皆為 $n \times m$ 矩陣.

若記

$$(AB)^T = (c'_{st})_{n \times m}, \quad B^T A^T = (d_{st})_{n \times m}$$

則

$$c'_{st} = c_{ts} = \sum_{k=1}^{l} a_{tk} b_{ks}$$

$$d_{st} = \sum_{k=1}^{l} b'_{sk} a'_{kt} = \sum_{k=1}^{l} b_{ks} a_{tk} = \sum_{k=1}^{l} a_{tk} b_{ks}$$

從而
$$c'_{st} = d_{st} \quad (s = 1, 2, \cdots, n; t = 1, 2, \cdots, m)$$
故
$$(AB)^T = B^T A^T.$$

定義 2.10　設 $A = (a_{ij})_{n \times n}$,若 $A^T = A$,則稱 A 為對稱矩陣;若 $A^T = -A$,則稱 A 為反對稱矩陣.

顯然,當且僅當 $a_{ij} = a_{ji}$ $(i, j = 1, 2, \cdots, n)$ 時 A 為對稱矩陣;當且僅當 $a_{ij} = -a_{ji}(i, j = 1, 2, \cdots, n)$ 時 A 為反對稱矩陣.

例 9　矩陣
$$A = \begin{pmatrix} a & x & y \\ x & b & z \\ y & z & c \end{pmatrix}$$
為對稱矩陣;矩陣
$$B = \begin{pmatrix} 0 & a & -b \\ -a & 0 & c \\ b & -c & 0 \end{pmatrix}$$
為反對稱矩陣.

此例顯示,反對稱矩陣 B 的主對角元都是零,事實上這是所有反對稱矩陣的一個重要特徵(見習題 2.1).

例 10　設 A 為 n 階矩陣,證明

(1) $A^T A$ 為對稱矩陣;　　　(2) $A - A^T$ 為反對稱矩陣.

證明　(1) 因
$$(A^T A)^T = A^T (A^T)^T = A^T A$$
故 $A^T A$ 為對稱矩陣.

(2) 因
$$(A - A^T)^T = A^T + (-A^T)^T = A^T - A = -(A - A^T)$$
故 $A - A^T$ 為反對稱矩陣.

習題 2.1

1. 設
$$\begin{pmatrix} a & -1 \\ 2 & b+c \end{pmatrix} - \begin{pmatrix} 0 & 1 \\ 2 & -1 \end{pmatrix} = \begin{pmatrix} 2 & d-a \\ b & 1 \end{pmatrix}$$

求 a、b、c、d.

2. 設
$$A = \begin{pmatrix} -1 & 2 & 3 \\ 0 & 4 & 1 \end{pmatrix}, B = \begin{pmatrix} 1 & 2 & 3 \\ -2 & 4 & -1 \end{pmatrix}$$

(1) 計算 $2A - 3B$；

(2) 求矩陣 X，使得 $3A - 2X = B$.

3. 計算

(1) $\begin{pmatrix} 2 & 0 \\ -1 & 1 \end{pmatrix} \begin{pmatrix} 1 & 1 & 0 \\ -2 & 0 & 3 \end{pmatrix}$
(2) $(-2 \quad 3 \quad 1) \begin{pmatrix} 2 \\ -1 \\ -3 \end{pmatrix}$

(3) $\begin{pmatrix} 2 \\ -1 \\ -3 \end{pmatrix} (-2 \quad 3 \quad 1)$
(4) $\begin{pmatrix} 1 & 1 & 0 \\ 2 & 0 & -2 \\ -1 & 3 & 1 \end{pmatrix} \begin{pmatrix} 1 \\ -1 \\ 2 \end{pmatrix}$

(5) $\begin{pmatrix} -1 & 2 & -1 \\ 0 & 0 & 2 \\ 0 & 0 & 1 \end{pmatrix} \begin{pmatrix} 2 & 1 & 1 \\ 0 & -2 & 1 \\ 0 & 0 & 3 \end{pmatrix}$
(6) $(x \quad y \quad z) \begin{pmatrix} 1 & a & b \\ a & 1 & c \\ b & c & 1 \end{pmatrix} \begin{pmatrix} x \\ y \\ z \end{pmatrix}$

4. 設
$$A = \begin{pmatrix} 0 & 1 & 0 \\ 0 & 0 & 1 \\ 0 & 0 & 0 \end{pmatrix}$$

求所有與 A 可交換的方陣.

5. 若一個方陣的主對角線下(上)方的元素全為零,則稱之為**上(下)三角矩陣**. 試就 3 階方陣的情形驗證,兩個上(下)三角矩陣的乘積仍為上(下)三角矩陣.

6. 設 A、B 為同階方陣. 試證明 $(A+B)(A-B) = A^2 - B^2$ 的充分必要條件是 A、B 可交換.

7. 設 A、B 為同階方陣,且滿足 $A + E = B$. 試證明 $A^2 + A = O$ 的充要條件是 $B^2 = B$.

8. 計算

(1) $\begin{pmatrix} 3 & 2 \\ -4 & -2 \end{pmatrix}^5$
(2) $\begin{pmatrix} 1 & 1 \\ 0 & 1 \end{pmatrix}^n$

9. 設
$$A = \begin{pmatrix} 0 & 2 \\ -1 & 1 \end{pmatrix}, \qquad f(x) = 3 + 2x^2 - x^3$$
求 $f(A)$.

10. 設
$$A = \begin{pmatrix} 2 & 1 & 0 \\ 0 & -3 & 1 \\ 1 & 1 & -1 \end{pmatrix}, \qquad B = \begin{pmatrix} -1 & 1 & 0 \\ 2 & -1 & 1 \\ 1 & 2 & 1 \end{pmatrix}$$
計算：

(1) $AB - B^2$；　　　　　　(2) $A^2 - BA - 2A$.

11. 設
$$A = \begin{pmatrix} 1 & 3 \\ 0 & -1 \end{pmatrix}, \qquad B = \begin{pmatrix} 2 & 1 \\ 0 & -2 \end{pmatrix}$$
求：

(1) $(A+B)(A-B)$ 及 $A^2 - B^2$；

(2) $A^T B^T$；

(3) $(AB)^T - A^T B^T$.

12. 設 A、B、C 為矩陣，且運算 AB、BC 皆可進行．證明 $(ABC)^T = C^T B^T A^T$.

13. 試證明反對稱矩陣的主對角元皆為零．

14. 設 A、B 為同階反對稱矩陣．

(1) 證明 $AB - BA$ 是反對稱矩陣；

(2) 證明 AB 是對稱矩陣的充要條件是 A、B 可交換；

(3) A^k 是否是對稱矩陣或反對稱矩陣？

§2.2　逆矩陣

線性代數中引入矩陣工具的目的之一是用矩陣來研究線性方程組 $AX = B$（見(2.4)式）及更一般的矩陣方程．初等代數中求解一次方程 $ax = b(a \neq 0)$ 的經驗提示我們：倘能定義矩陣的除法，或者給出與數 a 的倒數 a^{-1} 相類似的矩陣 A 的「倒矩陣」的定義，方程(2.4)的求解或許會十分便利．線性代數採取的是後一種方式．

本節將給出逆矩陣(不叫「倒矩陣」!)A^{-1}的定義,並討論矩陣A可逆的條件(注意:數a須滿足條件$a \neq 0$才有倒數!)以及A^{-1}的求法.

§2.2.1 方陣的行列式

定義2.11   設A為n階矩陣,稱A的元素保持其原有位置不變所構成的n階行列式為矩陣A的行列式,記作$|A|$(或$\det A$).

例1   設
$$A = \begin{pmatrix} 1 & 2 & -1 \\ -3 & 1 & 4 \\ 0 & 5 & 6 \end{pmatrix}$$
則A的行列式
$$|A| = \begin{vmatrix} 1 & 2 & -1 \\ -3 & 1 & 4 \\ 0 & 5 & 6 \end{vmatrix}$$

顯然,方陣A與行列式$|A|$是兩個不同的概念.我們可將行列式$|A|$視作方陣A的某種特徵.

方陣的行列式有以下性質(設A、B為n階矩陣,k為常數):

1° $|A^T| = |A|$;
2° $|kA| = k^n |A|$;
3° $|AB| = |A| \cdot |B|$.

利用行列式的性質很容易證明上述性質1°與2°,請讀者自行完成.性質3°的證明較繁,我們將其略去.

§2.2.2 可逆矩陣

定義2.12   對於矩陣A,若存在矩陣B使得$AB = BA = E$,則稱A為可逆矩陣,並稱B為A的逆矩陣(簡稱逆陣).記作$B = A^{-1}$(A^{-1}讀作「A逆」).

定義2.12表明:

(1) 可逆矩陣及其逆矩陣必為同階方陣(因此今後只對方陣論及是否可逆的問題);

(2) 若B是A的逆陣,則A亦是B的逆陣.

定理2.1   若矩陣A可逆,則其逆陣是唯一的.

證明   設B、C同為A的逆陣,則有$AB = BA = E$及$AC = CA = E$,於是

$$B = BE = B(AC) = (BA)C = EC = C$$

即 A 的逆陣唯一.

例2　因

$$\begin{pmatrix} 1 & 2 \\ 2 & 3 \end{pmatrix} \begin{pmatrix} -3 & 2 \\ 2 & -1 \end{pmatrix} = \begin{pmatrix} -3 & 2 \\ 2 & -1 \end{pmatrix} \begin{pmatrix} 1 & 2 \\ 2 & 3 \end{pmatrix} = \begin{pmatrix} 1 & 0 \\ 0 & 1 \end{pmatrix}$$

故 $\begin{pmatrix} 1 & 2 \\ 2 & 3 \end{pmatrix}$ 與 $\begin{pmatrix} -3 & 2 \\ 2 & -1 \end{pmatrix}$ 互為逆陣,即有

$$\begin{pmatrix} 1 & 2 \\ 2 & 3 \end{pmatrix}^{-1} = \begin{pmatrix} -3 & 2 \\ 2 & -1 \end{pmatrix}, \begin{pmatrix} -3 & 2 \\ 2 & -1 \end{pmatrix}^{-1} = \begin{pmatrix} 1 & 2 \\ 2 & 3 \end{pmatrix}$$

例3　設對角矩陣

$$A = \begin{pmatrix} a_1 & & & \\ & a_2 & & \\ & & \ddots & \\ & & & a_n \end{pmatrix}$$

滿足 $a_1 a_2 \cdots a_n \neq 0$,則容易驗證 A 可逆,且其逆陣

$$A^{-1} = \begin{pmatrix} 1/a_1 & & & \\ & 1/a_2 & & \\ & & \ddots & \\ & & & 1/a_n \end{pmatrix}$$

特別地,單位陣 E 可逆,且其逆陣就是其自身: $E^{-1} = E$.

對於一般的方陣如何判斷其是否可逆？可逆的話如何求出其逆陣？為了回答這些問題,下面引進伴隨矩陣的概念.

定義2.13　設 n 階矩陣 $A = (a_{ij})$,A_{ij} 為 $|A|$ 中元素 $a_{ij}(i、j = 1,2,\cdots,n)$ 的代數餘子式. 稱方陣

$$\begin{pmatrix} A_{11} & A_{21} & \cdots & A_{n1} \\ A_{12} & A_{22} & \cdots & A_{n2} \\ \cdots & \cdots & \cdots & \cdots \\ A_{1n} & A_{2n} & \cdots & A_{nn} \end{pmatrix}$$

為 A 的伴隨矩陣,記作 A^*.

初學者須注意: A^* 中第 i **行**元素 $A_{ki}(k = 1,2,\cdots,n)$ 是 $|A|$ 中第 i **列**的相應元素 $a_{ki}(k = 1,2,\cdots,n)$ 的代數餘子式.

定理 2.2　設 A 為 n 階矩陣, A^* 為其伴隨矩陣, 則
$$AA^* = A^*A = |A|E.$$

證明　顯然 AA^* 是 n 階方陣, 可設 $AA^* = (c_{ij})_{n \times n}$. 由矩陣乘法定義, 有
$$c_{ij} = \sum_{k=1}^{n} a_{ik} A_{jk}$$

再利用公式 (1.13), 得 $c_{ij} = \begin{cases} |A|, & i = j \\ 0, & i \neq j \end{cases}$. 於是

$$AA^* = \begin{pmatrix} |A| & & & \\ & |A| & & \\ & & \ddots & \\ & & & |A| \end{pmatrix} = |A|E$$

類似可證 $A^*A = |A|E$ (建議讀者自行完成).

例 4　設 $A = \begin{pmatrix} a & b \\ c & d \end{pmatrix}$, 依定義 2.13 有 $A^* = \begin{pmatrix} d & -b \\ -c & a \end{pmatrix}$. 於是
$$AA^* = A^*A = \begin{pmatrix} ad - bc & 0 \\ 0 & ad - bc \end{pmatrix} = (ad - bc)E = |A|E$$

此例是定理 2.2 的極好例證. 此外, 讀者還可從中總結出迅速寫出一個 2 階方陣的伴隨矩陣的規律.

定理 2.3　方陣 A 可逆的充要條件是 $|A| \neq 0$, 且當 A 可逆時有
$$A^{-1} = \frac{1}{|A|} A^*.$$

證明　先證必要性. 設 A 可逆, 則由逆矩陣定義, A 與其逆陣 A^{-1} 滿足 $AA^{-1} = E$. 於是

$|AA^{-1}| = |E| = 1$　即　$|A||A^{-1}| = 1$　故　$|A| \neq 0$

再證充分性. 設 $|A| \neq 0$, 則由定理 2.2

$$A\left(\frac{1}{|A|} A^*\right) = \frac{1}{|A|}(AA^*) = \frac{1}{|A|} |A|E = E$$

$$\left(\frac{1}{|A|} A^*\right)A = \frac{1}{|A|}(A^*A) = \frac{1}{|A|} |A|E = E$$

故 A 可逆, 且有
$$A^{-1} = \frac{1}{|A|} A^*.$$

據定理 2.3, 若例 4 矩陣 A 中的元素滿足不等式 $ad - bc \neq 0$ 則矩陣 A 可逆,

其逆陣為
$$A^{-1} = \frac{1}{ad-bc}\begin{pmatrix} d & -b \\ -c & a \end{pmatrix}$$
當 $ad - bc = 0$ 時 A 不可逆.

通常稱其行列式不為零的矩陣為**非奇異矩陣**,行列式為零的矩陣為**奇異矩陣**. 這樣,定理 2.3 又可敘述成:方陣 A 可逆的充要條件是 A 非奇異.

例 5 設
$$A = \begin{pmatrix} 2 & 2 & 2 \\ 1 & 2 & 3 \\ 1 & 3 & 6 \end{pmatrix}$$

試判斷 A 是否可逆,若可逆求出其逆矩陣.

解 $|A| = 2 \neq 0$,故 A 可逆. 又,$|A|$ 諸元素的代數餘子式分別為
$$A_{11} = 3, A_{12} = -3, A_{13} = 1, A_{21} = -6, A_{22} = 10$$
$$A_{23} = -4, A_{31} = 2, A_{32} = -4, A_{33} = 2$$

所以
$$A^{-1} = \frac{1}{|A|}A^* = \frac{1}{2}\begin{pmatrix} 3 & -6 & 2 \\ -3 & 10 & -4 \\ 1 & -4 & 2 \end{pmatrix}$$

或作
$$A^{-1} = \begin{pmatrix} \frac{3}{2} & -3 & 1 \\ -\frac{3}{2} & 5 & -2 \\ \frac{1}{2} & -2 & 1 \end{pmatrix}$$

下面給出定理 2.3 的一個很有用的推論.

推論 若方陣 A、B 滿足 $AB = E$,則 A 可逆,且 $A^{-1} = B$.

證明 因 $AB = E$,故 $|AB| = |E| = 1$. 又 $|AB| = |A||B|$ 所以 $|A| \neq 0$,從而 A 可逆. 以 A^{-1} 左乘等式 $AB = E$ 兩邊即得 $A^{-1} = B$.

此推論的意義在於,要說明方陣 A 與 B 互為逆矩陣,只須驗證 $AB = E$,而無須依定義 2.12 的要求再去驗證 $BA = E$.

例 6 設方陣 A 滿足等式 $A^2 = E - A$,證明 $A + E$ 可逆. 並求其逆矩陣.

證明 由 $A^2 = E - A$ 得 $A^2 + A = E$,從而 $A(A + E) = E$. 由定理 2.3 之推論,$A + E$ 可逆,且

$$(A + E)^{-1} = A.$$

本節開頭我們曾提及矩陣方程的求解問題. 現在有了逆矩陣,問題便迎刃而解了.

例 7 設

$$A = \begin{pmatrix} 1 & 3 \\ 2 & 5 \end{pmatrix}, B = \begin{pmatrix} 0 & 2 \\ -1 & 1 \end{pmatrix}$$

分別求滿足下列方程的未知矩陣 X:

(1) $AX = B$;　　　　(2) $XA = B$.

解 (1) 因 $|A| = -1 \neq 0$,故 A 可逆且有

$$A^{-1} = \begin{pmatrix} -5 & 3 \\ 2 & -1 \end{pmatrix}$$

以 A^{-1} 左乘方程兩邊即得

$$X = A^{-1}B = \begin{pmatrix} -5 & 3 \\ 2 & -1 \end{pmatrix} \begin{pmatrix} 0 & 2 \\ -1 & 1 \end{pmatrix} = \begin{pmatrix} -3 & -7 \\ 1 & 3 \end{pmatrix}$$

(2) 以 A^{-1} 右乘方程兩邊即得

$$X = BA^{-1} = \begin{pmatrix} 0 & 2 \\ -1 & 1 \end{pmatrix} \begin{pmatrix} -5 & 3 \\ 2 & -1 \end{pmatrix} = \begin{pmatrix} 4 & -2 \\ 7 & -4 \end{pmatrix}$$

例 7 的結果表明,題目中的方程(1)與(2)是兩個不同的矩陣方程(初等代數中方程 $ax = b$ 與 $xa = b$ 則是完全一樣的!),這是由於矩陣乘法不滿足交換律所造成的. 因此,今後在解矩陣方程時一定要注意矩陣的「左乘」與「右乘」的準確使用. 此外,例 7 還提示我們,對於系數行列式不為零的由 n 個方程組成的 n 元線性方程組亦可用本例的**逆陣解法**解之.

例 8 已知矩陣 A, B 滿足 $A^{-1}BA = 6A + BA$,其中

$$A = \begin{pmatrix} \dfrac{1}{4} & 0 & 0 \\ 0 & \dfrac{1}{3} & 0 \\ 0 & 0 & \dfrac{1}{7} \end{pmatrix}$$

求 B.

解　因為 A 可逆,所以我們有

$$A^{-1}BA = 6A + BA \Rightarrow A^{-1}B = 6E + B \quad (\text{用 } A^{-1} \text{ 右乘等式兩邊})$$

$$\Rightarrow A^{-1}B - B = 6E \quad (\text{移項})$$

$$\Rightarrow (A^{-1} - E)B = 6E$$

$$\Rightarrow B = 6(A^{-1} - E)^{-1} \quad (\text{在等式左邊右提取 } B)$$

由於

$$A^{-1} = \begin{pmatrix} 4 & 0 & 0 \\ 0 & 3 & 0 \\ 0 & 0 & 7 \end{pmatrix}$$

故

$$A^{-1} - E = \begin{pmatrix} 3 & 0 & 0 \\ 0 & 2 & 0 \\ 0 & 0 & 6 \end{pmatrix}$$

從而

$$B = 6(A^{-1}-E)^{-1} = 6\begin{pmatrix} 3 & 0 & 0 \\ 0 & 2 & 0 \\ 0 & 0 & 6 \end{pmatrix}^{-1} = 6\begin{pmatrix} \frac{1}{3} & 0 & 0 \\ 0 & \frac{1}{2} & 0 \\ 0 & 0 & \frac{1}{6} \end{pmatrix} = \begin{pmatrix} 2 & 0 & 0 \\ 0 & 3 & 0 \\ 0 & 0 & 1 \end{pmatrix}$$

§2.2.3　可逆矩陣的性質

定理 2.4　設 A、B 為 n 階可逆矩陣,則有

(1) $|A^{-1}| = \dfrac{1}{|A|}$；　　　　(2) $(A^{-1})^{-1} = A$；

(3) $(kA)^{-1} = \dfrac{1}{k}A^{-1}$　$(k \neq 0)$；

(4) $(AB)^{-1} = B^{-1}A^{-1}$；　　　　(5) $(A^T)^{-1} = (A^{-1})^T$.

證明　(只證(3)、(4),請讀者自證(1)、(2)、(5))

(3) 因

$$(kA)\left(\frac{1}{k}A^{-1}\right) = \left(k\frac{1}{k}\right)(AA^{-1}) = E$$

故由定理 2.3 的推論,kA 可逆,且

$$(kA)^{-1} = \frac{1}{k}A^{-1}.$$

(4) 因

$$(AB)(B^{-1}A^{-1}) = A(BB^{-1})A^{-1} = AA^{-1} = E$$

故 AB 可逆,且

$$(AB)^{-1} = B^{-1}A^{-1}.$$

例9 設 n 階方陣 A 可逆.

(1) 證明其伴隨矩陣 A^* 可逆,並求其逆;

(2) 求 $|A^*|$.

(1) **證明** 因 A 可逆,故 $|A| \neq 0$. 又, $AA^* = |A|E$ 從而

$$(\frac{1}{|A|}A)A^* = E$$

這表明 A^* 可逆且有

$$(A^*)^{-1} = \frac{1}{|A|}A.$$

(2) **解** 因 $A^{-1} = \frac{1}{|A|}A^*$,故 $A^* = |A|A^{-1}$. 於是

$$|A^*| = ||A|A^{-1}| = |A|^n|A^{-1}| = |A|^n\frac{1}{|A|} = |A|^{n-1}.$$

(事實上對 n 階不可逆的方陣 A,這一結果亦成立. 我們將證明留給讀者.)

例10 設 A 為三階矩陣, $|A| = \frac{1}{2}$,求 $|(2A)^{-1} - 5A^*|$.

解 因為 $|A| = \frac{1}{2} \neq 0$,所以 A 可逆. 於是

$$|(2A)^{-1} - 5A^*| = \left|\frac{1}{2}A^{-1} - 5(|A|A^{-1})\right| = |-2A^{-1}| = (-2)^3|A^{-1}|$$

$$= -8\frac{1}{|A|} = -16$$

習題 2.2

1. 求下列矩陣的逆矩陣：

(1) $\begin{pmatrix} -3 & 4 \\ -2 & 2 \end{pmatrix}$
(2) $\begin{pmatrix} x & x \\ x & 1+x \end{pmatrix}$

(3) $\begin{pmatrix} 3 & 1 & 3 \\ 0 & 1 & 2 \\ 0 & 0 & -1 \end{pmatrix}$
(4) $\begin{pmatrix} 1 & 2 & 1 \\ 1 & 0 & 2 \\ -1 & 3 & 0 \end{pmatrix}$

2. 設 A、B 均為 4 階方陣，且 $|A|=2$, $|B|=-2$. 求：

(1) $|3AB^{-1}|$；
(2) $\left|(\frac{1}{2}A)^{-1}B^*\right|$；

(3) $|A^T(AB)^{-1}|$.

3. 設 A、B、C 為同階可逆矩陣，證明 $(ABC)^{-1} = C^{-1}B^{-1}A^{-1}$.

4. 設 A 為可逆矩陣，k 為自然數．證明 $(A^k)^{-1} = (A^{-1})^k$.

5. 設 A 為可逆的對稱（反對稱）矩陣，證明其逆陣亦為對稱（反對稱）矩陣．

6. 解下列矩陣方程：

(1) $\begin{pmatrix} 0 & 1 & 2 \\ 1 & 1 & 4 \\ 2 & -1 & 0 \end{pmatrix} X = \begin{pmatrix} 1 & -1 & 1 \\ 1 & 1 & 0 \\ 2 & 2 & 1 \end{pmatrix}$

(2) $X \begin{pmatrix} 3 & 1 & -1 \\ 2 & 2 & 0 \\ 1 & -1 & 2 \end{pmatrix} = \begin{pmatrix} 1 & -1 & 3 \\ 4 & 3 & 2 \\ 1 & -2 & 5 \end{pmatrix} + X$

(3) $\begin{pmatrix} 1 & 4 \\ -1 & 2 \end{pmatrix} X \begin{pmatrix} 2 & 0 \\ -1 & 1 \end{pmatrix} = \begin{pmatrix} 3 & 1 \\ 0 & -1 \end{pmatrix}$

7. 用逆矩陣求線性方程組

$$\begin{cases} y + 2z = 1 \\ x + y + 4z = 1 \\ 2x - y = 2 \end{cases}$$

的解．

8. 設 A、B、C 為 n 階矩陣，E 為 n 階單位陣. 判斷下列等式或命題是否正確：

(1) $|kA| = k|A|$（k 為常數）；

(2) $|A + B| = |A| + |B|$；

(3) $(A + B)(A - B) = A^2 - B^2$；

(4) $(A + E)(A - E) = A^2 - E$；

(5) $(AB)^2 = A^2 B^2$；

(6) $A^2 - 6A - 7E = (A + E)(A - 7E)$；

(7) 若 $AB = AC$，且 A 非奇異，則 $B = C$；

(8) 若 A、B 可逆，則 $(A + B)^{-1} = A^{-1} + B^{-1}$.

§2.3 分塊矩陣

將矩陣作適當的分塊，使之成為分塊矩陣，再利用分塊矩陣的運算完成矩陣的相關運算，這樣一種處理矩陣的技巧不論在理論分析中還是實際計算中都是非常有用的. 本節將對此作一簡單介紹.

§2.3.1 矩陣的分塊

用貫通矩陣的橫線和縱線將矩陣 A 分割成若干個小矩陣稱作矩陣的分塊. 矩陣 A 中如此得到的小矩陣稱作 A 的子塊（或子矩陣），以這些子塊為元素的矩陣稱作 A 的分塊矩陣.

例 1 設

$$A = \begin{pmatrix} 2 & 0 & 0 & -1 & 0 \\ 0 & 2 & 0 & 0 & 1 \\ 0 & 0 & 2 & 2 & 0 \\ 0 & 0 & 0 & -1 & 2 \\ 0 & 0 & 0 & -1 & -1 \end{pmatrix}$$

在矩陣 A 的 3、4 行間及 3、4 列間分別畫一條橫線及一條縱線. 這樣，矩陣 A 就被分割成了 4 個小矩陣. 若記

$$E_3 = \begin{pmatrix} 1 & & \\ & 1 & \\ & & 1 \end{pmatrix}, B = \begin{pmatrix} -1 & 0 \\ 0 & 1 \\ 2 & 0 \end{pmatrix}, C = \begin{pmatrix} -1 & 2 \\ -1 & -1 \end{pmatrix}, O_{2 \times 3} = \begin{pmatrix} 0 & 0 & 0 \\ 0 & 0 & 0 \end{pmatrix}$$

則有

$$A = \begin{pmatrix} 2E_3 & B \\ O_{2\times 3} & C \end{pmatrix}$$

此即矩陣 A 的 2×2 分塊矩陣.

顯然,對矩陣的適當分塊有時能顯示矩陣結構上的某些特點.例如,例1中矩陣 A 的位於左上角的子塊是一個數量矩陣,而左下角的子塊則是一個零矩陣.倘用另外的方式對 A 進行分塊則上述特點難以展現.一個矩陣該如何分塊取決於該矩陣的結構及計算(或分析)的需要.

一般地,在矩陣 $A = (a_{ij})_{m\times n}$ 的 m 行間加入 $s - 1$ 條橫線將 m 行分成 s 個行組 $(1 \leqslant s \leqslant m)$,在其 n 列間加入 $t - 1$ 條縱線將 n 列分成 t 個列組 $(1 \leqslant t \leqslant n)$,從而矩陣 A 被分割成一個 $s \times t$ 分塊矩陣 $(A_{ij})_{s\times t}$,其中 A_{ij} 表示位於矩陣的第 i 個行組及第 j 個列組的子塊.

§2.3.2　分塊矩陣的運算

1. 矩陣的分塊加法、數乘及乘法

矩陣的分塊加法、分塊數乘及分塊乘法只須將分塊矩陣中的子塊視為矩陣的元素,然後分別參照矩陣的加法、數乘及乘法的法則進行計算即可.可以驗證,所得結果與不進行分塊而直接對矩陣進行相應運算的結果完全一樣.用公式表達出來就是:

$(1) A + B = (A_{ij})_{s\times t} + (B_{ij})_{s\times t} = (A_{ij} + B_{ij})_{s\times t}$.

【註】 A、B 應是同型矩陣且以相同的方式分塊(以保證 A_{ij} 與 B_{ij} 是同型子矩陣).

$(2) kA = k(A_{ij})_{s\times t} = (kA_{ij})_{s\times t}$.

$(3) AB = (A_{ij})_{s\times p}(B_{ij})_{p\times t} = (C_{ij})_{s\times t}$,其中 $C_{ij} = \sum_{k=1}^{p} A_{ik}B_{kj}$.

【註】 為使乘法 AB 能夠進行,A 的列數應與 B 的行數相同;為使分塊乘法能夠進行,在對 A、B 分塊時應使 A 對列的分塊方式與 B 對行的分塊方式相同.

例2　設

$$F = \begin{pmatrix} 1 & 1 \\ 0 & 1 \\ -1 & 0 \\ 0 & 1 \\ 2 & 1 \end{pmatrix}$$

A 為例1中的矩陣.用分塊乘法計算 AF.

解 為使分塊乘法得以進行,當 A 採取例 1 中的分塊方式時,F 的行必須與 A 的列有相同的分塊方式(F 的列則可任意劃分). 現令

$$F = \begin{pmatrix} G \\ H \end{pmatrix}, \text{其中 } G = \begin{pmatrix} 1 & 1 \\ 0 & 1 \\ -1 & 0 \end{pmatrix}, H = \begin{pmatrix} 0 & 1 \\ 2 & 1 \end{pmatrix}$$

這樣,A 為 2×2 分塊矩陣,F 為 2×1 分塊矩陣,符合分塊乘法的要求. 於是

$$AF = \begin{pmatrix} 2E_3 & B \\ O & C \end{pmatrix} \begin{pmatrix} G \\ H \end{pmatrix} = \begin{pmatrix} 2G + BH \\ CH \end{pmatrix}$$

其中

$$2G + BH = 2\begin{pmatrix} 1 & 1 \\ 0 & 1 \\ -1 & 0 \end{pmatrix} + \begin{pmatrix} -1 & 0 \\ 0 & 1 \\ 2 & 0 \end{pmatrix}\begin{pmatrix} 0 & 1 \\ 2 & 1 \end{pmatrix} = \begin{pmatrix} 2 & 1 \\ 2 & 3 \\ -2 & 2 \end{pmatrix}$$

$$CH = \begin{pmatrix} -1 & 2 \\ -1 & -1 \end{pmatrix}\begin{pmatrix} 0 & 1 \\ 2 & 1 \end{pmatrix} = \begin{pmatrix} 4 & 1 \\ -2 & -2 \end{pmatrix}$$

因此

$$AF = \begin{pmatrix} 2 & 1 \\ 2 & 3 \\ -2 & 2 \\ 4 & 1 \\ -2 & -2 \end{pmatrix}$$

(建議讀者用矩陣乘法驗證這一結果).

【註】 本例中,若將矩陣 F 的行的分割線劃在其他位置,而 A 的分塊方式不變,則分塊乘法無法進行.

例 3 設 n 階矩陣 A、P 及對角矩陣 $\Lambda = \text{diag}(\lambda_1, \lambda_2, \cdots, \lambda_n)$ 滿足等式 $AP = P\Lambda$. 試證明 $AX_i = \lambda_i X_i$ ($i = 1, 2, \cdots, n$),其中 X_i 為矩陣 P 的第 i 列.

證明 由題設 $P = (X_1, X_2, \cdots, X_n)$ 為 $1 \times n$ 分塊矩陣. 將矩陣 A 視作 1×1 分塊矩陣,則

$$AP = A(X_1, X_2, \cdots, X_n) = (AX_1, AX_2, \cdots, AX_n)$$

又,將對角矩陣 Λ 視作一個 $n \times n$ 分塊矩陣,則有

$$P\Lambda = (X_1, X_2, \cdots, X_n)\begin{pmatrix} \lambda_1 & & & \\ & \lambda_2 & & \\ & & \ddots & \\ & & & \lambda_n \end{pmatrix} = (\lambda_1 X_1, \lambda_2 X_2, \cdots, \lambda_n X_n)$$

再由題設 $AP = P\Lambda$ 即得
$$AX_i = \lambda_i X_i \quad (i = 1, 2, \cdots, n)$$

例 3 顯示,矩陣的分塊具有極大的靈活性.在矩陣運算中合理地使用分塊的技巧常可產生事半功倍的效果.

2. 分塊矩陣的轉置運算

設矩陣 A 的分塊矩陣為

$$A = \begin{pmatrix} A_{11} & A_{12} & \cdots & A_{1t} \\ A_{21} & A_{22} & \cdots & A_{2t} \\ \cdots & \cdots & \cdots & \cdots \\ A_{s1} & A_{s2} & \cdots & A_{st} \end{pmatrix}$$

則可以驗證

$$A^T = \begin{pmatrix} A_{11}^T & A_{21}^T & \cdots & A_{s1}^T \\ A_{12}^T & A_{22}^T & \cdots & A_{s2}^T \\ \cdots & \cdots & \cdots & \cdots \\ A_{1t}^T & A_{2t}^T & \cdots & A_{st}^T \end{pmatrix}$$

例如,例 2 中矩陣 F 的轉置矩陣

$$F^T = (G^T, H^T) = \begin{pmatrix} 1 & 0 & -1 & 0 & 2 \\ 1 & 1 & 0 & 1 & 1 \end{pmatrix}$$

3. 分塊求逆

將矩陣進行分塊是為了使矩陣運算得以簡化而採用的一種技巧.當你對矩陣作了分塊而未能給運算帶來任何益處時這種分塊就是多餘的.事實上很多時候矩陣的分塊運算只是在一些具有特殊結構的矩陣的運算中方顯出其功效.對矩陣的分塊求逆方法,我們只以兩種特殊的矩陣給以示例.

例 4 設 $H = \begin{pmatrix} A & O \\ C & B \end{pmatrix}$,其中 A、B 分別為 s 階、t 階可逆矩陣,C 為 $t \times s$ 矩陣,O 為 $s \times t$ 零矩陣.試證明 H 可逆並求其逆.

解 由行列式的拉普拉斯展開定理得 $|H| = |A| \cdot |B| \neq 0$,故 H 可逆.

設 $H^{-1} = \begin{pmatrix} X_1 & X_2 \\ X_3 & X_4 \end{pmatrix}$,其中子塊 X_1, X_2, X_3, X_4 分別與 H 的子塊 A, O, C, B 同型.

則有

$$\begin{pmatrix} A & O \\ C & B \end{pmatrix} \begin{pmatrix} X_1 & X_2 \\ X_3 & X_4 \end{pmatrix} = E_{s+t} = \begin{pmatrix} E_s & O \\ O & E_t \end{pmatrix}$$

即

$$\begin{pmatrix} AX_1 & AX_2 \\ CX_1 + BX_3 & CX_2 + BX_4 \end{pmatrix} = \begin{pmatrix} E_s & O \\ O & E_t \end{pmatrix}$$

於是得矩陣方程組

$$\begin{cases} AX_1 = E_s \\ AX_2 = O \\ CX_1 + BX_3 = O \\ CX_2 + BX_4 = E_t \end{cases}, \quad 解之得 \begin{cases} X_1 = A^{-1} \\ X_2 = O \\ X_3 = -B^{-1}CA^{-1} \\ X_4 = B^{-1} \end{cases}$$

故

$$H^{-1} = \begin{pmatrix} A^{-1} & O \\ -B^{-1}CA^{-1} & B^{-1} \end{pmatrix}$$

若例 4 中的子矩陣 $C = O$,則 $H = \begin{pmatrix} A & O \\ O & B \end{pmatrix}$,此時有

$$H^{-1} = \begin{pmatrix} A^{-1} & \\ & B^{-1} \end{pmatrix}$$

一般地,當 $A_1, A_2, \cdots, A_s$ 皆為方陣時,稱分塊矩陣

$$A = \begin{pmatrix} A_1 & & & \\ & A_2 & & \\ & & \ddots & \\ & & & A_s \end{pmatrix}$$

為**分塊對角矩陣**或**準對角矩陣**(其中未寫出的子塊皆為零矩陣).

借助於矩陣的分塊運算規則容易驗證,同階準對角陣(其對應子塊亦同階)的和、差、積仍為準對角陣;當 $A_1, A_2, \cdots, A_s$ 皆可逆時,A 亦可逆,且有

$$A^{-1} = \begin{pmatrix} A_1^{-1} & & & \\ & A_2^{-1} & & \\ & & \ddots & \\ & & & A_s^{-1} \end{pmatrix} \qquad (2.5)$$

例 5 設

$$A = \begin{pmatrix} 1 & 4 & 0 & 0 & 0 \\ 0 & 1 & 0 & 0 & 0 \\ 0 & 0 & -7 & 0 & 0 \\ 0 & 0 & 0 & 0 & -1 \\ 0 & 0 & 0 & -1 & 3 \end{pmatrix}$$

求 A^{-1}.

解 設

$$A_1 = \begin{pmatrix} 1 & 4 \\ 0 & 1 \end{pmatrix}, A_2 = (-7), A_3 = \begin{pmatrix} 0 & -1 \\ -1 & 3 \end{pmatrix}$$

則有

$$A_1^{-1} = \begin{pmatrix} 1 & -4 \\ 0 & 1 \end{pmatrix}, A_2^{-1} = (-\frac{1}{7}), A_3^{-1} = \begin{pmatrix} -3 & -1 \\ -1 & 0 \end{pmatrix}$$

由(2.5)得

$$A^{-1} = \begin{pmatrix} A_1^{-1} & & \\ & A_2^{-1} & \\ & & A_3^{-1} \end{pmatrix} = \begin{pmatrix} 1 & -4 & 0 & 0 & 0 \\ 0 & 1 & 0 & 0 & 0 \\ 0 & 0 & -\frac{1}{7} & 0 & 0 \\ 0 & 0 & 0 & -3 & -1 \\ 0 & 0 & 0 & -1 & 0 \end{pmatrix}$$

習題 2.3

1. 設

$$A = \begin{pmatrix} 1 & 0 & 0 & 0 \\ 0 & 1 & 0 & 0 \\ -1 & 2 & 1 & 0 \\ 1 & 1 & 0 & 1 \end{pmatrix}, B = \begin{pmatrix} 1 & 0 & 3 \\ -1 & 2 & 0 \\ 1 & 0 & 4 \\ -1 & -1 & 2 \end{pmatrix}$$

利用矩陣的分塊乘法計算 AB.

2. 設 $A = (A_1, A_2, \cdots, A_n)$，其中 $A_i (i = 1, 2, \cdots, n)$ 為列矩陣，求 A^T.

3. 設矩陣 A、B 可逆,試證明下列矩陣可逆並求其逆.

(1) $\begin{pmatrix} O & A \\ B & O \end{pmatrix}$ (2) $\begin{pmatrix} A & C \\ O & B \end{pmatrix}$

4. 利用分塊矩陣求下列矩陣的逆矩陣:

(1) $\begin{pmatrix} 3 & 0 & 0 & 0 \\ 0 & 1 & 2 & -3 \\ 0 & 0 & 1 & 2 \\ 0 & 0 & 0 & 1 \end{pmatrix}$ (2) $\begin{pmatrix} 2 & -1 & 0 & 0 \\ -3 & 2 & 0 & 0 \\ 31 & -19 & 3 & -4 \\ -23 & 14 & -2 & 3 \end{pmatrix}$

(3) $\begin{pmatrix} 0 & a_1 & 0 & \cdots & 0 & 0 \\ 0 & 0 & a_2 & \cdots & 0 & 0 \\ 0 & 0 & 0 & \cdots & 0 & 0 \\ \cdots & \cdots & \cdots & \cdots & \cdots \\ 0 & 0 & 0 & \cdots & 0 & a_{n-1} \\ a_n & 0 & 0 & \cdots & 0 & 0 \end{pmatrix}$ $(a_1 a_2 \cdots a_n \neq 0)$.

5. 設

$$A = \begin{pmatrix} 1 & 0 & 0 & 0 \\ \lambda & 1 & 0 & 0 \\ 0 & 0 & 1 & \lambda \\ 0 & 0 & 0 & 1 \end{pmatrix}$$

求 A^n 及 A^{-1}.

§2.4 矩陣的初等變換與矩陣的秩

§2.4.1 矩陣的初等變換

定義 2.14 對矩陣施行的下列變換稱作矩陣的行(列) 初等變換:

(1) 將矩陣的第 i 行(列) 與第 j 行(列) 對調;

(2) 以非零常數 k 乘矩陣的第 i 行(列) 元素;

(3) 將矩陣第 j 行(列) 元素的 k 倍加到第 i 行(列) 的相應元素上.

上述行初等變換依次記作 $r_i \leftrightarrow r_j, k r_i$ 及 $r_i + k r_j$. 列初等變換只須將上述記號中的字母 r 換作 c.

例1

$$A = \begin{pmatrix} 0 & 2 & -1 & 1 \\ 1 & -1 & 0 & 2 \\ -2 & 0 & 3 & 1 \end{pmatrix} \xrightarrow{r_1 \leftrightarrow r_2} \begin{pmatrix} 1 & -1 & 0 & 2 \\ 0 & 2 & -1 & 1 \\ -2 & 0 & 3 & 1 \end{pmatrix}$$

$$\xrightarrow{r_3 + 2r_1} \begin{pmatrix} 1 & -1 & 0 & 2 \\ 0 & 2 & -1 & 1 \\ 0 & -2 & 3 & 5 \end{pmatrix} \xrightarrow{r_3 + r_2} \begin{pmatrix} 1 & -1 & 0 & 2 \\ 0 & 2 & -1 & 1 \\ 0 & 0 & 2 & 6 \end{pmatrix}$$

$$\xrightarrow{\frac{1}{2}r_3} \begin{pmatrix} 1 & -1 & 0 & 2 \\ 0 & 2 & -1 & 1 \\ 0 & 0 & 1 & 3 \end{pmatrix} = B$$

例1表明,一般而言,矩陣經初等變換後不再是原來的矩陣,所以它們之間不能以等號相連而是連之以符號「→」. 通常將矩陣 A 與其經初等變換後所得到的矩陣 B 稱作**相抵**矩陣或**等價**矩陣,記作 $A \cong B$. 易知,矩陣的相抵關係具有如下性質:

1° 反身性,即 $A \cong A$;

2° 對稱性,即若 $A \cong B$,則 $B \cong A$;

3° 傳遞性,即若 $A \cong B, B \cong C$,則 $A \cong C$.

定義 2.15 若一個矩陣具有如下特徵則稱之為階梯(形)矩陣:

(1) 零行(即其元素全為零的行)位於全部非零行的下方(如果矩陣有零行的話);

(2) 非零行的首非零元(即位於最左邊的非零元)的列標隨其行標嚴格遞增.

定義 2.16 若一個階梯矩陣具有如下特徵則稱之為行簡化階梯矩陣:

(1) 非零行的首非零元為1;

(2) 非零行的首非零元所在列的其餘元素皆為零.

例2 矩陣

$$A = \begin{pmatrix} 2 & 1 & -1 & 3 \\ 0 & 3 & 0 & 1 \\ 0 & 0 & -1 & 4 \end{pmatrix}, \quad B = \begin{pmatrix} 1 & 0 & 0 & 3 & 4 \\ 0 & 1 & 2 & 5 & 3 \\ 0 & 0 & 0 & 0 & 0 \end{pmatrix}$$

$$C = \begin{pmatrix} 0 & 2 & 0 & 4 \\ 0 & 0 & 0 & 2 \\ 0 & 0 & 0 & 0 \end{pmatrix}, \quad D = \begin{pmatrix} 1 & -3 & 2 & 3 \\ 0 & 0 & 1 & 5 \\ 0 & 0 & 0 & 0 \end{pmatrix}$$

都是階梯矩陣,但只有 B 是行簡化階梯矩陣;

矩陣
$$\begin{pmatrix} 2 & 1 & -1 & 3 \\ 0 & 3 & 0 & 1 \\ 0 & 4 & -1 & 4 \end{pmatrix}, \begin{pmatrix} 1 & 0 & 3 & 1 & 2 \\ 0 & 0 & 0 & 0 & 0 \\ 0 & 1 & 2 & 1 & 5 \end{pmatrix}$$
都不是階梯矩陣.

一個非零矩陣能否經過行初等變換化為階梯矩陣? 例1已經顯示, 這是做得到的.

定理 2.5 任意非零矩陣都可經行初等變換化為階梯矩陣.

證明 不失一般性, 我們可以假設非零矩陣 $A = (a_{ij})_{m \times n}$ 各行的首非零元中列標最小者為 a_{1k}(若這樣的元素不在第 1 行, 則可通過行的對調使之位於第 1 行). 將 A 的第 1 行元素 $(-\dfrac{a_{ik}}{a_{1k}})$ 的倍加到第 i 行的相應元素上去 $(i = 2, 3, \cdots, n)$, 則

$$A \to \begin{pmatrix} 0 & \cdots & 0 & a_{1k} & a_{1,(k+1)} & \cdots & a_{1n} \\ 0 & \cdots & 0 & 0 & a'_{2,(k+1)} & \cdots & a'_{2n} \\ \cdots & \cdots & \cdots & \cdots & \cdots & \cdots & \cdots \\ 0 & \cdots & 0 & 0 & a'_{m,(k+1)} & \cdots & a'_{mn} \end{pmatrix} = A_1$$

若 A_1 中由虛線所圍的子塊 $B = O$, 則 A_1 已是階梯形; 若 $B \neq O$, 則對 B 作類似前面對 A 所作的行初等變換, 並將類似的變換(如果需要的話)重複下去, 最終必將 A 化為階梯矩陣.

由定理 2.5 不難得出下面的推論:

推論 1 任意非零矩陣都可經行初等變換化為行簡化階梯矩陣.

證明 設非零矩陣 A 已經行初等變換化為階梯矩陣 B. 由 B 最下面的非零行開始, 自下而上直至第 1 行依次作這樣的行初等變換: 用該行首非零元的倒數乘該行元素, 使該行首非零元變成 1; 再依次將該行的適當倍數加到其上的每一行, 以使與該首非零元同列的元素變成 0. 於是, 非零矩陣 A 經行初等變換化為行簡化階梯矩陣.

容易證明, 可逆矩陣經行初等變換得到的行簡化階梯矩陣為單位矩陣, 於是可得下面的重要推論.

推論 2 任意可逆矩陣都可經行初等變換化為單位矩陣.

【註】 事實上任意可逆矩陣亦可經列初等變換化為單位矩陣. 建議讀者自己給出證明.

例3 用行初等變換將矩陣

$$A = \begin{pmatrix} 3 & 1 & 5 & 6 \\ 1 & -1 & 3 & -2 \\ 2 & 1 & 3 & 5 \\ 1 & 1 & 1 & 1 \end{pmatrix}$$

化為行簡化階梯矩陣.

解 $A \xrightarrow{r_1 \leftrightarrow r_4} \begin{pmatrix} 1 & 1 & 1 & 1 \\ 1 & -1 & 3 & -2 \\ 2 & 1 & 3 & 5 \\ 3 & 1 & 5 & 6 \end{pmatrix} \xrightarrow[r_4 - 3r_1]{\substack{r_2 - r_1 \\ r_3 - 2r_1}} \begin{pmatrix} 1 & 1 & 1 & 1 \\ 0 & -2 & 2 & -3 \\ 0 & -1 & 1 & 3 \\ 0 & -2 & 2 & 3 \end{pmatrix}$

$\xrightarrow{r_2 \leftrightarrow r_3} \begin{pmatrix} 1 & 1 & 1 & 1 \\ 0 & -1 & 1 & 3 \\ 0 & -2 & 2 & -3 \\ 0 & -2 & 2 & 3 \end{pmatrix} \xrightarrow[r_4 - 2r_2]{r_3 - 2r_2} \begin{pmatrix} 1 & 1 & 1 & 1 \\ 0 & -1 & 1 & 3 \\ 0 & 0 & 0 & -9 \\ 0 & 0 & 0 & -3 \end{pmatrix} \xrightarrow{-\frac{1}{9}r_3} \begin{pmatrix} 1 & 1 & 1 & 1 \\ 0 & -1 & 1 & 3 \\ 0 & 0 & 0 & 1 \\ 0 & 0 & 0 & -3 \end{pmatrix}$

$\xrightarrow[r_4 + 3r_3]{\substack{r_1 - r_3 \\ r_2 - 3r_3}} \begin{pmatrix} 1 & 1 & 1 & 0 \\ 0 & -1 & 1 & 0 \\ 0 & 0 & 0 & 1 \\ 0 & 0 & 0 & 0 \end{pmatrix} \xrightarrow{-r_2} \begin{pmatrix} 1 & 1 & 1 & 0 \\ 0 & 1 & -1 & 0 \\ 0 & 0 & 0 & 1 \\ 0 & 0 & 0 & 0 \end{pmatrix} \xrightarrow{r_1 - r_2} \begin{pmatrix} 1 & 0 & 2 & 0 \\ 0 & 1 & -1 & 0 \\ 0 & 0 & 0 & 1 \\ 0 & 0 & 0 & 0 \end{pmatrix}$

例3表明,將一個矩陣化為行簡化階梯矩陣並不一定非得機械地按照定理2.5及其推論的證明中的步驟去做,而是要根據實際計算的情況靈活地加以處理. 此外,一個矩陣經行初等變換所化成的階梯矩陣顯然不是唯一的,而所化成的行簡化階梯矩陣卻是唯一的. 但如果矩陣變化過程中還加進列初等變換,那麼後者的唯一性不成立.

定義2.17 若一個矩陣具有如下特徵則稱之為標準形矩陣:

(1) 位於左上角的子塊是一個 r 階單位陣;

(2) 其餘的子塊(如果有的話)都是零矩陣.

例4 矩陣

$$\begin{pmatrix} 1 & 0 & 0 \\ 0 & 1 & 0 \\ 0 & 0 & 0 \end{pmatrix}, \begin{pmatrix} 1 & 0 & 0 & 0 & 0 \\ 0 & 1 & 0 & 0 & 0 \\ 0 & 0 & 1 & 0 & 0 \end{pmatrix}, \begin{pmatrix} 1 \\ 0 \\ 0 \end{pmatrix}, \begin{pmatrix} 1 & 0 \\ 0 & 1 \end{pmatrix}$$

都是標準形矩陣.

定理 2.6　任意非零矩陣都可經初等變換化為標準形矩陣.

證明　設非零矩陣 A 已經行初等變換化為行簡化階梯形矩陣 B. 對 B 作如下的列初等變換:以 B 的第 1 行的首非零元的適當倍數乘其所在的列並加到其後的每一列以使第 1 行的其餘元素變為零,即

$$B \to \begin{pmatrix} 1 & 0 & \cdots & 0 \\ 0 & & & \\ \vdots & & A_1 & \\ 0 & & & \end{pmatrix}.$$

若其中的 $A_1 = O$,則矩陣已是標準形;若 $A_1 \neq O$,則 A_1 仍為行簡化階梯形矩陣,可對其施行類似上面對 B 所作的列初等變換並重複上述類似步驟(如果需要的話),直至用最下面的非零行的首非零元將其右邊的元素都處理成零為止. 最後將零列(如果有的話)依次換到矩陣的最右邊. 這樣 A 即化為標準形.

例 5　將例 3 中的矩陣化為標準形.

解　由例 3

$$A \to \begin{pmatrix} 1 & 0 & 2 & 0 \\ 0 & 1 & -1 & 0 \\ 0 & 0 & 0 & 1 \\ 0 & 0 & 0 & 0 \end{pmatrix} \xrightarrow{c_3 - 2c_1 + c_2} \begin{pmatrix} 1 & 0 & 0 & 0 \\ 0 & 1 & 0 & 0 \\ 0 & 0 & 0 & 1 \\ 0 & 0 & 0 & 0 \end{pmatrix} \xrightarrow{c_3 \leftrightarrow c_4} \begin{pmatrix} 1 & 0 & 0 & 0 \\ 0 & 1 & 0 & 0 \\ 0 & 0 & 1 & 0 \\ 0 & 0 & 0 & 0 \end{pmatrix}$$

例 5 表明,先對矩陣 A 作行初等變換使之化為行簡化階梯形 B,再對 B 作列初等變換必可將 A 化為標準形. 在實際計算中讀者可不拘泥於上述程序. 事實上,交替使用行、列初等變換常能更快地將一個矩陣化成標準形,讀者不妨一試. 最後還應指出,一般而論,單用行的或單用列的初等變換不一定能將一個矩陣化成標準形,但對於可逆矩陣,定理 2.5 的推論 2 及其後的註已經表明,單用行的或單用列的初等變換可以將其化成標準形.

§2.4.2　**矩陣的秩**

前面討論了矩陣的標準形. 顯然,有很多不同的矩陣會有相同的標準形. 此外,一個矩陣可經行初等變換化為不同的階梯形,但不同的階梯形中非零行的個數卻是相同的. 這一切都源於矩陣的一種本質特徵 —— 矩陣的秩.

定義 2.18　設矩陣 $A = (a_{ij})_{m \times n}$,稱位於 A 的某 k 行、k 列 $(1 \leq k \leq \min\{m, n\})$ 的交叉點處的元素依照其原來的相對位置所構成的 k 階

行列式為 A 的 k 階子式.

例 6 設

$$A = \begin{pmatrix} 1 & 0 & -1 & 2 \\ 3 & 1 & 2 & 0 \\ 1 & 1 & 4 & -4 \end{pmatrix}$$

則 3 階行列式

$$\begin{vmatrix} 1 & 0 & -1 \\ 3 & 1 & 2 \\ 1 & 1 & 4 \end{vmatrix}、\begin{vmatrix} 1 & 0 & 2 \\ 3 & 1 & 0 \\ 1 & 1 & -4 \end{vmatrix}、\begin{vmatrix} 1 & -1 & 2 \\ 3 & 2 & 0 \\ 1 & 4 & -4 \end{vmatrix}、\begin{vmatrix} 0 & -1 & 2 \\ 1 & 2 & 0 \\ 1 & 4 & -4 \end{vmatrix}$$

是 A 的全部 4 個 3 階子式;2 階行列式

$$\begin{vmatrix} 1 & -1 \\ 3 & 2 \end{vmatrix}、\begin{vmatrix} 1 & 0 \\ 1 & -4 \end{vmatrix}$$

等是 A 的 2 階子式;1 階行列式 |1|、|0|、|-1| 等是 A 的 1 階子式.

定義 2.19 矩陣 A 的非零子式的最高階數稱作矩陣 A 的秩,記作 $R(A)$.

【註】(1) 此定義表明,矩陣 A 的秩為 r 的充要條件是,A 至少有一個 r 階非零子式且全部 $r+1$ 階子式(如果有的話)都等於零(從而更高階的子式——如果有的話——亦為零);

(2) 零矩陣沒有非零子式,規定其秩為零;

(3) 設 A 為 n 階方陣. 則 ① $R(A) = n$ 當且僅當 $|A| \neq 0$;② $R(A) < n$ 當且僅當 $|A| = 0$.

(4) 顯然,標準形矩陣的秩等於其左上角的單位陣的階數,階梯形矩陣的秩恰為其非零行的個數.

例 7 例 6 中矩陣 A 的全部 3 階子式都等於 0,而其 2 階子式 $\begin{vmatrix} 1 & -1 \\ 3 & 2 \end{vmatrix} = 5$,於是 A 的非零子式的最高階數是 2,故 $R(A) = 2$.

根據定義 2.19,求矩陣 A 的秩須計算多個行列式的值,當 A 的行、列數較多時這個計算量是相當大的. 為此須探討求矩陣的秩的新途徑. 下面的定理是新法求秩的重要理論依據.

定理 2.7 矩陣的行初等變換不改變矩陣的秩.

證明 只須證明一次行初等變換不改變矩陣的秩. 下面只就第(3)種行初等變換進行證明,其餘兩種的證明留給讀者.

設 $A \xrightarrow{r_i + kr_j} B$,$R(A) = r$,$D$ 為 B 的任意一個 $r+1$ 階子式.

若 D 中不含有 B 的第 i 行元素,則 D 是 A 的 $r+1$ 階子式,從而 $D=0$;

若 D 中含有 B 的第 i 行元素,則由行列式的性質 4 和性質 3,D 可依第 i 行拆成兩個行列式之和 $D=D_1+kD_2$,其中 D_1 是 A 的 $r+1$ 階子式從而為零,於是 $D=kD_2$;當 D 中不含有 B 的第 j 行元素時,D_2 至多與 A 的某個 $r+1$ 階子式相差一個負號,從而 $D=0$;當 D 中含有 B 的第 j 行元素時,因 D_2 有兩行完全相同故為零,從而 $D=0$.

綜上,得 $R(B) \leqslant R(A)$.

又因 B 亦可經一次行初等變換變成 A,即 $B \xrightarrow{r_i - kr_j} A$,故同理可證 $R(A) \leqslant R(B)$,因此 $R(A) = R(B)$.

推論 矩陣的列初等變換不改變矩陣的秩.

證明 由矩陣 A 的秩的定義,顯然有 $R(A) = R(A^T)$,而對 A 所作的列初等變換對 A^T 來說則是行初等變換.據定理 2.7,它不改變 A^T 的秩,從而 A 的秩亦不改變.

綜合定理 2.7 及其推論,既然初等變換不改變矩陣的秩,而階梯矩陣的秩一望便知,因此利用矩陣的初等變換將矩陣化為階梯形,從而得出矩陣的秩的方法應是求秩的有效方法.它常比直接利用定義求秩更為簡捷.

例 8 求矩陣

$$A = \begin{pmatrix} 2 & 1 & 0 & 4 \\ -1 & 1 & 3 & 4 \\ -1 & 0 & 1 & 0 \\ 0 & 1 & 2 & 4 \\ 3 & 2 & -1 & 1 \end{pmatrix}$$

的秩.

解

$$A \to \begin{pmatrix} 1 & 2 & 3 & 8 \\ -1 & 1 & 3 & 4 \\ -1 & 0 & 1 & 0 \\ 0 & 1 & 2 & 4 \\ 3 & 2 & -1 & 1 \end{pmatrix} \to \begin{pmatrix} 1 & 2 & 3 & 8 \\ 0 & 3 & 6 & 12 \\ 0 & 2 & 4 & 8 \\ 0 & 1 & 2 & 4 \\ 0 & -4 & -10 & -23 \end{pmatrix} \to \begin{pmatrix} 1 & 2 & 3 & 8 \\ 0 & 1 & 2 & 4 \\ 0 & 0 & -2 & -7 \\ 0 & 0 & 0 & 0 \\ 0 & 0 & 0 & 0 \end{pmatrix}$$

故 $R(A) = 3$.

§2.4.3 初等變換求逆

定義 2.20 由單位矩陣經過一次初等變換得到的矩陣稱作初等矩陣.

例如

$$E_3 = \begin{pmatrix} 1 & & \\ & 1 & \\ & & 1 \end{pmatrix} \xrightarrow[\text{(或 } c_1 \leftrightarrow c_2)]{r_1 \leftrightarrow r_2} \begin{pmatrix} 0 & 1 & 0 \\ 1 & 0 & 0 \\ 0 & 0 & 1 \end{pmatrix} \triangleq^① P_{12}$$

$$E_3 = \begin{pmatrix} 1 & & \\ & 1 & \\ & & 1 \end{pmatrix} \xrightarrow[\text{(或 } kc_3)]{kr_3} \begin{pmatrix} 1 & & \\ & 1 & \\ & & k \end{pmatrix} \triangleq P_3(k)$$

$$E_3 = \begin{pmatrix} 1 & & \\ & 1 & \\ & & 1 \end{pmatrix} \xrightarrow[\text{(或 } c_2 + kc_1)]{r_1 + kr_2} \begin{pmatrix} 1 & k & \\ & 1 & \\ & & 1 \end{pmatrix} \triangleq P_{12}(k)$$

初等矩陣按照其對應的不同變換可分成三類. 如上面的例子所顯示的, 現將初等矩陣的記號規定如下:

(1) P_{ij} 表示將單位陣的第 i 行(或列)與第 j 行(或列)對調所得到的初等矩陣;

(2) $P_i(k)$ 表示將單位陣的第 i 行(或列)乘以非 0 常數 k 所得到的初等矩陣;

(3) $P_{ij}(k)$ 表示將單位陣的第 j 行的 k 倍加到第 i 行(或將第 i 列的 k 倍加到第 j 列)所得到的初等矩陣.

顯然, 初等矩陣都是可逆矩陣. 容易驗證, 它們的逆陣仍是初等矩陣:

$$P_{ij}^{-1} = P_{ij}, \quad P_i^{-1}(k) = P_i(\frac{1}{k}), \quad P_{ij}^{-1}(k) = P_{ij}(-k).$$

例 9 設 $A = (a_{ij})$ 為 3 階矩陣, 計算用 $P_{12}, P_2(k)$ 分別左乘與右乘 A 所得到的乘積並對結果予以解釋.

解 設 α_j 表示 A 的第 j 列($j = 1, 2, 3$), β_i 表示 A 的第 i 行($i = 1, 2, 3$). 則有

$$A = (\alpha_1 \ \alpha_2 \ \alpha_3) = \begin{pmatrix} \beta_1 \\ \beta_2 \\ \beta_3 \end{pmatrix}$$

於是

---

① 記號「$\triangleq$」讀作「記作」或「表示為」.

$$P_{12}A = \begin{pmatrix} 0 & 1 & 0 \\ 1 & 0 & 0 \\ 0 & 0 & 1 \end{pmatrix} \begin{pmatrix} \beta_1 \\ \beta_2 \\ \beta_3 \end{pmatrix} = \begin{pmatrix} \beta_2 \\ \beta_1 \\ \beta_3 \end{pmatrix}$$

這表明,P_{12} 左乘 A 的結果使 A 的第 1、2 行發生了對調;

$$AP_{12} = (\alpha_1 \ \alpha_2 \ \alpha_3) \begin{pmatrix} 0 & 1 & 0 \\ 1 & 0 & 0 \\ 0 & 0 & 1 \end{pmatrix} = (\alpha_2 \ \alpha_1 \ \alpha_3)$$

這表明,P_{12} 右乘 A 的結果使 A 的第 1、2 列發生了對調;

$$P_2(k)A = \begin{pmatrix} 1 & & \\ & k & \\ & & 1 \end{pmatrix} \begin{pmatrix} \beta_1 \\ \beta_2 \\ \beta_3 \end{pmatrix} = \begin{pmatrix} \beta_1 \\ k\beta_2 \\ \beta_3 \end{pmatrix}$$

這表明,用 $P_2(k)$ 左乘 A 的結果相當於用 k 去乘 A 的第 2 行;

$$AP_2(k) = (\alpha_1 \ \alpha_2 \ \alpha_3) \begin{pmatrix} 1 & & \\ & k & \\ & & 1 \end{pmatrix} = (\alpha_1 \ k\alpha_2 \ \alpha_3)$$

這表明,用 $P_2(k)$ 右乘 A 的結果相當於用 k 去乘 A 的第 2 列.

我們將第三種初等矩陣與矩陣 A 相乘的計算及對結果的解釋留給讀者.

定理 2.8　設 A 為 $m \times n$ 矩陣,則對 A 所作的行初等變換可通過用一個相應的 m 階初等矩陣左乘 A 來實現;對 A 所作的列初等變換可通過用一個相應的 n 階初等矩陣右乘 A 來實現.

仿照例 9,容易給出定理 2.8 的證明,讀者可自行完成.

定理 2.9　n 階矩陣 A 可逆的充要條件是,A 可以表示成初等矩陣的乘積.

證明　充分性是顯然的,現證明必要性.

設 A 可逆,則由定理 2.5 的推論 2,A 可經一系列的行初等變換化為單位陣 E,再由定理 2.8,存在一系列的初等矩陣 $P_1, P_2, \cdots, P_s$ 使得

$$P_s \cdots P_2 P_1 A = E \tag{2.6}$$

因初等矩陣都可逆,且其逆仍為初等矩陣,從而

$$A = P_1^{-1} P_2^{-1} \cdots P_s^{-1}$$

即 A 可以表示成初等矩陣的乘積.

(2.6) 式為初等變換求逆提供了依據. 事實上 (2.6) 式表明

$$A^{-1} = P_s \cdots P_2 P_1 \tag{2.7}$$

現構造一個分塊矩陣$(A \vdots E)$,並以$P_s \cdots P_2 P_1$左乘之,得
$$P_s \cdots P_2 P_1 (A \vdots E) = (P_s \cdots P_2 P_1 A \vdots P_s \cdots P_2 P_1)$$
即
$$P_s \cdots P_2 P_1 (A \vdots E) = (E \vdots A^{-1}) \tag{2.8}$$
(2.8)式表明可按如下步驟求可逆矩陣A的逆陣:

(1) 構造分塊矩陣$(A \vdots E)$;

(2) 對分塊矩陣$(A \vdots E)$施以適當的行初等變換使其中的子塊A化為單位矩陣E,與此同時,其中的子塊E即化為A^{-1}.

【註】 實際計算中,若行初等變換使A變出了零行,則表明A不可逆.

例10 用行初等變換求矩陣
$$A = \begin{pmatrix} -3 & 0 & 1 \\ 1 & -3 & 2 \\ 1 & 1 & -1 \end{pmatrix}$$
的逆陣.

解

$$(A \vdots E) = \begin{pmatrix} -3 & 0 & 1 & \vdots & 1 & 0 & 0 \\ 1 & -3 & 2 & \vdots & 0 & 1 & 0 \\ 1 & 1 & -1 & \vdots & 0 & 0 & 1 \end{pmatrix}$$

$$\xrightarrow{r_1 \leftrightarrow r_3} \begin{pmatrix} 1 & 1 & -1 & \vdots & 0 & 0 & 1 \\ 1 & -3 & 2 & \vdots & 0 & 1 & 0 \\ -3 & 0 & 1 & \vdots & 1 & 0 & 0 \end{pmatrix} \xrightarrow[r_3 + 3r_1]{r_2 - r_1} \begin{pmatrix} 1 & 1 & -1 & \vdots & 0 & 0 & 1 \\ 0 & -4 & 3 & \vdots & 0 & 1 & -1 \\ 0 & 3 & -2 & \vdots & 1 & 0 & 3 \end{pmatrix}$$

$$\xrightarrow{r_2 + r_3} \begin{pmatrix} 1 & 1 & -1 & \vdots & 0 & 0 & 1 \\ 0 & -1 & 1 & \vdots & 1 & 1 & 2 \\ 0 & 3 & -2 & \vdots & 1 & 0 & 3 \end{pmatrix} \xrightarrow{-r_2} \begin{pmatrix} 1 & 1 & -1 & \vdots & 0 & 0 & 1 \\ 0 & 1 & -1 & \vdots & -1 & -1 & -2 \\ 0 & 3 & -2 & \vdots & 1 & 0 & 3 \end{pmatrix}$$

$$\xrightarrow{r_3 - 3r_2} \begin{pmatrix} 1 & 1 & -1 & \vdots & 0 & 0 & 1 \\ 0 & 1 & -1 & \vdots & -1 & -1 & -2 \\ 0 & 0 & 1 & \vdots & 4 & 3 & 9 \end{pmatrix} \xrightarrow[r_2 + r_3]{r_1 + r_3} \begin{pmatrix} 1 & 1 & 0 & \vdots & 4 & 3 & 10 \\ 0 & 1 & 0 & \vdots & 3 & 2 & 7 \\ 0 & 0 & 1 & \vdots & 4 & 3 & 9 \end{pmatrix}$$

$$\xrightarrow{r_1 - r_2} \begin{pmatrix} 1 & 0 & 0 & \vdots & 1 & 1 & 3 \\ 0 & 1 & 0 & \vdots & 3 & 2 & 7 \\ 0 & 0 & 1 & \vdots & 4 & 3 & 9 \end{pmatrix} = (E \vdots A^{-1})$$

故

$$A^{-1} = \begin{pmatrix} 1 & 1 & 3 \\ 3 & 2 & 7 \\ 4 & 3 & 9 \end{pmatrix}$$

可以證明,對分塊矩陣 $\begin{pmatrix} A \\ \cdots \\ E \end{pmatrix}$ 施以列初等變換使得其中的子塊 A 化為 E,與此同時子塊 E 即化為 A^{-1}. 即有

$$\begin{pmatrix} A \\ \cdots \\ E \end{pmatrix} \xrightarrow{\text{列初等變換}} \begin{pmatrix} E \\ \cdots \\ A^{-1} \end{pmatrix}$$

這表明,可逆矩陣亦可借助於列初等變換求得其逆陣. 此外,我們還可以將初等變換用於解矩陣方程

$$AX = B \quad (\text{其中 } A \text{ 為可逆矩陣}) \tag{2.9}$$

事實上,利用(2.6)及(2.7)式可得

$$P_s \cdots P_2 P_1 (A \vdots B) = (E \vdots A^{-1}B) \tag{2.10}$$

從而得到矩陣方程(2.9)的初等變換解法:

對分塊矩陣 $(A \vdots B)$ 施以適當的行初等變換,使其子塊 A 化為 E,與此同時,B 即化成 $A^{-1}B$. 於是方程(2.9)的解為 $X = A^{-1}B$.

矩陣方程 $XA = B$(其中 A 為可逆矩陣)亦有初等變換解法,我們將其推導留給讀者.

例 11 設

$$A = \begin{pmatrix} 1 & 1 & -1 \\ 0 & 2 & 2 \\ 1 & -1 & 0 \end{pmatrix}, B = \begin{pmatrix} 0 & 3 \\ 3 & -6 \\ 3 & 0 \end{pmatrix}$$

用初等變換解矩陣方程 $AX = B$.

解

$$(A \vdots B) = \begin{pmatrix} 1 & 1 & -1 & \vdots & 0 & 3 \\ 0 & 2 & 2 & \vdots & 3 & -6 \\ 1 & -1 & 0 & \vdots & 3 & 0 \end{pmatrix}$$

$$\xrightarrow{\text{行初等變換}} \begin{pmatrix} 1 & 0 & 0 & \vdots & \dfrac{5}{2} & 0 \\ 0 & 1 & 0 & \vdots & -\dfrac{1}{2} & 0 \\ 0 & 0 & 1 & \vdots & 2 & -3 \end{pmatrix} = (E \vdots A^{-1}B)$$

故
$$X = \begin{pmatrix} \dfrac{5}{2} & 0 \\ -\dfrac{1}{2} & 0 \\ 2 & -3 \end{pmatrix}$$

習題 2.4

1. 用行初等變換將下列矩陣化為行簡化階梯矩陣：

(1) $\begin{pmatrix} 3 & 0 & -5 & 1 & -2 \\ 2 & 0 & 3 & -5 & 1 \\ -1 & 0 & 7 & -4 & 3 \\ 4 & 0 & 15 & -7 & 9 \end{pmatrix}$ (2) $\begin{pmatrix} 1 & 1 & 1 & 1 & -7 \\ 1 & 0 & 3 & -1 & 8 \\ 1 & 2 & -1 & 1 & 0 \\ 3 & 3 & 3 & 2 & -11 \\ 2 & 2 & 2 & 1 & -4 \end{pmatrix}$

2. 求下列矩陣的秩和標準形：

(1) $\begin{pmatrix} 2 & 2 & -1 \\ 1 & -2 & 4 \\ 5 & 8 & 2 \end{pmatrix}$ (2) $\begin{pmatrix} 3 & -7 & 6 & 1 & 5 \\ 1 & -2 & 4 & -1 & 3 \\ -1 & 1 & -10 & 5 & -7 \\ 4 & -11 & -2 & 8 & 0 \end{pmatrix}$

3. 設 $A = (a_{ij})$ 為 3 階矩陣．分別計算用初等矩陣 $P_{12}(k)$ 左乘和右乘 A 所得到的乘積，並對結果進行解釋．

4. 用行初等變換將矩陣 $A = \begin{pmatrix} -2 & 1 \\ 3 & 4 \end{pmatrix}$ 化為標準形，並寫出相應的初等矩陣．

5. 用初等變換求下列矩陣的逆矩陣：

(1) $\begin{pmatrix} 1 & 0 & -1 \\ -2 & 1 & 3 \\ 3 & -1 & 2 \end{pmatrix}$ (2) $\begin{pmatrix} 5 & 0 & 0 \\ -1 & 3 & 1 \\ 2 & 2 & 1 \end{pmatrix}$

6. 用初等變換解下列矩陣方程：

(1) $\begin{pmatrix} 3 & -1 & 0 \\ -2 & 1 & 1 \\ 2 & -1 & 4 \end{pmatrix} X = \begin{pmatrix} -1 & 1 \\ 0 & 2 \\ -5 & 3 \end{pmatrix}$ (2) $X \begin{pmatrix} 1 & 1 & -1 \\ -2 & 1 & 1 \\ 1 & 1 & 1 \end{pmatrix} = \begin{pmatrix} 1 & -1 & 1 \\ 0 & 3 & 1 \end{pmatrix}$

復習題二

(一) 填空

1. 設矩陣
$$A = \begin{pmatrix} 1 & 0 & 1 \\ 0 & 2 & 0 \\ 1 & 0 & 1 \end{pmatrix}$$
矩陣 X 滿足 $AX + E = A^2 + X$,則 $X = $ _____ .

2. 設 A、B 均為 n 階矩陣,B^* 為 B 的伴隨矩陣,若 $|A| = 2$,$|B| = -3$,則 $|2A^{-1}B^*| = $ _____ .

3. 設 3 階方陣 A、B 滿足 $A^2B - A - B = E$,其中 E 為 3 階單位陣,若
$$A = \begin{pmatrix} 1 & 0 & 1 \\ 0 & 2 & 0 \\ -2 & 0 & 1 \end{pmatrix}$$
則 $B^{-1} = $ _____ .

4. 設矩陣 A 滿足 $A^2 + A - 4E = 0$,其中 E 為單位陣,則 $(A - E)^{-1} = $ _____ .

5. 設 A 為 n 階矩陣,A^* 為 A 的伴隨矩陣,若 $|A| = 5$,則 $|(5A^*)^{-1}| = $ _____ .

6. 設
$$A = \begin{pmatrix} a_1b_1 & a_1b_2 & \cdots & a_1b_n \\ a_2b_1 & a_2b_2 & \cdots & a_2b_n \\ \cdots & \cdots & \cdots & \cdots \\ a_nb_1 & a_nb_2 & \cdots & a_nb_n \end{pmatrix}$$
其中 $a_i \neq 0, b_i \neq 0$ $(i = 1, 2, \cdots, n)$,則矩陣 A 的秩 $R(A) = $ _____ .

7. 設
$$A = \begin{pmatrix} 1 & 0 & 0 & 0 \\ -2 & 3 & 0 & 0 \\ 0 & -4 & 5 & 0 \\ 0 & 0 & -6 & 7 \end{pmatrix}$$

E 為 4 階單位矩陣，$B = (E + A)^{-1}(E - A)$，則 $(E + B)^{-1} =$ _____ .

(二) 選擇

1. 設 A、B、C 均為 n 階矩陣，且滿足 $AB = BC = CA = E$ 則 $A^2 + B^2 + C^2 =$ _____ .

   (A) O；　　　(B) E；　　　(C) $2E$；　　　(D) $3E$.

2. 設 A 為 n 階非奇異矩陣 $(n \geq 2)$，A^* 是矩陣 A 的伴隨矩陣，則 $(A^*)^* =$ _____ .

   (A) $|A|^{n-1}A$；　　　　(B) $|A|^{n+1}A$；

   (C) $|A|^{n-2}A$；　　　　(D) $|A|^{n+2}A$.

3. 設 n 階矩陣 A 與 B 等價，則必有 _____ .

   (A) $|A| = a$　　$(a \neq 0)$ 時，$|B| = a$；

   (B) $|A| = a$　　$(a \neq 0)$ 時，$|B| = -a$；

   (C) 當 $|A| \neq 0$ 時，$|B| = 0$；

   (D) 當 $|A| = 0$ 時，$|B| = 0$.

4. 設 A、B、C 均為 n 階矩陣，且滿足 $ABC = E$，則下式中必成立的是 _____ .

   (A) $ACB = E$；　　　　(B) $CBA = E$；

   (C) $BAC = E$；　　　　(D) $BCA = E$.

5. 設 A、B、C 均為 n 階矩陣，若 $AB = BA, AC = CA$，則必有 $ABC =$ _____ .

   (A) ACB；　　(B) CBA；　　(C) BCA；　　(D) CAB.

6. 設 n 階矩陣 A 可逆，則 A^* 亦可逆，且其逆陣為 _____ .

   (A) $|A|^{n-1}A$；　　　　(B) $\dfrac{1}{|A|}A^{-1}$；

   (C) $|A|A$；　　　　　　(D) $\dfrac{1}{|A|}A$.

7. 設 A、B 均為 n 階矩陣，A^*、B^* 分別為 A、B 對應的伴隨矩陣，分塊矩陣 $C = \begin{pmatrix} A & O \\ O & B \end{pmatrix}$，則 C 的伴隨矩陣 $C^* =$ _____ .

   (A) $\begin{pmatrix} |A|A^* & O \\ O & |B|B^* \end{pmatrix}$；　　(B) $\begin{pmatrix} |B|B^* & O \\ O & |A|A^* \end{pmatrix}$；

   (C) $\begin{pmatrix} |A|B^* & O \\ O & |B|A^* \end{pmatrix}$；　　(D) $\begin{pmatrix} |B|A^* & O \\ O & |A|B^* \end{pmatrix}$.

8. 設
$$A = \begin{pmatrix} a_{11} & a_{12} & a_{13} \\ a_{21} & a_{22} & a_{23} \\ a_{31} & a_{32} & a_{33} \end{pmatrix}, B = \begin{pmatrix} a_{21} & a_{22} & a_{23} \\ a_{11} & a_{12} & a_{13} \\ a_{31}+a_{11} & a_{32}+a_{12} & a_{33}+a_{13} \end{pmatrix}$$

$$P_1 = \begin{pmatrix} 0 & 1 & 0 \\ 1 & 0 & 0 \\ 0 & 0 & 1 \end{pmatrix}, P_2 = \begin{pmatrix} 1 & 0 & 0 \\ 0 & 1 & 0 \\ 1 & 0 & 1 \end{pmatrix}$$

則必有_____.

(A) $AP_1P_2 = B$;   (B) $AP_2P_1 = B$;
(C) $P_1P_2A = B$;   (D) $P_2P_1A = B$.

9. 設 A、B、$A+B$、$A^{-1}+B^{-1}$ 均為 n 階可逆矩陣,則 $(A^{-1}+B^{-1})^{-1} = $ _____.

(A) $A^{-1} + B^{-1}$;   (B) $A + B$;
(C) $A(A+B)^{-1}B$;   (D) $(A+B)^{-1}$.

(三) 計算與證明

1. 計算:

(1) $\begin{pmatrix} \cos\theta & -\sin\theta \\ \sin\theta & \cos\theta \end{pmatrix}^n$ (2) $\begin{pmatrix} 1 & -1 & -1 & -1 \\ -1 & 1 & -1 & -1 \\ -1 & -1 & 1 & -1 \\ -1 & -1 & -1 & 1 \end{pmatrix}^n$

2. 試證明任意方陣都可表示為一個對稱矩陣與一個反對稱矩陣之和.

3. 已知 $AB - B = A$,其中
$$B = \begin{pmatrix} 1 & -2 & 0 \\ 2 & 1 & 0 \\ 0 & 0 & 2 \end{pmatrix}$$

求 A.

4. 設 $A = \begin{pmatrix} 1 & -1 \\ 2 & 3 \end{pmatrix}, B = A^2 - 3A + 2E$,求 B^{-1}.

5. 設 A、B 為同階可逆矩陣,證明存在可逆矩陣 P、Q 使得 $PAQ = B$.

6. 已知 3 階矩陣 A 的逆矩陣為
$$A^{-1} = \begin{pmatrix} 1 & 1 & 1 \\ 1 & 2 & 1 \\ 1 & 1 & 3 \end{pmatrix}$$

求 A 的伴隨矩陣 A^* 的逆矩陣.

7. 設 A 為 n 階非奇異矩陣, α 為 $n \times 1$ 矩陣, b 為常數. 記分塊矩陣

$$P = \begin{pmatrix} E & O \\ -\alpha^T A^* & |A| \end{pmatrix}, Q = \begin{pmatrix} A & \alpha \\ \alpha^T & b \end{pmatrix}$$

其中 A^* 為 A 的伴隨矩陣.

(1) 計算並化簡 PQ;

(2) 證明矩陣 Q 可逆的充要條件是 $\alpha^T A^{-1} \alpha \neq b$.

8. 設矩陣

$$A = \begin{pmatrix} k & 1 & 1 & 1 \\ 1 & k & 1 & 1 \\ 1 & 1 & k & 1 \\ 1 & 1 & 1 & k \end{pmatrix}$$

且 $R(A) = 3$, 求 k.

9. 設方陣 A 滿足等式 $A^2 + A - 7E = 0$. 試證明方陣 A、$A + 3E$、$A - 2E$ 均可逆.

10. 設方陣 A 滿足等式 $A^k = O$ (k 為某個自然數, 此時稱 A 為**冪零矩陣**). 試證明 $(E - A)^{-1} = E + A + A^2 + \cdots + A^{k-1}$.

11. 設 A 為 n 階可逆矩陣 ($n \geq 2$), 證明:

(1) $(A^T)^* = (A^*)^T$; (2) $(A^{-1})^* = (A^*)^{-1}$;

(3) $(-A)^* = (-1)^{n-1} A^*$.

12. 設 A 為 n 階奇異矩陣, 證明 $|A^*| = 0$.

13. 設 A、B、C、D 皆為 n 階方陣, 且 A 非奇異. 令分塊矩陣

$$X = \begin{pmatrix} E & O \\ -CA^{-1} & E \end{pmatrix}, Y = \begin{pmatrix} A & B \\ C & D \end{pmatrix}, Z = \begin{pmatrix} E & -A^{-1}B \\ O & E \end{pmatrix}$$

(1) 求乘積 XYZ;

(2) 證明 $\begin{vmatrix} A & B \\ C & D \end{vmatrix} = |A| |D - CA^{-1}B|$.

14. 設 A、B、C、D 皆為 n 階方陣, 且 A 非奇異, A、C 可交換. 試證明 $\begin{vmatrix} A & B \\ C & D \end{vmatrix} = |AD - CB|$.

15. 設矩陣

$$A = \begin{pmatrix} 1 & 0 & 0 \\ 0 & 3 & -1 \\ 0 & -1 & 1 \end{pmatrix}$$

矩陣 B 滿足等式 $BA^* + B = A^{-1}$,求 B.

16. 設矩陣 A、B 滿足 $A^*BA = 2BA - 8E$,其中

$$A = \begin{pmatrix} 1 & 0 & 0 \\ 0 & -2 & 0 \\ 0 & 0 & 1 \end{pmatrix}$$

求 B.

17*. 設 A 為 n 階矩陣,$|E - A| \neq 0$,試證明:
$$(E + A)(E - A)^* = (E - A)^*(E + A)$$

18*. 設 n 階矩陣 A、B 滿足 $A + B = AB$,試證明:

(1) $A = B(B - E)^{-1}$;   (2) A、B 可交換.

19*. 設 A、B 為 n 階矩陣,矩陣 $E + AB$ 可逆,試證明矩陣 $E + BA$ 亦可逆,且有 $(E + BA)^{-1} = E - B(E + AB)^{-1}A$.

20*. 設 A、B、C 皆為 n 階矩陣,且有 $C = A + CA$,$B = E + AB$,試證明 $B - C = E$.

3 線性方程組

§1.4 中我們討論了系數行列式不為零的 n 個變量、n 個方程的線性方程組的求解問題. 本章將討論在經濟、管理及工程技術中應用更為廣泛的一般線性方程組的理論,給出判定一個線性方程組有解的充分必要條件以及求解一般線性方程組的方法,並進一步探討線性方程組解的結構. 為此還將引入向量及向量空間的概念,使我們得以從新的視角認識線性方程組及其求解,並為學習後面的章節及進一步的經濟數學課程提供必備的基礎.

§3.1 消元法

所謂一般線性方程組就是我們於 §2.1 中曾提及的由 m 個方程組成的如下的 n 元線性方程組

$$\begin{cases} a_{11}x_1 + a_{12}x_2 + \cdots + a_{1n}x_n = b_1 \\ a_{21}x_1 + a_{22}x_2 + \cdots + a_{2n}x_n = b_2 \\ \quad\quad\quad\quad\cdots\cdots \\ a_{m1}x_1 + a_{m2}x_2 + \cdots + a_{mn}x_n = b_m \end{cases} \quad (3.1)$$

其中方程的個數 m 可以等於 n,也可以大於或小於 n. 當方程組(3.1)的常數項 b_i 全為零時稱其為**齊次線性方程組**,否則稱之為**非齊次線性次方程組**.

儘管從中學數學中我們已經有了線性方程組的初步概念,在 §1.4 中我們亦解過特殊的 n 元線性方程組,但為了討論線性方程組的一般理論,先對有關線性方程組的概念予以規範仍是十分必要的.

定義3.1 若將數 $c_1, c_2, \cdots, c_n$ 分別代替(3.1)中的未知量 $x_1, x_2, \cdots, x_n$ 後, (3.1)中的每個方程都成為恆等式,則稱

$$x_1 = c_1, x_2 = c_2, \cdots, x_n = c_n$$

為方程組(3.1)的一個解,或者記為有序數組形式 $(c_1, c_2, \cdots, c_n)$. 方程組(3.1)的全體解構成的集合稱為方程組的解集合(簡稱解集).

有時為了表示方便,方程組(3.1)的上述解又可記作列矩陣形式
$$\begin{pmatrix} c_1 \\ c_2 \\ \vdots \\ c_n \end{pmatrix}$$
稱之為方程組(3.1)的**解向量**,亦簡稱**解**.

解方程組就是要求出方程組的全部解,即求出它的全部解的集合.

定義3.2 若兩個方程組有相同的解集合,則稱這兩個方程組為同解方程組或稱兩個方程組同解.

由(2.4)式,方程組(3.1)又有下面的矩陣方程形式
$$AX = \beta \tag{3.2}$$
其中
$$A = (a_{ij})_{m \times n} = \begin{pmatrix} a_{11} & a_{12} & \cdots & a_{1n} \\ a_{21} & a_{22} & \cdots & a_{2n} \\ \cdots & \cdots & \cdots & \cdots \\ a_{m1} & a_{m2} & \cdots & a_{mn} \end{pmatrix}, X = \begin{pmatrix} x_1 \\ x_2 \\ \vdots \\ x_n \end{pmatrix}, \beta = \begin{pmatrix} b_1 \\ b_2 \\ \vdots \\ b_m \end{pmatrix}$$

如果列矩陣 $X_0 = \begin{pmatrix} c_1 \\ c_2 \\ \vdots \\ c_n \end{pmatrix}$ 是(3.1)的解,則有

$$AX_0 = \beta$$

顯然,線性方程組(3.1)與其系數矩陣 A、常數項列矩陣 β 互相唯一確定.或者說,線性方程組(3.1)與其增廣矩陣
$$\bar{A} = \begin{pmatrix} a_{11} & a_{12} & \cdots & a_{1n} & \vdots & b_1 \\ a_{21} & a_{22} & \cdots & a_{2n} & \vdots & b_2 \\ \cdots & \cdots & \cdots & \cdots & \vdots & \cdots \\ a_{m1} & a_{m2} & \cdots & a_{mn} & \vdots & b_m \end{pmatrix}$$
互相唯一確定.

對於一般線性方程組(3.1),首先需要解決的問題是:

(1) 方程組是否有解?

(2) 如果方程組有解,它有多少解?如何求出它的全部解?

要解決以上問題,我們先看一個初等代數中的例子.

例1　解方程組

$$\begin{cases} 2x_1 - x_2 - x_3 = 2 \\ x_1 - x_2 + 2x_3 = 3 \\ x_1 + x_2 - x_3 = 2 \end{cases}$$

解　增廣矩陣為

$$\bar{A} = \begin{pmatrix} 2 & -1 & -1 & \vdots & 2 \\ 1 & -1 & 2 & \vdots & 3 \\ 1 & 1 & -1 & \vdots & 2 \end{pmatrix}$$

交換前兩個方程,得

$$\begin{cases} x_1 - x_2 + 2x_3 = 3 \\ 2x_1 - x_2 - x_3 = 2 \\ x_1 + x_2 - x_3 = 2 \end{cases} \quad \text{相應地,增廣矩陣變為} \begin{pmatrix} 1 & -1 & 2 & \vdots & 3 \\ 2 & -1 & -1 & \vdots & 2 \\ 1 & 1 & -1 & \vdots & 2 \end{pmatrix}$$

將第一個方程的(-2)倍及(-1)倍分別加到第二個方程及第三個方程上,得

$$\begin{cases} x_1 - x_2 + 2x_3 = 3 \\ x_2 - 5x_3 = -4 \\ 2x_2 - 3x_3 = -1 \end{cases} \quad \text{對應矩陣為} \begin{pmatrix} 1 & -1 & 2 & \vdots & 3 \\ 0 & 1 & -5 & \vdots & -4 \\ 0 & 2 & -3 & \vdots & -1 \end{pmatrix}$$

將第二個方程的(-2)倍加到第三個方程上,再用$\dfrac{1}{7}$同乘第三個方程兩邊,得

$$\begin{cases} x_1 - x_2 + 2x_3 = 3 \\ x_2 - 5x_3 = -4 \\ x_3 = 1 \end{cases} \quad \text{對應矩陣為} \begin{pmatrix} 1 & -1 & 2 & \vdots & 3 \\ 0 & 1 & -5 & \vdots & -4 \\ 0 & 0 & 1 & \vdots & 1 \end{pmatrix}$$

將第三個方程的5倍加到第二個方程上,得

$$\begin{cases} x_1 - x_2 + 2x_3 = 3 \\ x_2 = 1 \\ x_3 = 1 \end{cases} \quad \text{對應矩陣為} \begin{pmatrix} 1 & -1 & 2 & \vdots & 3 \\ 0 & 1 & 0 & \vdots & 1 \\ 0 & 0 & 1 & \vdots & 1 \end{pmatrix}$$

最後,將第三個方程的(-2)倍及第二個方程的1倍加到第一個方程上,得

$$\begin{cases} x_1 = 2 \\ x_2 = 1 \\ x_3 = 1 \end{cases} \quad 對應矩陣為 \begin{pmatrix} 1 & 0 & 0 & \vdots & 2 \\ 0 & 1 & 0 & \vdots & 1 \\ 0 & 0 & 1 & \vdots & 1 \end{pmatrix}$$

初等代數告訴我們,最後一個方程組是原方程組的同解方程組,所以原方程組的解為 $X = (2,1,1)^T$.

上述求解過程表明,解線性方程組的基本步驟是反覆地對方程組施行如下三種變換:

(1) 交換方程組中兩個方程的位置;

(2) 以非零常數乘以某個方程的兩邊;

(3) 將一個方程的若干倍加到另一個方程上.

我們稱上述三種變換為**線性方程組的初等變換**. 與 §2.4 中介紹的矩陣的初等變換相比較,顯然可以得到如下重要結論:**對方程組施行的初等變換等同於對方程組的增廣矩陣 $\bar{A}$ 所作的行初等變換**. 那麼對於一般的線性方程組而言上述初等變換會不會改變其解的狀況呢?

定理 3.1 線性方程組(3.2)經過初等變換所得的新方程組與原方程組同解.

證明 只須證明線性方程組(3.2)經過一次初等變換所得方程組與原方程組同解即可.

設方程組(3.2)經過一次初等變換後變為方程組

$$A_1 X = \beta_1 \qquad (3.3)$$

用矩陣來描述,即是存在初等矩陣 P,使得

$$P\bar{A} = P(A,\beta) = (PA, P\beta) = (A_1, \beta_1)$$

所以,若 X_0 是(3.2) 的解,即 $AX_0 = \beta$,則必有

$$PAX_0 = P\beta$$

即

$$A_1 X_0 = \beta_1$$

這表明 X_0 是(3.3) 的解.

反之,若 X_0 是(3.3) 的解,即 $A_1 X_0 = \beta_1$,由於 P 可逆,因而必有

$$P^{-1} A_1 X_0 = P^{-1} \beta_1$$

故

$$AX_0 = \beta$$

即 X_0 也是(3.2) 的解,所以(3.2) 與(3.3) 同解.

根據定理 3.1 並注意到 §2.4 中關於任意矩陣都可經行初等變換化為階梯形矩陣的結論,顯然相應地,線性方程組(3.1) 必可經初等變換化為與之同解的**階梯形方程組**(即階梯形矩陣所對應的方程組).

例 1 的求解過程表明,由階梯形方程組我們幾乎可以一眼看出方程組的解. 所以為了判斷一個線性方程組是否有解,有解的話是否是唯一解抑或是有更多的解,先將其化為階梯形方程組應是有益的.

例 2 解方程組
$$\begin{cases} 2x_1 - x_2 + 3x_3 = 1 \\ 4x_1 - 2x_2 + 5x_3 = 4 \\ 2x_1 - x_2 + 4x_3 = -1 \\ 6x_1 - 3x_2 + 5x_3 = 11 \end{cases}$$

解 如例1所示,只須對方程組的增廣矩陣 $\bar{A}$ 作行初等變換將其化為階梯形矩陣:

$$\bar{A} = \begin{pmatrix} 2 & -1 & 3 & \vdots & 1 \\ 4 & -2 & 5 & \vdots & 4 \\ 2 & -1 & 4 & \vdots & -1 \\ 6 & -3 & 5 & \vdots & 11 \end{pmatrix} \xrightarrow{\text{行變換}} \begin{pmatrix} 2 & -1 & 3 & \vdots & 1 \\ 0 & 0 & -1 & \vdots & 2 \\ 0 & 0 & 0 & \vdots & 0 \\ 0 & 0 & 0 & \vdots & 0 \end{pmatrix} = \bar{A}_1$$

因矩陣 $\bar{A}_1$ 的第 3、4 行對應的方程為「$0 = 0$」,它們沒有為方程組的求解提供任何信息,故稱之為**多餘方程**,將其去掉得原方程組的同解階梯形方程組

$$\begin{cases} 2x_1 - x_2 + 3x_3 = 1 \\ -x_3 = 2 \end{cases}$$

即

$$\begin{cases} 2x_1 + 3x_3 = 1 + x_2 \\ x_3 = -2 \end{cases}$$

顯然,對於 x_2 的任意取定的值 c 此方程組有解

$$\begin{cases} x_1 = \dfrac{1}{2}(7 + c) \\ x_2 = c \\ x_3 = -2 \end{cases} \quad (c \text{ 為任意實數})$$

此即原方程組的解,即原方程組有無窮多個解.

例 2 中方程組的解的這種形式稱為方程組的**一般解**,其中 c 為任意常數.

例 2 的一般解又可寫成

$$\begin{cases} x_1 = \dfrac{1}{2}(7 + x_2) \\ x_3 = -2 \end{cases}$$

其中 x_2 稱作**自由未知量**.

例 3 解方程組

$$\begin{cases} x_1 + 3x_2 - x_3 - x_4 = 6 \\ 3x_1 - x_2 + 5x_3 - 3x_4 = 6 \\ 2x_1 + x_2 + 2x_3 - 2x_4 = 8 \end{cases}$$

解

$$\bar{A} = \begin{pmatrix} 1 & 3 & -1 & -1 & \vdots & 6 \\ 3 & -1 & 5 & -3 & \vdots & 6 \\ 2 & 1 & 2 & -2 & \vdots & 8 \end{pmatrix} \xrightarrow{\text{行變換}} \begin{pmatrix} 1 & 3 & -1 & -1 & \vdots & 6 \\ 0 & -10 & 8 & 0 & \vdots & -12 \\ 0 & 0 & 0 & 0 & \vdots & 2 \end{pmatrix} = \bar{A}_1$$

於是, 原方程組的同解階梯形方程組為

$$\begin{cases} x_1 + 3x_2 - x_3 - x_4 = 6 \\ -10x_2 + 8x_3 = -12 \\ 0 = 2 \end{cases}$$

最後一個方程「0 = 2」是一個**矛盾方程**, 所以原方程組無解.

下面討論一般的情況. 不失一般性, 設方程組(3.1)的增廣矩陣 $\bar{A}$ 經行初等變換化為階梯形矩陣 $\bar{A}_1$:

$$\bar{A}_1 = (A_1, \beta_1)$$

$$= \begin{pmatrix} c_{11} & c_{12} & \cdots & c_{1r} & c_{1(r+1)} & \cdots & c_{1n} & \vdots & d_1 \\ 0 & c_{22} & \cdots & c_{2r} & c_{2(r+1)} & \cdots & c_{2n} & \vdots & d_2 \\ \cdots & \cdots & \cdots & \cdots & \cdots & \cdots & \cdots & \vdots & \cdots \\ 0 & 0 & \cdots & c_{rr} & c_{r(r+1)} & \cdots & c_{rn} & \vdots & d_r \\ 0 & 0 & \cdots & 0 & 0 & \cdots & 0 & \vdots & d_{r+1} \\ \cdots & \cdots & \cdots & \cdots & \cdots & \cdots & \cdots & \vdots & \cdots \\ 0 & 0 & \cdots & 0 & 0 & \cdots & 0 & \vdots & 0 \end{pmatrix}$$

其中 A_1, β_1 分別為方程組(3.1)的係數矩陣 A 及常數項列矩陣 β 經同樣的行初等變換所得的矩陣. 於是得方程組(3.1)的同解階梯形方程組

$$\begin{cases} c_{11}x_1 + c_{12}x_2 + \cdots + c_{1r}x_r + c_{1(r+1)}x_{r+1} + \cdots + c_{1n}x_n = d_1 \\ \qquad\quad c_{22}x_2 + \cdots + c_{2r}x_r + c_{2(r+1)}x_{r+1} + \cdots + c_{2n}x_n = d_2 \\ \qquad\qquad\qquad \cdots\cdots\cdots\cdots\cdots\cdots \\ \qquad\qquad\qquad\qquad c_{rr}x_r + c_{r(r+1)}x_{r+1} + \cdots + c_{rn}x_n = d_r \\ \qquad\qquad\qquad\qquad\qquad\qquad\qquad\qquad\qquad 0 = d_{r+1} \\ \qquad\qquad\qquad\qquad\qquad\qquad\qquad\qquad\qquad 0 = 0 \\ \qquad\qquad\qquad\qquad\qquad\qquad\qquad\qquad\qquad \cdots\cdots \\ \qquad\qquad\qquad\qquad\qquad\qquad\qquad\qquad\qquad 0 = 0 \end{cases} \quad (3.4)$$

其中 $c_{ii} \neq 0 (i = 1, 2, \cdots, r)$. 方程組中的「0 = 0」是一些恆等式,可以去掉,並不影響方程組的解.

【註】 一般線性方程組化為階梯形,不一定就是(3.4)的形式,但只要把方程組中的未知量的位置作適當的調整(如例 2 那樣)總可以化為類似(3.4)的形式.

根據定理 3.1,方程組(3.1)是否有解取決於方程組(3.4)是否有解. 下面我們對此進行討論.

1. 當 $d_{r+1} \neq 0$ 時,如同例 3,這表明方程組(3.4)中有矛盾方程,故方程組(3.4)無解,從而方程組(3.1)亦無解.

2. 當 $d_{r+1} = 0$ 時,我們分兩種情形討論:

(1) $r = n$. 這時階梯形方程組為

$$\begin{cases} c_{11}x_1 + c_{12}x_2 + \cdots + c_{1n}x_n = d_1 \\ \qquad\quad c_{22}x_2 + \cdots + c_{2n}x_n = d_2 \\ \qquad\qquad\qquad \cdots\cdots\cdots\cdots \\ \qquad\qquad\qquad\qquad c_{nn}x_n = d_n \end{cases} \quad (3.5)$$

其中 $c_{ii} \neq 0 (i = 1, 2, \cdots, n)$. 由最後一個方程開始我們可以求出未知量 x_n 的唯一值 $c_n = \dfrac{d_n}{c_{nn}}$,將其代入倒數第二個方程,同理可以求出未知量 x_{n-1} 的唯一值 c_{n-1},這樣從下至上,可以求得未知量 $x_n, x_{n-1}, \cdots, x_1$ 各自的唯一值 $c_n, c_{n-1}, \cdots, c_1$. 於是方程組(3.5)有唯一解 $X = (c_1, c_2, \cdots, c_n)^T$,它就是方程組(3.1)的唯一解.

(2) $r < n$. 這時階梯形方程組為:

$$\begin{cases} c_{11}x_1 + c_{12}x_2 + \cdots + c_{1r}x_r + c_{1,(r+1)}x_{r+1} + \cdots + c_{1n}x_n = d_1 \\ \qquad\quad c_{22}x_2 + \cdots + c_{2r}x_r + c_{2,(r+1)}x_{r+1} + \cdots + c_{2n}x_n = d_2 \\ \qquad\qquad\qquad\qquad \cdots\cdots\cdots\cdots\cdots\cdots \\ \qquad\qquad\qquad\qquad\quad c_{rr}x_r + c_{r,(r+1)}x_{r+1} + \cdots + c_{rn}x_n = d_r \end{cases}$$

其中 $c_{ii} \neq 0 (i = 1, 2, \cdots, r)$. 把它改寫成

$$\begin{cases} c_{11}x_1 + c_{12}x_2 + \cdots + c_{1r}x_r = d_1 - c_{1,(r+1)}x_{r+1} - \cdots - c_{1n}x_n \\ \qquad\quad c_{22}x_2 + \cdots + c_{2r}x_r = d_2 - c_{2,(r+1)}x_{r+1} - \cdots - c_{2n}x_n \\ \qquad\qquad\qquad \cdots\cdots\cdots\cdots\cdots\cdots \\ \qquad\qquad\qquad\qquad c_{rr}x_r = d_r - c_{r,(r+1)}x_{r+1} - \cdots - c_{rn}x_n \end{cases} \quad (3.6)$$

顯然,任給 $x_{r+1}, \cdots, x_n$ 的一組值,就可唯一地確定 $x_1, x_2, \cdots, x_r$ 的值,從而得到方程組(3.6)的一個解,所以方程組(3.6)有無窮多個解,它們也就是原方程組(3.1)的無窮多個解. 一般地,由(3.6)我們可以把 $x_1, x_2, \cdots, x_r$ 通過 $x_{r+1}, \cdots, x_n$ 表示出來(如例2那樣),這樣一組表達式稱為方程組(3.1)的通解,或稱**一般解**,而 $x_{r+1}, \cdots, x_n$ 稱為**自由未知量**.

綜上所述,我們得到如下結論:

(1) 方程組(3.1)有解的充分必要條件是其同解階梯形方程組(3.4)中的 $d_{r+1} = 0$;

(2) 當方程組(3.1)有解時:若 $r = n$,則(3.1)有唯一解;若 $r < n$,則(3.1)有無窮多個解.

憶及§2.4中關於矩陣的秩的討論,顯然又有:「$d_{r+1} = 0$」的充要條件是「$R(A_1) = R(\bar{A}_1)$」亦即「$R(A) = R(\bar{A})$」. 我們有如下的更便於使用的判定方程組(3.1)解的狀況的定理:

定理 3.2 線性方程組 $AX = \beta$ 有解的充分必要條件是 $R(A) = R(\bar{A})$. 當 $R(A) = R(\bar{A}) = r < n$ 時,方程組有無窮多解;當 $R(A) = R(\bar{A}) = r = n$ 時,方程組有唯一解.

在實際求解方程組(3.1)時可分兩步走:

(1) 用行初等變換將方程組(3.1)的增廣矩陣 $\bar{A}$ 化為階梯形矩陣 $\bar{A}_1$(這一過程稱作**消元過程**),這時即可求出 $R(A)$ 及 $R(\bar{A})$,再由定理3.2對方程組(3.1)的解的狀況做出判定;

(2) 若上一步判定方程組(3.1)有解,再繼續將 $\bar{A}_1$ 化為行簡化階梯形矩陣(這一過程稱作**回代過程**),這時即可寫出方程組(3.1)的同解方程組,並求出方

程組(3.1) 的解.

上述解線性方程組的方法通常稱為**高斯消元法**.

例 4 當 k 為何值時下列方程組有解,並求出其解.

$$\begin{cases} x_1 - 2x_2 - x_3 - x_4 = 2 \\ 2x_1 - 4x_2 + 5x_3 + 3x_4 = 0 \\ 3x_1 - 6x_2 + 4x_3 + 3x_4 = 3 \\ 4x_1 - 8x_2 + 17x_3 + 11x_4 = k \end{cases}$$

解 對方程組的增廣矩陣 $\bar{A}$ 施行行初等變換,將其化為階梯形矩陣

$$\bar{A} = \begin{pmatrix} 1 & -2 & -1 & -1 & \vdots & 2 \\ 2 & -4 & 5 & 3 & \vdots & 0 \\ 3 & -6 & 4 & 3 & \vdots & 3 \\ 4 & -8 & 17 & 11 & \vdots & k \end{pmatrix} \longrightarrow \begin{pmatrix} 1 & -2 & -1 & -1 & \vdots & 2 \\ 0 & 0 & 7 & 5 & \vdots & -4 \\ 0 & 0 & 7 & 6 & \vdots & -3 \\ 0 & 0 & 21 & 15 & \vdots & k-8 \end{pmatrix}$$

$$\longrightarrow \begin{pmatrix} 1 & -2 & -1 & -1 & \vdots & 2 \\ 0 & 0 & 7 & 5 & \vdots & -4 \\ 0 & 0 & 0 & 1 & \vdots & 1 \\ 0 & 0 & 0 & 0 & \vdots & k+4 \end{pmatrix}$$

顯然,當 $k \neq -4$ 時方程組無解;當 $k = -4$ 時,因 $R(A) = R(\bar{A}) = 3 < 4$,故原方程組有無窮多解.將 $k = -4$ 代入最後一個階梯形矩陣,並繼續進行初等變換:

$$\xrightarrow{\text{接上面}} \begin{pmatrix} 1 & -2 & -1 & 0 & \vdots & 3 \\ 0 & 0 & 1 & 0 & \vdots & -\dfrac{9}{7} \\ 0 & 0 & 0 & 1 & \vdots & 1 \\ 0 & 0 & 0 & 0 & \vdots & 0 \end{pmatrix} \longrightarrow \begin{pmatrix} 1 & -2 & 0 & 0 & \vdots & \dfrac{12}{7} \\ 0 & 0 & 1 & 0 & \vdots & -\dfrac{9}{7} \\ 0 & 0 & 0 & 1 & \vdots & 1 \\ 0 & 0 & 0 & 0 & \vdots & 0 \end{pmatrix}$$

由此可得原方程組的一般解

$$\begin{cases} x_1 = \dfrac{12}{7} + 2x_2 \\ x_3 = -\dfrac{9}{7} \\ x_4 = 1 \end{cases} \quad (\text{其中 } x_2 \text{ 為自由未知量})$$

若令 $x_2 = c$,則原方程組的一般解又可表為

$$\begin{cases} x_1 = \dfrac{12}{7} + 2c \\ x_2 = c \\ x_3 = -\dfrac{9}{7} \\ x_4 = 1 \end{cases} \quad (c \text{ 為任意常數})$$

應當指出,當方程組(3.1)有無窮多解時,其一般解的表達式不是唯一的,它與所選取的自由未知量有關. 例如,在例4中若取 x_1 為自由未知量,則方程組的一般解為

$$\begin{cases} x_2 = \dfrac{1}{2}x_1 - \dfrac{6}{7} \\ x_3 = -\dfrac{9}{7} \\ x_4 = 1 \end{cases} \quad \text{或作} \quad \begin{cases} x_1 = c \\ x_2 = \dfrac{1}{2}c - \dfrac{6}{7} \\ x_3 = -\dfrac{9}{7} \\ x_4 = 1 \end{cases} \quad (c \text{ 為任意常數})$$

由定理3.2容易得到如下的關於齊次線性方程組的推論:

推論1 n 元齊次線性方程組

$$AX = O \tag{3.7}$$

有非零解的充要條件是 $R(A) < n$.

推論2

(1) 若齊次線性方程組(3.7)中方程的個數小於未知量的個數,即 $m < n$,則它必有非零解;

(2) 若 $m = n$,則齊次線性方程組(3.7)有非零解的充要條件是 $|A| = 0$.

習題 3.1

1. 用消元法解下列線性方程組

(1) $\begin{cases} x_1 - x_2 + 2x_3 = 3 \\ x_1 + x_2 - x_3 = 2 \\ 2x_1 - x_2 - x_3 = 2 \end{cases}$ (2) $\begin{cases} 2x_1 - x_2 - x_3 + x_4 = 1 \\ x_1 + 2x_2 - x_3 - 2x_4 = 0 \\ 3x_1 + x_2 - 2x_3 - x_4 = 2 \end{cases}$

$$(3)\begin{cases} x_1 + 2x_2 + 3x_3 + 4x_4 = 4 \\ x_2 + x_3 + x_4 = 3 \\ x_1 - 3x_2 + 3x_4 = 1 \\ 7x_2 + 3x_3 - x_4 = -3 \end{cases} \quad (4)\begin{cases} x_1 + x_2 + x_3 + x_4 + x_5 = 1 \\ 3x_1 + 2x_2 + x_3 + x_4 - 3x_5 = 0 \\ x_2 + 2x_3 + 2x_4 + 6x_5 = 3 \\ 5x_1 + 4x_2 + 3x_3 + 3x_4 - x_5 = 2 \end{cases}$$

$$(5)\begin{cases} x_1 + 3x_2 + 5x_3 - 4x_4 = 1 \\ x_1 + 3x_2 + 2x_3 - 2x_4 + x_5 = -1 \\ x_1 - 2x_2 + x_3 - x_4 - x_5 = 3 \\ x_1 - 4x_2 + x_3 + x_4 - x_5 = 3 \\ x_1 + 2x_2 + x_3 - x_4 + x_5 = -1 \end{cases}$$

$$(6)\begin{cases} x_1 + 2x_2 + 3x_3 - x_4 = 1 \\ 3x_1 + 2x_2 + x_3 - x_4 = 1 \\ 2x_1 + 3x_2 + x_3 + x_4 = 1 \\ 2x_1 + 2x_2 + 2x_3 - x_4 = 1 \\ 5x_1 + 5x_2 + 2x_3 = 2 \end{cases}$$

2. 已知線性方程組

$$\begin{cases} (2-a)x_1 + 2x_2 - 2x_3 = 1 \\ 2x_1 + (5-a)x_2 - 4x_3 = 2 \\ -2x_1 - 4x_2 + (5-a)x_3 = -a-1 \end{cases}$$

問 a 為何值時，此方程組有唯一解？無窮多解？無解？

§3.2 n 維向量

上一節介紹的消元法是解線性方程組的基本而有效的方法．為了進一步揭示線性方程組中方程與方程之間、解與解之間的關係，還需引入向量的概念．

定義 3.3　由 n 個數 $a_1, a_2, \cdots, a_n$ 組成的 n 元有序數組 $(a_1, a_2, \cdots, a_n)$ 稱為一個 n 維向量，數 a_i 稱為向量的第 i 個分量．分量全為實數的向量稱為實向量；分量為復數的向量稱為復向量．

本書主要討論實向量，如不特別聲明，向量一詞均指實向量．通常用希臘字母 α、β、γ 或者英文字母 X、Y 等表示 n 維向量，記為

$$\alpha = (a_1, a_2, \cdots, a_n) \text{ 或 } \alpha = \begin{pmatrix} a_1 \\ a_2 \\ \vdots \\ a_n \end{pmatrix}$$

前者稱為**行向量**,後者稱為**列向量**. 若 α 為行向量,則 α^T 為列向量;若 α 表示列向量,則 α^T 表示行向量.

事實上 §3.1 中我們已經使用瞭解向量這一術語. 將線性方程組的解以向量的形式表示出來,既簡潔又便於進一步討論解與解之間的關係. 此外,方程組(3.1)中任意一個方程都被該方程中諸未知量的係數及常數項所確定,故可用這些數所構成的 $n+1$ 元有序數組即 $n+1$ 維向量來表示. 如行向量

$$\beta_i = (a_{i1}, a_{i2}, \cdots, a_{in}, b_i)$$

即對應於(3.1)的第 i 個方程. 又如,直角坐標平面中的點 (a,b) 及空間直角坐標系中的空間點 (a,b,c) 可分別視作 2 維及 3 維向量;經濟問題中,n 個部門的年生產總值可以表示成一個 n 維向量;反應一個企業的經濟效益的各項指標——假如共 6 項——可用一個 6 維向量加以表示.

n 維向量中分量全為零的向量具有特殊的地位,通常稱之為**零向量**,記之以希臘字母 θ(在不致引起混淆的場合亦可寫成 0),即

$$\theta = (0, 0, \cdots, 0)$$

若 $\alpha = (a_1, a_2, \cdots, a_n)$,則稱 $(-a_1, -a_2, \cdots, -a_n)$ 為 α 的**負向量**,記為 $-\alpha$.

任何矩陣的每一行都可視作一個行向量,列則視作列向量. 例如在方程組(3.1)的增廣矩陣中若記

$$\alpha_j = \begin{pmatrix} a_{1j} \\ a_{2j} \\ \vdots \\ a_{mj} \end{pmatrix} \quad (j = 1, 2, \cdots, n), \qquad \beta = \begin{pmatrix} b_1 \\ b_2 \\ \vdots \\ b_m \end{pmatrix} \text{ 則}$$

$$\overline{A} = (\alpha_1, \alpha_2, \cdots, \alpha_n, \beta)$$

若記 $\beta_i = (a_{i1}, a_{i2}, \cdots, a_{in}, b_i) \quad (i = 1, 2, \cdots, m)$,則

$$\overline{A} = \begin{pmatrix} \beta_1 \\ \beta_2 \\ \vdots \\ \beta_m \end{pmatrix}$$

為了討論向量之間的關係,下面引入向量相等的概念及向量的運算.

定義3.4　若 n 維向量
$$\alpha = (a_1, a_2, \cdots, a_n) \text{ 與 } \beta = (b_1, b_2, \cdots, b_n)$$
的對應分量都相等,即
$$a_i = b_i \quad (i = 1, 2, \cdots, n)$$
則稱向量 α 與 β 相等,記作
$$\alpha = \beta$$

定義3.5　設 $\alpha = (a_1, a_2, \cdots, a_n), \beta = (b_1, b_2, \cdots, b_n)$ 都是 n 維向量,稱 n 維向量
$$\gamma = (a_1 + b_1, a_2 + b_2, \cdots, a_n + b_n)$$
為向量 α 與 β 的和,記作
$$\gamma = \alpha + \beta$$

利用負向量可以定義向量的**減法**:向量 α 與 β 的差 $\alpha - \beta$ 定義為 $\alpha + (-\beta)$,即
$$\alpha - \beta = \alpha + (-\beta) = (a_1 - b_1, a_2 - b_2, \cdots, a_n - b_n)$$

定義3.6　設 $\alpha = (a_1, a_2, \cdots, a_n)$ 為 n 維向量,k 為實數,則稱向量
$$(ka_1, ka_2, \cdots, ka_n)$$
為數 k 與向量 α 的數量乘積,簡稱數乘,記為 $k\alpha$,即
$$k\alpha = (ka_1, ka_2, \cdots, ka_n)$$

向量的加法和數乘統稱為向量的**線性運算**.按定義,容易驗證向量的線性運算滿足下面的運算律(其中 α, β, γ 為向量,k, l 為實數):

(1) $\alpha + \beta = \beta + \alpha$;

(2) $(\alpha + \beta) + \gamma = \alpha + (\beta + \gamma)$;

(3) $\alpha + \theta = \alpha$;

(4) $\alpha + (-\alpha) = \theta$;

(5) $1 \cdot \alpha = \alpha$;

(6) $(kl)\alpha = k(l\alpha) = l(k\alpha)$;

(7) $(k + l)\alpha = k\alpha + l\alpha$;

(8) $k(\alpha + \beta) = k\alpha + k\beta$.

例　設向量 $\alpha = (1, 1, 0), \beta = (-2, 0, 1)$ 及 γ 滿足等式 $2\alpha + \beta + 3\gamma = \theta$,求 γ.

解 $3\gamma = -2\alpha - \beta$

$$\gamma = -\frac{2}{3}\alpha - \frac{1}{3}\beta = \left(-\frac{2}{3}, -\frac{2}{3}, 0\right) + \left(\frac{2}{3}, 0, -\frac{1}{3}\right)$$

$$= \left(0, -\frac{2}{3}, -\frac{1}{3}\right)$$

通常稱定義了上述加法與數乘運算的全體 n 維實向量的集合為 n **維實向量空間**,簡稱 n **維向量空間**,記為 R^n. 空間的理論是現代數學的重要基礎理論,本書第四章將對其作簡單的介紹.

習題 3.2

1. 設 $\alpha_1 = (1,1,0,-1), \alpha_2 = (-2,1,0,0), \alpha_3 = (-1,-2,0,1)$,求
(1) $\alpha_1 + \alpha_2 + \alpha_3$;   (2) $2\alpha_1 - 3\alpha_2 + 5\alpha_3$;

2. 設 $\alpha_1 = (2,0,1), \alpha_2 = (3,1,-1)$ 滿足 $2\beta + 3\alpha_1 = 3\beta + \alpha_2$,求 β.

3. 已知向量

$$\alpha_1 = \begin{pmatrix} 5 \\ 2 \\ 1 \\ 3 \end{pmatrix}, \alpha_2 = \begin{pmatrix} 10 \\ 1 \\ 5 \\ 10 \end{pmatrix}, \alpha_3 = \begin{pmatrix} 4 \\ 1 \\ -1 \\ 1 \end{pmatrix}$$

滿足等式 $3(\alpha_1 - \beta) + 2(\alpha_2 - \beta) - 5(\alpha_3 + \beta) = \theta$,求 β.

§3.3 向量組的線性關係

§3.1 例 2 線性方程組的求解過程中我們曾發現了兩個多餘方程:方程組的第三個方程是由第一個方程的 3 倍減去第二個方程得到的,而第四個方程則是第一個方程的 (-5) 倍與第二個方程的 4 倍相加的結果. 因為方程組的後兩個方程不含有第一、二個方程以外的任何新信息從而是多餘的.

認識多餘方程的本質特徵,從而使我們能將其識別並從方程組中剔除顯然很重要. 事實上,若設上述方程組中自上而下 4 個方程所對應的向量分別為 α_1, $\alpha_2, \alpha_3, \alpha_4$,則有

$$\alpha_3 = 3\alpha_1 - \alpha_2 \text{ 及 } \alpha_4 = -5\alpha_1 + 4\alpha_2$$

上述兩式反應了向量之間的**線性關係**. 研究向量之間的這類線性關係對於揭示方程組中方程與方程、解與解之間的關係乃至更廣泛的事物之間的聯繫是極有意義的.

§3.3.1 線性組合

定義 3.7 對於 n 維向量 $\alpha_1, \alpha_2, \cdots, \alpha_m, \beta$, 若存在一組數 $k_1, k_2, \cdots, k_m$ 使得

$$\beta = k_1\alpha_1 + k_2\alpha_2 + \cdots + k_m\alpha_m$$

則稱向量 β 是向量 $\alpha_1, \alpha_2, \cdots, \alpha_m$ 的**線性組合**, 或稱向量 β 可由向量 $\alpha_1, \alpha_2, \cdots, \alpha_m$ **線性表示**. 稱 $k_1, k_2, \cdots, k_m$ 為**組合係數**或**表示係數**.

例1 設

$$\alpha_1 = (1, 0, 2, -1), \alpha_2 = (3, 0, 4, 1),$$
$$\alpha_3 = (2, 0, 2, 2), \beta = (-1, 0, 0, -3)$$

不難驗證

$$\beta = 2\alpha_1 - \alpha_2 + 0 \cdot \alpha_3 \quad \text{或} \quad \beta = \alpha_1 + 0 \cdot \alpha_2 - \alpha_3$$

即 β 是 $\alpha_1, \alpha_2, \alpha_3$ 的線性組合.

例2 設

$$\beta = (-1, 1, 5), \alpha_1 = (1, 2, 3), \alpha_2 = (0, 1, 4), \alpha_3 = (2, 3, 6)$$

判定向量 β 是否可由向量組 $\alpha_1, \alpha_2, \alpha_3$ 線性表示, 如果可以, 寫出它的表示式.

解 設 $\beta = k_1\alpha_1 + k_2\alpha_2 + k_3\alpha_3$, 即

$$(-1, 1, 5) = k_1(1, 2, 3) + k_2(0, 1, 4) + k_3(2, 3, 6)$$
$$= (k_1 + 2k_3, 2k_1 + k_2 + 3k_3, 3k_1 + 4k_2 + 6k_3)$$

則由向量相等的定義可得以 k_1, k_2, k_3 為未知量的線性方程組

$$\begin{cases} k_1 + 0k_2 + 2k_3 = -1 \\ 2k_1 + k_2 + 3k_3 = 1 \\ 3k_1 + 4k_2 + 6k_3 = 5 \end{cases}$$

用消元法或克萊姆法則解此方程組, 得唯一解

$$\begin{cases} k_1 = 1 \\ k_2 = 2 \\ k_3 = -1 \end{cases}$$

於是, β 可以表示為 $\alpha_1, \alpha_2, \alpha_3$ 的線性組合, 其表示式為 $\beta = \alpha_1 + 2\alpha_2 - \alpha_3$ 且表

示方法是唯一的.

例3 設
$$\beta = (1,2,-1), \alpha_1 = (1,0,1), \alpha_2 = (3,-2,0),$$
判定 β 能否由 α_1, α_2 線性表示.

解 設 $\beta = k_1\alpha_1 + k_2\alpha_2$，即
$$(1,2,-1) = k_1(1,0,1) + k_2(3,-2,0)$$
得線性方程組
$$\begin{cases} k_1 + 3k_2 = 1 \\ -2k_2 = 2 \\ k_1 = -1 \end{cases}$$

顯然，此方程組無解．這表明不存在滿足 $\beta = k_1\alpha_1 + k_2\alpha_2$ 的 k_1, k_2，所以 β 不能由 α_1, α_2 線性表示．

上述例子表明，向量 β 是否可由向量組 $\alpha_1, \alpha_2, \cdots, \alpha_m$ 線性表示的問題可歸結為相應線性方程組的求解問題．事實上，借助於向量運算我們可將方程組(3.1)寫成下面的**向量形式**：
$$x_1\alpha_1 + x_2\alpha_2 + \cdots + x_n\alpha_n = \beta \tag{3.8}$$
其中
$$\alpha_j = \begin{pmatrix} a_{1j} \\ a_{2j} \\ \vdots \\ a_{mj} \end{pmatrix} \quad (j=1,2,\cdots,n), \qquad \beta = \begin{pmatrix} b_1 \\ b_2 \\ \vdots \\ b_m \end{pmatrix}$$

若方程組(3.1)即(3.8)有解，則至少存在 $x_1, x_2, \cdots, x_n$ 的一組數
$$x_1 = c_1, x_2 = c_2, \cdots, x_n = c_n$$
使得(3.8)成立，這樣，m 維向量 β 可由 m 維向量組 $\alpha_1, \alpha_2, \cdots, \alpha_n$ 線性表示；反之，若 β 可由向量組 $\alpha_1, \alpha_2, \cdots, \alpha_n$ 線性表示，例如有
$$c_1\alpha_1 + c_2\alpha_2 + \cdots + c_n\alpha_n = \beta$$
則
$$x_1 = c_1, x_2 = c_2, \cdots, x_n = c_n$$
是方程組(3.8)即(3.1)的解．因此我們有下面的定理：

定理3.3 設 $\alpha_1, \alpha_2, \cdots, \alpha_n, \beta$ 為 m 維向量，則 β 可由 $\alpha_1, \alpha_2, \cdots, \alpha_n$ 線性表示的充要條件是方程組(3.1)有解．

關於線性組合,我們有下列有用的結果:

1° n 維零向量 θ 是任意 n 維向量組的線性組合,例如
$$\theta = 0\alpha_1 + 0\alpha_2 + \cdots + 0\alpha_m$$

2° n 維向量組 $\alpha_1, \alpha_2, \cdots, \alpha_m$ 中的任意向量 $\alpha_i (i = 1, 2, \cdots, m)$ 是此 n 維向量組的線性組合,例如
$$\alpha_i = 0\alpha_1 + \cdots + 0\alpha_{i-1} + \alpha_i + 0\alpha_{i+1} + \cdots + 0\alpha_m$$

3° 任何一個 n 維向量 $\alpha = (a_1, a_2, \cdots, a_n)^T$ 都可由 n **維基本向量組**
$$\varepsilon_1 = \begin{pmatrix} 1 \\ 0 \\ \vdots \\ 0 \end{pmatrix}, \varepsilon_2 = \begin{pmatrix} 0 \\ 1 \\ \vdots \\ 0 \end{pmatrix}, \cdots, \varepsilon_n = \begin{pmatrix} 0 \\ 0 \\ \vdots \\ 1 \end{pmatrix} \tag{3.9}$$

線性表示為
$$\alpha = a_1 \varepsilon_1 + a_2 \varepsilon_2 + \cdots + a_n \varepsilon_n$$
其中表示系數唯一且唯一的表示系數恰是 α 的分量 $a_1, a_2, \cdots, a_n$.

§3.3.2 線性相關與線性無關

定義3.9 設 $\alpha_1, \alpha_2, \cdots, \alpha_m$ 為 n 維向量組,若存在不全為0的數 $k_1, k_2, \cdots, k_m$,使得
$$k_1 \alpha_1 + k_2 \alpha_2 + \cdots + k_m \alpha_m = \theta \tag{3.10}$$
則稱向量組 $\alpha_1, \alpha_2, \cdots, \alpha_m$ 線性相關,否則(即當且僅當 $k_1 = k_2 = \cdots = k_m = 0$ 時 (3.10) 式才成立) 稱它們線性無關.

上述定義中的(3.10)式是關於未知量 $k_1, k_2, \cdots, k_m$ 的 m 元齊次線性方程組的向量形式. 因此由定義3.9立即可得下面的定理:

定理3.4 n 維向量 $\alpha_1, \alpha_2, \cdots, \alpha_m$ 線性相關(線性無關)的充要條件是齊次線性方程組(3.10)有非零解(僅有零解).

例4 判定向量組 $\alpha_1 = (1, 1, -2)^T, \alpha_2 = (2, 1, 3)^T, \alpha_3 = (-3, 1, 1)^T$ 是否線性相關.

解 設 $k_1 \alpha_1 + k_2 \alpha_2 + k_3 \alpha_3 = \theta$,則
$$k_1 \begin{pmatrix} 1 \\ 1 \\ -2 \end{pmatrix} + k_2 \begin{pmatrix} 2 \\ 1 \\ 3 \end{pmatrix} + k_3 \begin{pmatrix} -3 \\ 1 \\ 1 \end{pmatrix} = \begin{pmatrix} 0 \\ 0 \\ 0 \end{pmatrix}$$

得以 k_1, k_2, k_3 為未知數的齊次線性方程組

$$\begin{cases} k_1 + 2k_2 - 3k_3 = 0 \\ k_1 + k_2 + k_3 = 0 \\ -2k_1 + 3k_2 + k_3 = 0 \end{cases}$$

方程組的系數矩陣

$$A = \begin{pmatrix} 1 & 2 & -3 \\ 1 & 1 & 1 \\ -2 & 3 & 1 \end{pmatrix} \xrightarrow{\text{行變換}} \begin{pmatrix} 1 & 0 & 0 \\ 0 & 1 & 0 \\ 0 & 0 & 1 \end{pmatrix}$$

故　$R(A) = 3 = n$，所以，方程組僅有零解．從而向量組 $\alpha_1, \alpha_2, \alpha_3$ 線性無關．

推論 1　設

$$\alpha_i = \begin{pmatrix} a_{1i} \\ a_{2i} \\ \vdots \\ a_{ni} \end{pmatrix} \quad (i = 1, 2, \cdots, m).$$

則向量組 $\alpha_1, \alpha_2, \cdots, \alpha_m$ 線性相關的充要條件是 $R(A) < m$，其中矩陣

$$A = \begin{pmatrix} a_{11} & a_{12} & \cdots & a_{1m} \\ a_{21} & a_{22} & \cdots & a_{2m} \\ \cdots & \cdots & \cdots & \cdots \\ a_{n1} & a_{n2} & \cdots & a_{nm} \end{pmatrix} = (\alpha_1, \alpha_2, \cdots, \alpha_m)$$

推論 2　n 個 n 維向量 $\alpha_1, \alpha_2, \cdots, \alpha_n$ 線性相關的充要條件是 $|A| = 0$，其中

$$A = (\alpha_1, \alpha_2, \cdots, \alpha_n)$$

命題 1　一個向量 α 線性相關的充要條件是 $\alpha = \theta$.

證明　設 α 線性相關，則由定義 3.9，存在數 $k \neq 0$ 使得 $k\alpha = \theta$，故得 $\alpha = \theta$；若 $\alpha = \theta$，取 $k = 1 \neq 0$ 有 $1 \cdot \alpha = \theta$，故 α 線性相關．

命題 2　若向量組 $\alpha_1, \alpha_2, \cdots, \alpha_m$ 中有部分向量線性相關，則此向量組線性相關．

證明　不失一般性，設 $\alpha_1, \alpha_2, \cdots, \alpha_l$ 線性相關 $(l < m)$．於是存在不全為零的數 $k_1, k_2, \cdots, k_l$ 使得

$$k_1 \alpha_1 + k_2 \alpha_2 + \cdots + k_l \alpha_l = \theta$$

從而有不全為零的數 $k_1, k_2, \cdots, k_l, 0, \cdots, 0$ 使得

$$k_1 \alpha_1 + \cdots + k_l \alpha_l + 0 \alpha_{l+1} + \cdots + 0 \alpha_m = \theta$$

因此向量組 $\alpha_1, \alpha_2, \cdots, \alpha_m$ 線性相關．

線性代數

讀者可利用定義 3.9 或定理 3.4 自行證明下面幾個有用的命題：

命題 3　兩個向量線性相關的充要條件是它們的對應分量成比例．

命題 4　任意含有 $n+1$ 個或更多個向量的 n 維向量組必線性相關．

命題 5　設列向量 $\alpha_1, \alpha_2, \cdots, \alpha_m \in R^l$，列向量 $\beta_1, \beta_2, \cdots, \beta_m \in R^s$，且向量組 $\alpha_1, \alpha_2, \cdots, \alpha_m$（或者 $\beta_1, \beta_2, \cdots, \beta_m$）線性無關，則 $l+s$ 維列向量組

$$\tilde{\alpha}_i = \begin{pmatrix} \alpha_i \\ \beta_i \end{pmatrix} \quad (i=1,2,\cdots,m)$$

亦線性無關．

通常稱向量 $\tilde{\alpha}_i$ 為向量 α_i 的**接長向量**，稱向量 α_i 為向量 $\tilde{\alpha}_i$ 的**截短向量**．

例 5　判定下列向量組是否線性相關：

(1) $\alpha_1 = \begin{pmatrix} 2 \\ 1 \\ -1 \end{pmatrix}, \alpha_2 = \begin{pmatrix} 1 \\ 2 \\ 0 \end{pmatrix}$；

(2) $\alpha_1 = \begin{pmatrix} 1 \\ -2 \\ 5 \end{pmatrix}, \alpha_2 = \begin{pmatrix} 2 \\ 1 \\ 2 \end{pmatrix}, \alpha_3 = \begin{pmatrix} -3 \\ 1 \\ 1 \end{pmatrix}, \alpha_4 = \begin{pmatrix} 0 \\ 2 \\ 7 \end{pmatrix}$；

(3) $\alpha_1 = \begin{pmatrix} 1 \\ 0 \\ 2 \end{pmatrix}, \alpha_2 = \begin{pmatrix} 2 \\ 1 \\ 1 \end{pmatrix}, \alpha_3 = \begin{pmatrix} 2 \\ 0 \\ 4 \end{pmatrix}$．

解　(1) 兩個向量 α_1, α_2 對應分量不成比例，所以線性無關；

(2) 向量組中向量的個數 4 大於向量的維數 3，所以線性相關；

(3) 因部分向量 α_1, α_3 對應分量成比例從而線性相關，所以整個向量組線性相關．

例 6　設 $\alpha_1, \alpha_2, \alpha_3$ 線性無關，且有 $\beta_1 = \alpha_1 + \alpha_2, \beta_2 = \alpha_1 + \alpha_3, \beta_3 = \alpha_2 + \alpha_3$，問 $\beta_1, \beta_2, \beta_3$ 是否線性無關？

解　設有一組數 k_1, k_2, k_3 使得 $k_1\beta_1 + k_2\beta_2 + k_3\beta_3 = \theta$ 即

$$k_1(\alpha_1 + \alpha_2) + k_2(\alpha_1 + \alpha_3) + k_3(\alpha_2 + \alpha_3) = \theta$$

整理得

$$(k_1 + k_2)\alpha_1 + (k_1 + k_3)\alpha_2 + (k_2 + k_3)\alpha_3 = \theta$$

因為 $\alpha_1, \alpha_2, \alpha_3$ 線性無關，所以

$$\begin{cases} k_1 + k_2 = 0 \\ k_1 + k_3 = 0 \\ k_2 + k_3 = 0 \end{cases}$$

此方程組的系數行列式 $D = -2 \neq 0$,故只有零解 $k_1 = k_2 = k_3 = 0$,從而 $\beta_1, \beta_2, \beta_3$ 線性無關.

關於向量組的線性相關性的判定我們還有如下的定理:

定理 3.5 向量組 $\alpha_1, \alpha_2, \cdots, \alpha_m (m \geq 2)$ 線性相關的充要條件是其中至少有一個向量是其餘 $m-1$ 個向量的線性組合.

證明 必要性. 若 $\alpha_1, \alpha_2, \cdots, \alpha_m$ 線性相關,則存在一組不全為零的 $k_1, k_2, \cdots, k_m$ 使得

$$k_1\alpha_1 + k_2\alpha_2 + \cdots + k_m\alpha_m = \theta$$

設 $k_i \neq 0$,則

$$a_i = -\frac{k_1}{k_i}\alpha_1 - \cdots - \frac{k_{i-1}}{k_i}\alpha_{i-1} - \frac{k_{i+1}}{k_i}\alpha_{i+1} - \cdots - \frac{k_m}{k_i}\alpha_m$$

即 α_i 是 $\alpha_1, \cdots, \alpha_{i-1}, \alpha_{i+1}, \cdots, \alpha_m$ 的線性組合.

充分性. 不妨設 α_i 可由 $\alpha_1, \cdots, \alpha_{i-1}, \alpha_{i+1}, \cdots, \alpha_m$ 線性表出,即

$$\alpha_i = l_1\alpha_1 + \cdots + l_{i-1}\alpha_{i-1} + l_{i+1}\alpha_{i+1} + \cdots + l_m\alpha_m$$

從而

$$l_1 a_1 + \cdots + l_{i-1}\alpha_{i-1} - 1 \cdot \alpha_i + l_{i+1}\alpha_{i+1} + \cdots + l_m\alpha_m = \theta$$

顯然,$l_1, \cdots, l_{i-1}, -1, l_{i+1}, \cdots, l_m$ 不全為零,所以 $\alpha_1, \alpha_2, \cdots, \alpha_m$ 線性相關.

定理 3.6 若向量組 $\alpha_1, \alpha_2, \cdots, \alpha_m$ 線性無關,而向量組 $\alpha_1, \alpha_2, \cdots, \alpha_m, \beta$ 線性相關,則向量 β 可由 $\alpha_1, \alpha_2, \cdots, \alpha_m$ 線性表示,且表示式唯一.

證明 因 $\alpha_1, \alpha_2, \cdots, \alpha_m, \beta$ 線性相關,故存在一組不全為零的數 $k_1, k_2, \cdots, k_m, k$ 使得

$$k_1\alpha_1 + k_2\alpha_2 + \cdots + k_m\alpha_m + k\beta = \theta$$

顯然上式中的 $k \neq 0$(否則將推得 $\alpha_1, \alpha_2, \cdots, \alpha_m$ 線性相關,與定理假設矛盾),於是

$$\beta = -\frac{k_1}{k}\alpha_1 - \cdots - \frac{k_i}{k}\alpha_i - \cdots - \frac{k_m}{k}\alpha_m$$

即 β 可由 $\alpha_1, \alpha_2, \cdots, \alpha_m$ 線性表出.

下面證明表示式的唯一性.

假設 β 可由 $\alpha_1, \alpha_2, \cdots, \alpha_m$ 線性表示為

$$\beta = l_1\alpha_1 + l_2\alpha_2 + \cdots + l_m\alpha_m$$

及

$$\beta = k_1\alpha_1 + k_2\alpha_2 + \cdots + k_m\alpha_m$$

兩式相減,得

$$(l_1 - k_1)\alpha_1 + (l_2 - k_2)\alpha_2 + \cdots + (l_m - k_m)\alpha_m = \theta$$

由於 $\alpha_1, \alpha_2, \cdots, \alpha_m$ 線性無關,所以

$$l_i - k_i = 0, \quad 即 l_i = k_i \quad (i = 1, 2, \cdots, m)$$

這表明,β 由 $\alpha_1, \alpha_2, \cdots, \alpha_m$ 線性表示的表示系數是唯一的.

例 7 設向量組 $\alpha_1, \alpha_2, \alpha_3$ 線性相關;$\alpha_2, \alpha_3, \alpha_4$ 線性無關,證明:

(1) α_1 能由 α_2, α_3 線性表出;

(2) α_4 不能由 $\alpha_1, \alpha_2, \alpha_3$ 線性表出.

證明 (1) 因為向量組 $\alpha_1, \alpha_2, \alpha_3$ 線性相關,所以存在不全為零的數 k_1, k_2, k_3 使得

$$k_1\alpha_1 + k_2\alpha_2 + k_3\alpha_3 = \theta$$

若 $k_1 = 0$,則 k_2, k_3 不全為零,且有 $k_2\alpha_2 + k_3\alpha_3 = \theta$,即 α_2, α_3 線性相關,這與 $\alpha_2, \alpha_3, \alpha_4$ 線性無關矛盾,故 $k_1 \neq 0$,於是有

$$\alpha_1 = -\frac{k_2}{k_1}\alpha_2 - \frac{k_3}{k_1}\alpha_3 \triangleq l_1\alpha_2 + l_2\alpha_3$$

(2) 用反證法. 若 α_4 能由 $\alpha_1, \alpha_2, \alpha_3$ 線性表出,則存在一組數 $\lambda_1, \lambda_2, \lambda_3$ 使得

$$\alpha_4 = \lambda_1\alpha_1 + \lambda_2\alpha_2 + \lambda_3\alpha_3$$

利用(1) 的結果可得

$$\alpha_4 = \lambda_1(l_1\alpha_2 + l_2\alpha_3) + \lambda_2\alpha_2 + \lambda_3\alpha_3 = (\lambda_1 l_1 + \lambda_2)\alpha_2 + (\lambda_1 l_2 + \lambda_3)\alpha_3$$

即 α_4 能由 α_2, α_3 線性表出,從而 $\alpha_2, \alpha_3, \alpha_4$ 線性相關,這與題設矛盾. 故 α_4 不能由 $\alpha_1, \alpha_2, \alpha_3$ 線性表出.

習題 3.3

1. 將向量 β 表示成向量 $\alpha_1, \alpha_2, \alpha_3, \alpha_4$ 的線性組合.

(1) $\beta = (1,2,1,1), \alpha_1 = (1,1,1,1), \alpha_2 = (1,1,-1,-1),$
$\alpha_3 = (1,-1,1,-1), \alpha_4 = (1,-1,-1,1)$

(2) $\beta = (0,0,0,1), \alpha_1 = (1,1,0,1), \alpha_2 = (2,1,3,1), \alpha_3 = (1,1,0,0),$
$\alpha_4 = (0,1,-1,-1)$

2. 判定下列向量組的線性相關性.

(1) $\alpha_1 = \begin{pmatrix} 1 \\ -1 \\ 3 \\ 2 \end{pmatrix}, \alpha_2 = \begin{pmatrix} -1 \\ 1 \\ -3 \\ -2 \end{pmatrix}, \alpha_3 = \begin{pmatrix} 1 \\ 0 \\ 1 \\ 1 \end{pmatrix};$

(2) $\alpha_1 = \begin{pmatrix} 0 \\ 0 \\ 0 \end{pmatrix}, \alpha_2 = \begin{pmatrix} 1 \\ 1 \\ 1 \end{pmatrix};$

(3) $\alpha_1 = \begin{pmatrix} 1 \\ 2 \\ 3 \end{pmatrix}, \alpha_2 = \begin{pmatrix} 2 \\ 3 \\ 1 \end{pmatrix}, \alpha_3 = \begin{pmatrix} 3 \\ 1 \\ 2 \end{pmatrix};$

(4) $\alpha_1 = \begin{pmatrix} 1 \\ 0 \\ 0 \\ 0 \\ -1 \end{pmatrix}, \alpha_2 = \begin{pmatrix} -1 \\ 1 \\ 0 \\ 0 \\ 0 \end{pmatrix}, \alpha_3 = \begin{pmatrix} 0 \\ -1 \\ 1 \\ 0 \\ 0 \end{pmatrix}, \alpha_4 = \begin{pmatrix} 0 \\ 0 \\ -1 \\ 1 \\ 0 \end{pmatrix}, \alpha_5 = \begin{pmatrix} 0 \\ 0 \\ 0 \\ -1 \\ 1 \end{pmatrix};$

(5) $\alpha_1 = \begin{pmatrix} 0 \\ 1 \\ 2 \\ 3 \end{pmatrix}, \alpha_2 = \begin{pmatrix} 1 \\ 2 \\ 3 \\ 0 \end{pmatrix}, \alpha_3 = \begin{pmatrix} 3 \\ 2 \\ 1 \\ 0 \end{pmatrix}.$

3. 討論下列向量組的線性相關性.

(1) $\alpha_1 = \begin{pmatrix} -1 \\ 2 \\ 1 \end{pmatrix}, \alpha_2 = \begin{pmatrix} 2 \\ k \\ 5 \end{pmatrix}, \alpha_3 = \begin{pmatrix} 1 \\ 0 \\ 2 \end{pmatrix};$

(2) $\alpha_1 = \begin{pmatrix} 1 \\ 2 \\ 3 \\ 0 \end{pmatrix}, \alpha_2 = \begin{pmatrix} 2 \\ 3 \\ a \\ 1 \end{pmatrix}, \alpha_3 = \begin{pmatrix} 3 \\ 1 \\ b \\ 2 \end{pmatrix}, \alpha_4 = \begin{pmatrix} 0 \\ 1 \\ 2 \\ 3 \end{pmatrix};$

(3) $\alpha_1 = \begin{pmatrix} 1 \\ 1 \\ 1 \end{pmatrix}, \alpha_2 = \begin{pmatrix} 1 \\ 1 \\ 0 \end{pmatrix}, \alpha_3 = \begin{pmatrix} 2 \\ a \\ b \end{pmatrix};$

$(4) \alpha_1 = \begin{pmatrix} 1 \\ 1 \\ 2 \\ 2 \\ 1 \end{pmatrix}, \alpha_2 = \begin{pmatrix} 0 \\ 2 \\ 1 \\ 5 \\ -1 \end{pmatrix}, \alpha_3 = \begin{pmatrix} 1 \\ a \\ 4 \\ b \\ -1 \end{pmatrix}.$

4. (1) 若 α_1, α_2 線性相關, β_1, β_2 線性相關, $\alpha_1 + \beta_1, \alpha_2 + \beta_2$ 是否一定線性相關?

(2) 若 α_1, α_2 線性無關, β 為任一向量, $\alpha_1 + \beta, \alpha_2 + \beta$ 是否一定線性無關?

(3) 若 $\alpha_1, \alpha_2, \alpha_3$ 是三個 n 維向量, 其中 α_1, α_2 線性無關, α_2, α_3 線性無關, α_1, α_3 線性無關, $\alpha_1, \alpha_2, \alpha_3$ 是否一定線性無關?

5. 若 $\alpha_1, \alpha_2, \cdots, \alpha_m (m \geq 2)$ 線性相關, 則其中任何一個向量都可由其餘向量線性表示嗎? 為什麼? (舉例說明)

6. 如果 n 維向量組 $\alpha_1, \alpha_2, \cdots, \alpha_m (m \geq 2)$ 線性無關, 那麼是否對於任意不全為零的數 $k_1, k_2, \cdots, k_m$ 一定有 $k_1 \alpha_1 + k_2 \alpha_2 + \cdots + k_m \alpha_m \neq \theta$?

7. 設有一組不全為零的數 $k_1, k_2, \cdots, k_m$ 使得 $k_1 \alpha_1 + k_2 \alpha_2 + \cdots + k_m \alpha_m \neq \theta$, 問 $\alpha_1, \alpha_2, \cdots, \alpha_m$ 是否一定線性無關?

8. 設 $\alpha_1, \alpha_2, \alpha_3, \alpha_4$ 均為 n 維向量, 判定下列向量組的線性相關性.

(1) $\alpha_1 + \alpha_2, \alpha_2 + \alpha_3, \alpha_3 - \alpha_1$;

(2) $\alpha_1 + \alpha_2, \alpha_2 + \alpha_3, \alpha_1 + 2\alpha_2 + \alpha_3$;

(3) $\alpha_1 + \alpha_2, \alpha_2 + \alpha_3, \alpha_3 + \alpha_4, \alpha_4 + \alpha_1$;

(4) $\alpha_1 - \alpha_2, \alpha_2 - \alpha_3, \alpha_3 - \alpha_4, \alpha_4 - \alpha_1$.

§3.4 向量組的秩

對任意給定的一個 n 維向量組, 研究其線性無關部分組最多可以包含多少個向量, 在理論及應用上都十分重要. 下面對此進行討論.

§3.4.1 向量組的等價

定義 3.10 設有兩個向量組

$(I) \alpha_1, \alpha_2, \cdots, \alpha_s$ 及 $(II) \beta_1, \beta_2, \cdots, \beta_t$

若向量組 (I) 的每個向量都可由向量組 (II) 線性表示, 則稱向量組 (I) 可由向量

組(II)線性表示. 若向量組(I)與向量組(II)可以相互線性表示,則稱向量組(I)與向量組(II) **等價**.

等價向量組可記作
$$\{\alpha_1,\alpha_2,\cdots,\alpha_s\} \cong \{\beta_1,\beta_2,\cdots,\beta_t\}$$

例 1　設向量 γ 可由向量組 $\alpha_1,\alpha_2,\alpha_3$ 線性表示,而向量組 $\alpha_1,\alpha_2,\alpha_3$ 可由向量組 β_1,β_2 線性表示,證明:向量 γ 可由向量組 β_1,β_2 線性表示.

證明　由已知可設
$$\gamma = l_1\alpha_1 + l_2\alpha_2 + l_3\alpha_3$$
$$\alpha_i = k_{i1}\beta_1 + k_{i2}\beta_2 \quad (i=1,2,3)$$
將後式代入前式並整理,得
$$\gamma = (l_1k_{11} + l_2k_{21} + l_3k_{31})\beta_1 + (l_1k_{12} + l_2k_{22} + l_3k_{32})\beta_2$$
即 γ 可由 β_1,β_2 線性表示.

例 1 表明,向量組的線性表示具有**傳遞性**,即若向量組(I)可由向量組(II)線性表示,向量組(II)可由向量組(III)線性表示,則向量組(I)也可由向量組(III)線性表示.

容易證明,等價向量組具有下列性質:

$1°$　反身性. 即向量組與自身等價;

$2°$　對稱性. 即若向量組(I)與向量組(II)等價,則向量組(II)與向量組(I)等價;

$3°$　傳遞性. 即若向量組(I)與向量組(II)等價,向量組(II)與向量組(III)等價,則向量組(I)與向量組(III)等價.

§3.4.2　極大線性無關組

我們知道,n 維向量空間 R^n 的任意向量 α 都可由(線性無關的)基本向量組 $\varepsilon_1,\varepsilon_2,\cdots,\varepsilon_n$ 線性表示. 對於任意一組向量,我們也希望能從組中找出一個含向量個數最少的部分組,使得該向量組中的任意向量都可由其線性表示. 為此,我們引入下面的概念.

定義 3.11　設 $\alpha_{i_1},\alpha_{i_2},\cdots,\alpha_{i_r}$ 是向量組 $\alpha_1,\alpha_2,\cdots,\alpha_m$ 的一個部分向量組,它滿足

(1) $\alpha_{i_1},\alpha_{i_2},\cdots,\alpha_{i_r}$ 線性無關;

(2) 向量組 $\alpha_1,\alpha_2,\cdots,\alpha_m$ 中每一個向量都可由 $\alpha_{i_1},\alpha_{i_2},\cdots,\alpha_{i_r}$ 線性表示.

則稱向量組 $\alpha_{i_1},\alpha_{i_2},\cdots,\alpha_{i_r}$ 是向量組 $\alpha_1,\alpha_2,\cdots,\alpha_m$ 的一個**極大線性無關組**(簡稱

極大無關組).

顯然,任何一個含有非零向量的向量組都有極大無關組,而全由零向量組成的向量組則沒有極大無關組.

由定義 3.11 不難推得關於向量組與其極大無關組的下列命題:

1° 任意一個向量組與它的極大無關組(如果有的話)等價.

2° 一個向量組的任意兩個極大無關組等價.

例 2 設 $\alpha_1 = (1,0,0)^T, \alpha_2 = (0,1,0)^T, \alpha_3 = (1,2,0)^T$. 顯然,部分組 α_1, α_2 線性無關,且有

$$\alpha_1 = 1\alpha_1 + 0\alpha_2, \quad \alpha_2 = 0\alpha_1 + 1\alpha_2, \quad \alpha_3 = 1\alpha_1 + 2\alpha_2$$

即 $\alpha_1, \alpha_2, \alpha_3$ 中的任一向量都可由 α_1, α_2 線性表示,所以,部分組 α_1, α_2 是向量組 $\alpha_1, \alpha_2, \alpha_3$ 的一個極大無關組.

不難驗證, α_1, α_3 和 α_2, α_3 也是向量組 $\alpha_1, \alpha_2, \alpha_3$ 的極大無關組,可見向量組的極大無關組可以不唯一. 於是有

$$\{\alpha_1, \alpha_2\} \cong \{\alpha_1, \alpha_3\} \cong \{\alpha_2, \alpha_3\} \cong \{\alpha_1, \alpha_2, \alpha_3\}$$

上例還表明,向量組 $\alpha_1, \alpha_2, \alpha_3$ 的三個不同的極大無關組中所含向量的個數都相同,這個特點是否具有一般性,我們對此進行探討.

定理 3.7 若向量組 $\alpha_1, \alpha_2, \cdots, \alpha_s (I)$ 可由向量組 $\beta_1, \beta_2, \cdots, \beta_t (II)$ 線性表示,且 $s > t$,則向量組 $\alpha_1, \alpha_2, \cdots, \alpha_s$ 線性相關.

證明 只須證明,存在不全為 0 的數 $k_1, k_2, \cdots, k_s$ 使得

$$k_1\alpha_1 + k_2\alpha_2 + \cdots + k_s\alpha_s = \theta$$

由已知,可設

$$\alpha_i = l_{1i}\beta_1 + l_{2i}\beta_2 + \cdots + l_{ti}\beta_t = (\beta_1, \beta_2, \cdots, \beta_t)\begin{pmatrix} l_{1i} \\ l_{2i} \\ \vdots \\ l_{ti} \end{pmatrix} \quad (i = 1, 2, \cdots, s)$$

就是

$$(\alpha_1, \alpha_2, \cdots, \alpha_s) = (\beta_1, \beta_2, \cdots, \beta_t)\begin{pmatrix} l_{11} & l_{12} & \cdots & l_{1s} \\ l_{21} & l_{22} & \cdots & l_{2s} \\ \cdots & \cdots & \cdots & \cdots \\ l_{t1} & l_{t2} & \cdots & l_{ts} \end{pmatrix}$$

記
$$A = \begin{pmatrix} l_{11} & l_{12} & \cdots & l_{1s} \\ l_{21} & l_{22} & \cdots & l_{2s} \\ \cdots & \cdots & \cdots & \cdots \\ l_{t1} & l_{t2} & \cdots & l_{ts} \end{pmatrix}$$

因為 $R(A) \le min\{s,t\}$，而 $s > t$，所以 $R(A) < s$，因而齊次線性方程組
$$AX = \theta$$
有非零解，即存在不全為零的數 $k_1, k_2, \cdots, k_s$，使得
$$A\begin{pmatrix} k_1 \\ k_2 \\ \vdots \\ k_s \end{pmatrix} = \theta$$

因而
$$\sum_{i=1}^{s} k_i \alpha_i = (\alpha_1, \alpha_2, \cdots, \alpha_s) \begin{pmatrix} k_1 \\ k_2 \\ \vdots \\ k_s \end{pmatrix} = (\beta_1, \beta_2, \cdots, \beta_t) A \begin{pmatrix} k_1 \\ k_2 \\ \vdots \\ k_s \end{pmatrix} = \theta$$

即 $\alpha_1, \alpha_2, \cdots, \alpha_s$ 線性相關．

推論 1 若向量組 $\alpha_1, \alpha_2, \cdots, \alpha_s$ 線性無關，且可由向量組 $\beta_1, \beta_2, \cdots, \beta_t$ 線性表示，則 $s \le t$.

事實上，推論 1 與定理 3.7 互為逆否命題．

推論 2 兩個線性無關的等價向量組必含有相同個數的向量．

證明 設線性無關向量組 $(I) \alpha_1, \alpha_2, \cdots, \alpha_s$ 與線性無關向量組 $(II) \beta_1, \beta_2, \cdots, \beta_t$ 等價．由於 (I) 線性無關且可由 (II) 線性表示，據推論 1 有 $s \le t$；同時，(II) 線性無關且可由 (I) 表示，從而 $t \le s$，故 $s = t$.

推論 3 向量組 $\alpha_1, \alpha_2, \cdots, \alpha_m$ 的任意兩個極大無關組所含向量個數相同．

§3.4.3 向量組的秩

推論 3 表明，向量組的極大無關組所含向量的個數應是向量組的一種本質屬性．為此我們引入向量組的秩的概念．

定義 3.12 向量組 $\alpha_1, \alpha_2, \cdots, \alpha_m$ 的極大無關組所含向量的個數稱為向量組的秩．記作

$$R(\alpha_1,\alpha_2,\cdots,\alpha_m)$$

由於全由零向量組成的向量組沒有極大無關組,我們規定其秩為零.

顯然,對任意含有非零向量的向量組 $\alpha_1,\alpha_2,\cdots,\alpha_m$,有

$$0 < R(\alpha_1,\alpha_2,\cdots,\alpha_m) \leqslant m$$

其中的等號當且僅當向量組 $\alpha_1,\alpha_2,\cdots,\alpha_m$ 線性無關時成立.

利用向量組的秩的定義及定理 3.7 的推論可得下列推論:

推論 4　等價的向量組必有相同的秩.

推論 5　若向量組 $\alpha_1,\alpha_2,\cdots,\alpha_s$ 可由向量組 $\beta_1,\beta_2,\cdots,\beta_t$ 線性表示,則

$$R(\alpha_1,\alpha_2,\cdots,\alpha_s) \leqslant R(\beta_1,\beta_2,\cdots,\beta_t)$$

證明　因向量組(Ⅰ)$\alpha_1,\alpha_2,\cdots,\alpha_s$ 可由向量組(Ⅱ)$\beta_1,\beta_2,\cdots,\beta_t$ 線性表示,故組(Ⅰ)的極大無關組(設其中有 r_1 個向量) 可由組(Ⅱ)的極大無關組(設其中有 r_2 個向量) 線性表示. 由推論 1,$r_1 \leqslant r_2$,從而

$$R(\alpha_1,\alpha_2,\cdots,\alpha_s) \leqslant R(\beta_1,\beta_2,\cdots,\beta_t).$$

例 3　設向量組 $\alpha_1,\alpha_2,\cdots,\alpha_m(m>1)$ 的秩為 r,$\beta_1 = \alpha_2 + \alpha_3 + \cdots + \alpha_m$;$\beta_2 = \alpha_1 + \alpha_3 + \cdots + \alpha_m$;$\cdots$;$\beta_m = \alpha_1 + \alpha_2 + \cdots + \alpha_{m-1}$ 試證明:向量組 $\beta_1,\beta_2,\cdots,\beta_m$ 的秩為 r.

證明　據推論 4,只須證明向量組

$$\{\alpha_1,\alpha_2,\cdots,\alpha_m\} \cong \{\beta_1,\beta_2,\cdots,\beta_m\}$$

由題設,$\beta_1,\beta_2,\cdots,\beta_m$ 可由 $\alpha_1,\alpha_2,\cdots,\alpha_m$ 線性表示,且有

$$\beta_1 + \beta_2 + \cdots + \beta_m = (m-1)(\alpha_1 + \alpha_2 + \cdots + \alpha_m)$$

或者

$$\alpha_1 + \alpha_2 + \cdots + \alpha_m = \frac{1}{m-1}(\beta_1 + \beta_2 + \cdots + \beta_m)$$

從而

$$\alpha_i + \beta_i = \alpha_1 + \alpha_2 + \cdots + \alpha_m = \frac{1}{m-1}(\beta_1 + \beta_2 + \cdots + \beta_m)$$

於是有

$$\alpha_i = \frac{1}{m-1}(\beta_1 + \beta_2 + \cdots + \beta_m) - \beta_i \quad (i=1,2,\cdots,m)$$

這表明 $\alpha_1,\alpha_2,\cdots,\alpha_m$ 可由 $\beta_1,\beta_2,\cdots,\beta_m$ 線性表示,所以

$$\{\alpha_1,\alpha_2,\cdots,\alpha_m\} \cong \{\beta_1,\beta_2,\cdots,\beta_m\}$$

故它們有相同的秩.

§3.4.4 向量組的秩與矩陣的秩的關係

定理 3.8 設 A 為 $m \times n$ 階矩陣,則 A 的列向量組 $\alpha_1, \alpha_2, \cdots, \alpha_n$ 的秩等於矩陣 A 的秩.

證明 設 $R(A) = r$,則 A 中必有一個 r 階子式 $D \neq 0$. 不妨設 D 位於 A 的第 $j_1, j_2, \cdots, j_r$ 列($j_1 < j_2 < \cdots < j_r$). 記 $B = (\alpha_{j_1}, \alpha_{j_2}, \cdots, \alpha_{j_r})$,則 B 為 $m \times r$ 矩陣,且有 $R(B) = r$. 由定理 3.4 推論 1 知 $\alpha_{j_1}, \alpha_{j_2}, \cdots, \alpha_{j_r}$ 線性無關.

又,對 A 中任意一個未在 $\alpha_{j_1}, \alpha_{j_2}, \cdots, \alpha_{j_r}$ 中的列向量 α_j(如果有的話,不妨設 $j_1 < \cdots < j_k < j < j_{k+1} < \cdots < j_r$),顯然,向量組

$$\alpha_{j_1}, \cdots, \alpha_{j_k}, \alpha_j, \alpha_{j_{k+1}}, \cdots, \alpha_{j_r}$$

線性相關(否則,由定理 3.4 推論 1 可推得以其為列的矩陣的秩等於 $r + 1$,從而 $R(A) > r$,這與原假設矛盾),於是,α_j 可由 $\alpha_{j_1}, \alpha_{j_2}, \cdots, \alpha_{j_r}$ 線性表示,從而向量組 $\alpha_1, \alpha_2, \cdots, \alpha_n$ 可由 $\alpha_{j_1}, \alpha_{j_2}, \cdots, \alpha_{j_r}$ 線性表示,故 $\alpha_{j_1}, \alpha_{j_2}, \cdots, \alpha_{j_r}$ 是 $\alpha_1, \alpha_2, \cdots, \alpha_n$ 的極大無關組. 所以 A 的列向量組 $\alpha_1, \alpha_2, \cdots, \alpha_n$ 的秩等於矩陣 A 的秩 r.

通常將矩陣 A 的列(行)向量組的秩稱為矩陣 A 的列(行)秩. 由於 $R(A) = R(A^T)$,而矩陣 A 的行秩就是 A^T 的列秩,故也等於 A 的秩,即有

$$R(A) = A \text{ 的列秩} = A \text{ 的行秩}$$

由於初等變換不改變矩陣的秩,所以我們有下面的推論.

推論 初等變換不改變矩陣的行(列)向量組的秩.

事實上我們還有下面的更進一步的結果.

定理 3.9 矩陣的行初等變換不改變矩陣的列向量之間的線性關係. 即若

$$A = (\alpha_1, \alpha_2, \cdots, \alpha_n) \xrightarrow{\text{行變換}} (\beta_1, \beta_2, \cdots, \beta_n) = B$$

則 (1) A 的列向量組 $\alpha_1, \alpha_2, \cdots, \alpha_n$ 中的部分組 $\alpha_{j_1}, \alpha_{j_2}, \cdots, \alpha_{j_r}$ 線性無關的充要條件是 B 的列向量組 $\beta_1, \beta_2, \cdots, \beta_n$ 中對應的部分組 $\beta_{j_1}, \beta_{j_2}, \cdots, \beta_{j_r}$ 線性無關;

(2) A 的列向量組 $\alpha_1, \alpha_2, \cdots, \alpha_n$ 中的某個向量 α_j 可由部分組 $\alpha_{j_1}, \alpha_{j_2}, \cdots, \alpha_{j_r}$ 線性表示為

$$\alpha_j = k_1 \alpha_{j_1} + k_2 \alpha_{j_2} + \cdots + k_r \alpha_{j_r}$$

的充要條件是 B 的列向量組 $\beta_1, \beta_2, \cdots, \beta_n$ 中對應的向量 β_j 可以由對應的部分組 $\beta_{j_1}, \beta_{j_2}, \cdots, \beta_{j_r}$ 線性表示為

$$\beta_j = k_1 \beta_{j_1} + k_2 \beta_{j_2} + \cdots + k_r \beta_{j_r}$$

(證略).

定理3.9為我們提供了求向量組的秩、向量組的極大無關組以及將向量組中其餘向量表示成極大無關組的線性組合的有效方法.

例4 設有向量組
$$\alpha_1 = \begin{pmatrix} 1 \\ 4 \\ 1 \\ 0 \end{pmatrix}, \alpha_2 = \begin{pmatrix} 2 \\ 9 \\ -1 \\ -3 \end{pmatrix}, \alpha_3 = \begin{pmatrix} 1 \\ 0 \\ -3 \\ -1 \end{pmatrix}, \alpha_4 = \begin{pmatrix} 3 \\ 10 \\ -7 \\ -7 \end{pmatrix}$$
求此向量組的秩和它的一個極大線性無關組,並將其餘向量用極大無關組線性表示.

解 構造矩陣 $A = (\alpha_1, \alpha_2, \alpha_3, \alpha_4)$,對 A 作行初等變換將其化為行簡化階梯型矩陣,即
$$A = \begin{pmatrix} 1 & 2 & 1 & 3 \\ 4 & 9 & 0 & 10 \\ 1 & -1 & -3 & -7 \\ 0 & -3 & -1 & -7 \end{pmatrix} \xrightarrow{\text{初等行變換}} \begin{pmatrix} 1 & 0 & 0 & -2 \\ 0 & 1 & 0 & 2 \\ 0 & 0 & 1 & 1 \\ 0 & 0 & 0 & 0 \end{pmatrix} = B$$
顯然, $R(A) = R(B) = 3$, 所以 $R(\alpha_1, \alpha_2, \alpha_3, \alpha_4) = 3$.

記 $B = (\beta_1, \beta_2, \beta_3, \beta_4)$. 顯然, $\beta_1, \beta_2, \beta_3$ 是 B 的列向量組的一個極大無關組,且有
$$\beta_4 = -2\beta_1 + 2\beta_2 + \beta_3$$
所以, $\alpha_1, \alpha_2, \alpha_3$ 是 A 的一個極大線性無關組,且有
$$\alpha_4 = -2\alpha_1 + 2\alpha_2 + \alpha_3$$

對稱地,矩陣的列初等變換亦不改變矩陣的行向量之間的線性關係. 因此,借助於矩陣的列初等變換亦可較方便地求一個行向量組的極大無關組並找到用此極大無關組將向量組中其餘向量表示出來的線性表示式.

例5 證明 $R(AB) \leq min\{R(A), R(B)\}$,其中 A 為 $m \times p$ 階矩陣, B 為 $p \times n$ 階矩陣.

證明 設 $A = (\alpha_{ij})_{m \times p} = (\alpha_1, \alpha_2, \cdots, \alpha_p)$, $B = (b_{ij})_{p \times n}$. 則
$$AB = (\alpha_1, \alpha_2, \cdots, \alpha_p) \begin{pmatrix} b_{11} & b_{12} & \cdots & b_{1n} \\ b_{21} & b_{22} & \cdots & b_{2n} \\ \cdots & \cdots & \cdots & \cdots \\ b_{p1} & b_{p2} & \cdots & b_{pn} \end{pmatrix} = \left(\sum_{i=1}^{p} b_{i1}\alpha_i, \sum_{i=1}^{p} b_{i2}\alpha_i, \cdots, \sum_{i=1}^{p} b_{in}\alpha_i, \right)$$

可見 AB 的列向量組可由 $\alpha_1, \alpha_2, \cdots, \alpha_p$ 線性表示,由定理3.7推論5

$$R(AB) \leq R(\alpha_1, \alpha_2, \cdots, \alpha_p) = R(A)$$

類似可證

$$R(AB) \leq R(B)$$

因而

$$R(AB) \leq min\{R(A), R(B)\}$$

下面的例從新的角度給出線性方程組有解的充要條件的證明,它對於我們認識向量理論在線性方程組理論中的作用是有益的.

例 6 證明:線性方程組(3.1)有解的充分必要條件是 $R(A) = R(\bar{A})$.

證明 必要性. 如果方程組(3.1)有解,由此方程組的向量形式(3.8)可知,向量 β 可由向量組 $\alpha_1, \alpha_2, \cdots, \alpha_n$ 線性表示. 於是有

$$\{\alpha_1, \alpha_2, \cdots, \alpha_n\} \cong \{\alpha_1, \alpha_2, \cdots, \alpha_n, \beta\}$$

所以

$$R(A) = R(\bar{A}).$$

充分性. 若 $R(A) = R(\bar{A}) = r$,則 A 與 $\bar{A}$ 的列向量組有相同的秩. 不失一般性,設 $\alpha_1, \alpha_2, \cdots, \alpha_r$ 是 A 的列向量組的極大無關組,則同時它也是 $\bar{A}$ 的列向量組 $\{\alpha_1, \alpha_2, \cdots, \alpha_n, \beta\}$ 的極大無關組. 所以 β 可由 $\alpha_1, \alpha_2, \cdots, \alpha_r$ 線性表示,從而也可由向量組 $\alpha_1, \alpha_2, \cdots, \alpha_n$ 線性表示. 即方程組(3.1)有解.

習題 3.4

1. 證明向量組的等價關係具有:(1) 反身性;(2) 對稱性;(3) 傳遞性.

2. n 維向量組 $\alpha_1, \alpha_2, \cdots, \alpha_n$ 與 $\beta_1, \beta_2, \cdots, \beta_n$ 都線性無關,證明它們等價.

3. 求下列向量組的一個極大線性無關組並把其餘向量由此極大線性無關組線性表示.

(1) $\alpha_1 = \begin{pmatrix} 1 \\ 0 \\ 0 \end{pmatrix}, \alpha_2 = \begin{pmatrix} 1 \\ -1 \\ 2 \end{pmatrix}, \alpha_3 = \begin{pmatrix} 1 \\ 0 \\ -1 \end{pmatrix}, \alpha_4 = \begin{pmatrix} -1 \\ 1 \\ 0 \end{pmatrix}$;

(2) $\alpha_1 = \begin{pmatrix} 1 \\ 0 \\ 1 \\ 2 \end{pmatrix}, \alpha_2 = \begin{pmatrix} 1 \\ -1 \\ 0 \\ 1 \end{pmatrix}, \alpha_3 = \begin{pmatrix} 2 \\ -1 \\ 1 \\ 3 \end{pmatrix}$;

(3) $\alpha_1 = \begin{pmatrix} 1 \\ 3 \\ 4 \\ -2 \end{pmatrix}, \alpha_2 = \begin{pmatrix} 2 \\ 1 \\ 3 \\ -1 \end{pmatrix}, \alpha_3 = \begin{pmatrix} 3 \\ -1 \\ 2 \\ 0 \end{pmatrix}, \alpha_4 = \begin{pmatrix} 4 \\ -3 \\ 1 \\ 1 \end{pmatrix}$;

(4) $\alpha_1 = \begin{pmatrix} 1 \\ -1 \\ -1 \\ 1 \end{pmatrix}, \alpha_2 = \begin{pmatrix} 0 \\ 2 \\ 1 \\ -1 \end{pmatrix}, \alpha_3 = \begin{pmatrix} -1 \\ 1 \\ 1 \\ -1 \end{pmatrix}, \alpha_4 = \begin{pmatrix} 0 \\ 0 \\ 1 \\ 2 \end{pmatrix}, \alpha_5 = \begin{pmatrix} 2 \\ 0 \\ 0 \\ 0 \end{pmatrix}$.

4. 求下列向量組的極大線性無關組與秩.

(1) $\alpha_1 = \begin{pmatrix} 6 \\ 4 \\ 1 \\ -1 \\ 2 \end{pmatrix}, \alpha_2 = \begin{pmatrix} 7 \\ 1 \\ 0 \\ -1 \\ 3 \end{pmatrix}, \alpha_3 = \begin{pmatrix} 1 \\ 4 \\ -9 \\ -16 \\ 22 \end{pmatrix}, \alpha_4 = \begin{pmatrix} 1 \\ 0 \\ 2 \\ 3 \\ -4 \end{pmatrix}$;

(2) $\alpha_1 = \begin{pmatrix} 0 \\ 0 \\ 1 \\ 1 \end{pmatrix}, \alpha_2 = \begin{pmatrix} 1 \\ 2 \\ 3 \\ 0 \end{pmatrix}, \alpha_3 = \begin{pmatrix} -1 \\ -2 \\ 0 \\ 3 \end{pmatrix}, \alpha_4 = \begin{pmatrix} 2 \\ 4 \\ 6 \\ 0 \end{pmatrix}, \alpha_5 = \begin{pmatrix} 1 \\ -2 \\ -1 \\ 0 \end{pmatrix}$;

(3) $\alpha_1 = \begin{pmatrix} 1 \\ 3 \\ 2 \\ 0 \\ 1 \end{pmatrix}, \alpha_2 = \begin{pmatrix} -1 \\ 0 \\ 1 \\ 3 \\ -1 \end{pmatrix}, \alpha_3 = \begin{pmatrix} 2 \\ 7 \\ 5 \\ 1 \\ 2 \end{pmatrix}, \alpha_4 = \begin{pmatrix} 4 \\ 14 \\ 6 \\ 2 \\ 0 \end{pmatrix}$;

(4) $\alpha_1 = \begin{pmatrix} 0 \\ 3 \\ 1 \\ 2 \end{pmatrix}, \alpha_2 = \begin{pmatrix} 1 \\ -1 \\ 2 \\ 0 \end{pmatrix}, \alpha_3 = \begin{pmatrix} 2 \\ 1 \\ 0 \\ 1 \end{pmatrix}, \alpha_4 = \begin{pmatrix} 2 \\ 0 \\ 1 \\ 3 \end{pmatrix}, \alpha_5 = \begin{pmatrix} 1 \\ -1 \\ 2 \\ 4 \end{pmatrix}$.

5. 求向量組

$$\alpha_1 = \begin{pmatrix} 1 \\ 1 \\ 1 \\ 2 \end{pmatrix}, \alpha_2 = \begin{pmatrix} 1 \\ a \\ 1 \\ 1 \end{pmatrix}, \alpha_3 = \begin{pmatrix} 1 \\ 1 \\ a \\ 1 \end{pmatrix}$$

的秩和一個極大線性無關組.

6. 設 $R(\alpha_1,\alpha_2,\cdots,\alpha_m)=r$,證明 $R(\alpha_1,\alpha_2,\cdots,\alpha_m,\beta)=r$ 的充分必要條件是 β 可由向量 $\alpha_1,\alpha_2,\cdots,\alpha_m$ 線性表示.

7. 設 $R(\alpha_1,\alpha_2,\cdots,\alpha_s)=r_1;R(\beta_1,\beta_2,\cdots,\beta_t)=r_2.$ 證明:
$$R(\alpha_1,\alpha_2,\cdots,\alpha_s,\beta_1,\beta_2,\cdots,\beta_t) \leq r_1+r_2$$

8. 設 A 為 $n\times m$ 階矩陣,B 為 $m\times n$ 階矩陣,且 $n>m$,證明 $|AB|=0$.

9. 設 A、B 均為 $m\times n$ 階矩陣,證明:
$$R(A+B) \leq R(A)+R(B)$$

§3.5 齊次線性方程組解的結構

由前面定理 3.2 的推論 1 我們知道,當 $R(A)<n$ 時,n 元齊次線性方程組
$$AX=\theta \tag{3.12}$$
有無窮多個非零解. 那麼在這無窮多個非零解之中,解與解之間的關係如何？是否能找到方程組(3.12)的有限個解將這無窮多個解表示出來——正如 R^n 中的所有向量都可由 R^n 的基本向量組表示出來一樣？為此,先討論齊次線性方程組的解的性質.

性質 1　若向量 η_1,η_2 是齊次線性方程組(3.12)的解,則 $\eta_1+\eta_2$ 也是它的解.

性質 2　若向量 η 是齊次線性方程組(3.12)的解,則對任意的數 $k,k\eta$ 也是它的解.

證明　(只證性質 1,請讀者自證性質 2)

因 η_1,η_2 是方程組(3.12)的解,故有
$$A\eta_1=\theta, A\eta_2=\theta$$
所以
$$A(\eta_1+\eta_2)=A\eta_1+A\eta_2=\theta+\theta=\theta$$
即　$\eta_1+\eta_2$ 是(3.12)的解.

推論　設向量 $\eta_1,\eta_2,\cdots,\eta_s$ 是方程組(3.12)的 s 個解,則它們的線性組合
$$k_1\eta_1+k_2\eta_2+\cdots+k_s\eta_s=\sum_{i=1}^{s}k_i\eta_i$$
仍然是(3.12)的解,其中 $k_1,k_2,\cdots,k_s$ 為任意常數. (證略)

上述推論表明,當齊次線性方程組(3.12)有非零解時,將其解表示成有限個

解的線性組合是可能的. 而這有限個解應是(3.12) 的全體解向量所構成的向量組的極大無關組.

定義 3.13 設 $\eta_1, \eta_2, \cdots, \eta_s$ 是齊次線性方程組 $AX = \theta$ 的一組解向量, 若

(1) $\eta_1, \eta_2, \cdots, \eta_s$ 線性無關;

(2) 齊次線性方程組 $AX = \theta$ 的任意一個解向量都可由 $\eta_1, \eta_2, \cdots, \eta_s$ 線性表示.

則稱 $\eta_1, \eta_2, \cdots, \eta_s$ 為齊次線性方程組 $AX = \theta$ 的一個基礎解系.

顯然 $AX = \theta$ 的基礎解系就是 $AX = \theta$ 的全體解向量的一個極大線性無關組.

定理 3.10 設 A 是 $m \times n$ 階陣, 若 $R(A) = r < n$, 則方程組(3.12) 存在一個由 $n - r$ 個解向量 $\eta_1, \eta_2, \cdots, \eta_{n-r}$ 構成的基礎解系.

$$\tilde{\eta} = k_1 \eta_1 + k_2 \eta_2 + \cdots + k_{n-r} \eta_{n-r} \tag{3.13}$$

表示了 $AX = \theta$ 的全部解, 其中 $k_1, k_2, \cdots, k_{n-r}$ 為任意常數.

證明 (1) 先證方程組(3.12) 存在 $n - r$ 個線性無關的解向量.

由高斯消元法, 對矩陣 A 作行初等變換將其化為行簡化階梯形矩陣 B. 不失一般性, 設

$$B = \begin{pmatrix} 1 & 0 & \cdots & 0 & c_{1,r+1} & \cdots & c_{1n} \\ 0 & 1 & \cdots & 0 & c_{2,r+1} & \cdots & c_{2n} \\ \cdots & \cdots & \cdots & \cdots & \cdots & \cdots & \cdots \\ 0 & 0 & \cdots & 1 & c_{r,r+1} & \cdots & c_{rn} \\ 0 & 0 & \cdots & 0 & 0 & \cdots & 0 \\ \cdots & \cdots & \cdots & \cdots & \cdots & \cdots & \cdots \\ 0 & 0 & \cdots & 0 & 0 & \cdots & 0 \end{pmatrix}$$

則方程組(3.12) 有同解方程組

$$\begin{cases} x_1 + c_{1,r+1} x_{r+1} + \cdots + c_{1n} x_n = 0 \\ x_2 + c_{2,r+1} x_{r+1} + \cdots + c_{2n} x_n = 0 \\ \cdots\cdots\cdots\cdots\cdots\cdots\cdots\cdots\cdots \\ x_r + c_{r,r+1} x_{r+1} + \cdots + c_{rn} x_n = 0 \end{cases} \tag{3.14}$$

在(3.14) 中分別用 $n - r$ 組數

$$(1, 0, \cdots, 0)^T, (0, 1, \cdots, 0)^T, \cdots, (0, 0, \cdots, 1)^T$$

代自由未知量 $(x_{r+1}, x_{r+2}, \cdots, x_n)^T$ 即得方程組(3.14) 亦即方程組(3.12) 的 $n - r$ 個解:

$$\eta_1 = \begin{pmatrix} -c_{1,r+1} \\ -c_{2,r+1} \\ \vdots \\ -c_{r,r+1} \\ 1 \\ 0 \\ \vdots \\ 0 \end{pmatrix}, \eta_2 = \begin{pmatrix} -c_{1,r+2} \\ -c_{2,r+2} \\ \vdots \\ -c_{r,r+2} \\ 0 \\ 1 \\ \vdots \\ 0 \end{pmatrix}, \cdots, \eta_{n-r} = \begin{pmatrix} -c_{1n} \\ -c_{2n} \\ \vdots \\ -c_{rn} \\ 0 \\ 0 \\ \vdots \\ 1 \end{pmatrix} \quad (3.15)$$

顯然,(3.15) 的截短向量組

$$\begin{pmatrix} 1 \\ 0 \\ \vdots \\ 0 \end{pmatrix}, \begin{pmatrix} 0 \\ 1 \\ \vdots \\ 0 \end{pmatrix}, \cdots, \begin{pmatrix} 0 \\ 0 \\ \vdots \\ 1 \end{pmatrix}$$

線性無關,從而向量組 $\eta_1, \eta_2, \cdots, \eta_{n-r}$ 線性無關.

(2) 再證方程組(3.12) 的任一解向量都可由解向量組 $\eta_1, \eta_2, \cdots, \eta_{n-r}$ 線性表示.

設 $\eta = (c_1, c_2, \cdots, c_r, c_{r+1}, c_{r+2}, \cdots, c_n)^T$ 是方程組(3.12) 的任一解向量,由齊次線性方程組解的性質之推論知

$$\tilde{\eta} = c_{r+1}\eta_1 + c_{r+2}\eta_2 + \cdots + c_n\eta_{n-r}$$

亦是(3.12) 的一個解向量,所以

$$\eta - \tilde{\eta} = \begin{pmatrix} c_1 \\ c_2 \\ \vdots \\ c_r \\ c_{r+1} \\ c_{r+2} \\ \vdots \\ c_n \end{pmatrix} - c_{r+1} \begin{pmatrix} -c_{1,r+1} \\ -c_{2,r+1} \\ \vdots \\ -c_{r,r+1} \\ 1 \\ 0 \\ \vdots \\ 0 \end{pmatrix} - c_{r+2} \begin{pmatrix} -c_{1,r+2} \\ -c_{2,r+2} \\ \vdots \\ -c_{r,r+2} \\ 0 \\ 1 \\ \vdots \\ 0 \end{pmatrix} - \cdots - c_n \begin{pmatrix} -c_{1n} \\ -c_{2n} \\ \vdots \\ -c_{rn} \\ 0 \\ 0 \\ \vdots \\ 1 \end{pmatrix} \triangleq \begin{pmatrix} d_1 \\ d_2 \\ \vdots \\ d_r \\ 0 \\ 0 \\ \vdots \\ 0 \end{pmatrix}$$

仍然是(3.12) 的一個解向量. 將它代入同解方程組(3.14) 中,得到 $d_1 = d_2 = \cdots = d_r = 0$. 從而 $\eta - \tilde{\eta} = \theta$,即

$$\eta = \tilde{\eta} = c_{r+1}\eta_1 + c_{r+2}\eta_2 + \cdots + c_n\eta_{n-r}$$

可見齊次線性方程組(3.12)的任意一個解都可由 $\eta_1, \eta_2, \cdots, \eta_{n-r}$ 線性表示.

綜上, $\eta_1, \eta_2, \cdots, \eta_{n-r}$ 是齊次線性方程組(3.12)的基礎解系.

通常將形如 $\tilde{\eta} = k_1\eta_1 + k_2\eta_2 + \cdots + k_{n-r}\eta_{n-r}$ 的解稱為齊次線性方程組 $AX = \theta$ 的**結構式通解**,其中 $\eta_1, \eta_2, \cdots, \eta_{n-r}$ 是齊次方程組的基礎解系, $k_1, k_2, \cdots, k_{n-r}$ 為任意常數.

定理 3.10 的上述證明過程事實上也給出了求解齊次線性方程組(3.12)的基礎解系的具體方法. 當然,由於自由未知量選取的不同,以及自由未知量確定之後對其不同的賦值將得到不同的解向量,所以齊次線性方程組會有不同的基礎解系. 但這些不同的基礎解系是等價的,所表達的齊次線性方程組的解集是相同的.

例 1 求齊次線性方程組

$$\begin{cases} 2x_1 + x_2 - 2x_3 + 3x_4 = 0 \\ 3x_1 + 2x_2 - x_3 + 2x_4 = 0 \\ x_1 + x_2 + x_3 - x_4 = 0 \end{cases}$$

的基礎解系與通解.

解 1 將系數矩陣 A 化為行簡化階梯形矩陣

$$A = \begin{pmatrix} 2 & 1 & -2 & 3 \\ 3 & 2 & -1 & 2 \\ 1 & 1 & 1 & -1 \end{pmatrix} \xrightarrow{\text{行變換}} \begin{pmatrix} 1 & 0 & -3 & 4 \\ 0 & 1 & 4 & -5 \\ 0 & 0 & 0 & 0 \end{pmatrix}$$

於是原方程組同解地變為

$$\begin{cases} x_1 - 3x_3 + 4x_4 = 0 \\ x_2 + 4x_3 - 5x_4 = 0 \end{cases} \text{或} \begin{cases} x_1 = 3x_3 - 4x_4 \\ x_2 = -4x_3 + 5x_4 \end{cases}$$

選 x_3, x_4 為自由未知量,並取 $x_3 = 1, x_4 = 0$ 和 $x_3 = 0, x_4 = 1$ 得基礎解系

$$\eta_1 = \begin{pmatrix} 3 \\ -4 \\ 1 \\ 0 \end{pmatrix}, \eta_2 = \begin{pmatrix} -4 \\ 5 \\ 0 \\ 1 \end{pmatrix}$$

於是原方程組之通解為 $\tilde{\eta} = k_1\eta_1 + k_2\eta_2$ （k_1, k_2 為任意常數）.

解 2 以下是基礎解系的另一種求法. 將 A 按列分塊

$$A = (\alpha_1, \alpha_2, \alpha_3, \alpha_4) = \begin{pmatrix} 2 & 1 & -2 & 3 \\ 3 & 2 & -1 & 2 \\ 1 & 1 & 1 & -1 \end{pmatrix} \xrightarrow{\text{初等行變換}}$$

$$\begin{pmatrix} 1 & 0 & -3 & 4 \\ 0 & 1 & 4 & -5 \\ 0 & 0 & 0 & 0 \end{pmatrix} = B = (\beta_1, \beta_2, \beta_3, \beta_4)$$

顯然 β_1, β_2 是 B 的列向量組 $\beta_1, \beta_2, \beta_3, \beta_4$ 的極大無關組且有

$$\begin{cases} \beta_3 = \begin{pmatrix} -3 \\ 4 \\ 0 \end{pmatrix} = -3 \begin{pmatrix} 1 \\ 0 \\ 0 \end{pmatrix} + 4 \begin{pmatrix} 0 \\ 1 \\ 0 \end{pmatrix} = -3\beta_1 + 4\beta_2 \\ \beta_4 = \begin{pmatrix} 4 \\ -5 \\ 0 \end{pmatrix} = 4 \begin{pmatrix} 1 \\ 0 \\ 0 \end{pmatrix} - 5 \begin{pmatrix} 0 \\ 1 \\ 0 \end{pmatrix} = 4\beta_1 - 5\beta_2 \end{cases}$$

於是由定理 3.9, 有

$$\begin{cases} \alpha_3 = -3\alpha_1 + 4\alpha_2 \\ \alpha_4 = 4\alpha_1 - 5\alpha_2 \end{cases} \Rightarrow \begin{cases} 3\alpha_1 - 4\alpha_2 + 1\alpha_3 + 0\alpha_4 = \theta \\ -4\alpha_1 + 5\alpha_2 + 0\alpha_3 + 1\alpha_4 = \theta \end{cases}$$

比較原方程組的向量形式

$$x_1\alpha_1 + x_2\alpha_2 + x_3\alpha_3 + x_4\alpha_4 = \theta$$

有

$$\eta_1 = \begin{pmatrix} 3 \\ -4 \\ 1 \\ 0 \end{pmatrix}, \eta_2 = \begin{pmatrix} -4 \\ 5 \\ 0 \\ 1 \end{pmatrix}$$

此即原方程組的基礎解系.

例 2 設 A、B 分別是 $m \times n$ 和 $n \times p$ 階矩陣, 且 $AB = O_{m \times p}$, 試證明

$$R(A) + R(B) \leq n$$

證明 當 $B = O$ 時結論顯然, 現設 $B \neq O$.

將 B 按列分塊為 $B = (\beta_1, \beta_2, \cdots, \beta_p)$, 則 $\beta_1, \beta_2, \cdots, \beta_p$ 中至少有一個是非零向量. 由

$$AB = A(\beta_1, \beta_2, \cdots, \beta_p) = (A\beta_1, A\beta_2, \cdots, A\beta_p) = O_{m \times p}$$

得

$$A\beta_j = \theta \quad (j = 1, 2, \cdots, p)$$

故 B 的每個列向量都是齊次線性方程組 $AX = \theta$ 的解向量.

這說明 $AX = \theta$ 有非零解,從而有基礎解系 $\eta_1, \eta_2, \cdots, \eta_{n-r}$,其中 $R(A) = r$. 而 B 的列向量都可由 $\eta_1, \eta_2, \cdots, \eta_{n-r}$ 線性表示,所以

$$R(B) \leq R(\eta_1, \eta_2, \cdots, \eta_{n-r}) = n - R(A)$$

就是

$$R(A) + R(B) \leq n.$$

習題 3.5

1. 向量

$$\alpha_1 = \begin{pmatrix} 1 \\ -2 \\ 1 \\ 0 \\ 0 \end{pmatrix}, \alpha_2 = \begin{pmatrix} 1 \\ -2 \\ 0 \\ 1 \\ 0 \end{pmatrix}, \alpha_3 = \begin{pmatrix} 1 \\ -2 \\ 3 \\ -2 \\ 0 \end{pmatrix}, \alpha_4 = \begin{pmatrix} 5 \\ -6 \\ 0 \\ 0 \\ 1 \end{pmatrix}$$

是否是齊次線性方程組

$$\begin{cases} x_1 + x_2 + x_3 + x_4 + x_5 = 0 \\ 3x_1 + 2x_2 + x_3 + x_4 - 3x_5 = 0 \\ 5x_1 + 4x_2 + 3x_3 + 3x_4 - x_5 = 0 \\ x_2 + 2x_3 + 2x_4 + 6x_5 = 0 \end{cases}$$

的解向量?它們的全部或部分能否構成此方程組的一個基礎解系?

2. 求下列齊次線性方程組的基礎解系,並用此基礎解系表示方程組的全部解.

$$(1) \begin{cases} x_1 + x_2 - x_3 + x_4 = 0 \\ x_1 - x_2 + 2x_3 - x_4 = 0 \\ 3x_1 + x_2 + x_4 = 0 \end{cases} \quad (2) \begin{cases} 2x_1 + x_2 - x_3 - x_4 + x_5 = 0 \\ x_1 - x_2 + x_3 + x_4 - 2x_5 = 0 \\ 3x_1 + 3x_2 - 3x_3 - 3x_4 + 4x_5 = 0 \\ 4x_1 + 5x_2 - 5x_3 - 5x_4 + 7x_5 = 0 \end{cases}$$

$$(3)\begin{cases} x_1 + x_2 - 3x_4 - x_5 = 0 \\ x_1 - x_2 + 2x_3 - x_4 + x_5 = 0 \\ 4x_1 - 2x_2 + 6x_3 - 5x_4 + x_5 = 0 \\ 2x_1 + 4x_2 - 2x_3 + 4x_4 - 16x_5 = 0 \end{cases}$$

3. 設

$$A = \begin{pmatrix} 1 & 2 & 1 & 2 \\ 0 & 1 & c & c \\ 1 & c & 0 & 1 \end{pmatrix}$$

且方程組 $AX = \theta$ 的基礎解系由兩個解向量構成,求 $AX = \theta$ 的通解.

4. 設 n 階方陣 A 的每行元素之和均為零,且 $R(A) = n - 1$,求方程組 $AX = \theta$ 的通解.

§3.6　非齊次線性方程組解的結構

在非齊次線性方程組

$$\begin{cases} a_{11}x_1 + a_{12}x_2 + \cdots + a_{1n}x_n = b_1 \\ a_{21}x_1 + a_{22}x_2 + \cdots + a_{2n}x_n = b_2 \\ \cdots\cdots\cdots\cdots\cdots\cdots\cdots\cdots\cdots \\ a_{m1}x_1 + a_{m2}x_2 + \cdots + a_{mn}x_n = b_m \end{cases} \qquad (3.16)$$

中,令它的常數項為零($b_1 = b_2 = \cdots = b_m = 0$),即得到一個齊次線性方程組

$$\begin{cases} a_{11}x_1 + a_{12}x_2 + \cdots + a_{1n}x_n = 0 \\ a_{21}x_1 + a_{22}x_2 + \cdots + a_{2n}x_n = 0 \\ \cdots\cdots\cdots\cdots\cdots\cdots\cdots\cdots\cdots \\ a_{m1}x_1 + a_{m2}x_2 + \cdots + a_{mn}x_n = 0 \end{cases} \qquad (3.17)$$

稱(3.17)為非齊次線性方程組(3.16)對應的齊次線性方程組,簡稱**導出組**. 非齊次線性方程組(3.16)的解與其導出組(3.17)的解具有如下性質:

性質 1　若 γ_1, γ_2 是方程組(3.16)的任意兩個解向量,則 $\gamma_1 - \gamma_2$ 是其導出組(3.17)的解向量.

證明　分別記(3.16)與(3.17)的矩陣形式為

$$AX = \beta \quad 與 \quad AX = \theta$$

則有
$$A\gamma_1 = \beta, \quad A\gamma_2 = \beta$$
於是
$$A(\gamma_1 - \gamma_2) = A\gamma_1 - A\gamma_2 = \beta - \beta = \theta$$
所以 $\gamma_1 - \gamma_2$ 為 $AX = \theta$ 的解向量．

性質2 若 γ_0 是(3.16)的一個解向量，η 是其導出組(3.17)的任一解向量，則 $\gamma_0 + \eta$ 仍是(3.16)的解向量．

證明 因為 $A\gamma_0 = \beta$，$A\eta = \theta$，所以
$$A(\gamma_0 + \eta) = A\gamma_0 + A\eta = \beta + \theta = \beta$$

定理3.11 若 γ_0 是(3.16)的一個解，η 是其導出組(3.17)的結構式通解，即
$$\eta = k_1\eta_1 + k_2\eta_2 + \cdots + k_{n-r}\eta_{n-r}$$
其中 $\eta_1, \eta_2, \cdots, \eta_{n-r}$ 是導出組(3.17)的一個基礎解系($k_1, k_2, \cdots, k_{n-r}$ 為任意常數)，則方程組(3.16)的一般解可表示為
$$X = \gamma_0 + k_1\eta_1 + k_2\eta_2 + \cdots + k_{n-r}\eta_{n-r} \tag{3.18}$$

證明 由性質2，$X = \gamma_0 + \eta$ 必是方程組(3.16)的解．下面證明方程組(3.16)的任一個解 γ_1，一定具有(3.18)的形式．

由性質1，$\gamma_1 - \gamma_0$ 一定是導出組(3.17)的解，因而必可由導出組(3.17)的基礎解系 $\eta_1, \eta_2, \cdots, \eta_{n-r}$ 線性表示，即存在常數 $k_1, k_2, \cdots, k_{n-r}$ 使得
$$\gamma_1 - \gamma_0 = k_1\eta_1 + k_2\eta_2 + \cdots + k_{n-r}\eta_{n-r}$$
於是
$$\gamma_1 = \gamma_0 + k_1\eta_1 + k_2\eta_2 + \cdots + k_{n-r}\eta_{n-r}$$
因此，方程組(3.16)的通解可以表示為(3.18)．

通常稱 γ_0 為方程組(3.16)的**特解**，(3.18)為方程組(3.16)的**結構式通解**，簡稱**通解**．

由定理(3.11)可知：當方程組(3.16)有解時，它有唯一解的充分必要條件是其導出組(3.17)僅有零解；它有無窮多解的充分必要條件是其導出組有無窮多解．

例1 求非齊次線性方程組
$$\begin{cases} x_1 - x_2 + 3x_3 + x_4 + x_5 = 0 \\ 2x_1 + x_2 + 3x_3 + 3x_4 + 2x_5 = 1 \\ x_1 + 2x_2 + x_4 + 4x_5 = 3 \end{cases}$$

的結構式通解.

解 用初等行變換把增廣矩陣$(A\mid\beta)$化為行簡化階梯形矩陣

$$(A\mid\beta)\longrightarrow\begin{pmatrix}1 & 0 & 2 & 0 & 5 & \vdots & 3\\ 0 & 1 & -1 & 0 & 1 & \vdots & 1\\ 0 & 0 & 0 & 1 & -3 & \vdots & -2\end{pmatrix}$$

因$R(A\mid\beta)=R(A)=3<5$,故方程組有無窮多解. 原方程組的通解為

$$\begin{cases}x_1=3-2x_3-5x_5\\ x_2=1+x_3-x_5\\ x_4=-2+3x_5\end{cases}$$

其中x_3,x_5為自由未知量. 令$x_3=x_5=0$得特解

$$\gamma_0=(3\quad 1\quad 0\quad -2\quad 0)^T$$

又,原方程組的導出組的同解方程組為

$$\begin{cases}x_1=-2x_3-5x_5\\ x_2=x_3-x_5\\ x_4=3x_5\end{cases}$$

分別令$(x_3,x_5)^T$等於$(1,0)^T,(0,1)^T$,得導出組的基礎解系為

$$\eta_1=\begin{pmatrix}-2\\ 1\\ 1\\ 0\\ 0\end{pmatrix},\eta_2=\begin{pmatrix}-5\\ -1\\ 0\\ 3\\ 1\end{pmatrix}$$

於是,原方程組的結構式通解為

$$X=\begin{pmatrix}3\\ 1\\ 0\\ -2\\ 0\end{pmatrix}+k_1\begin{pmatrix}-2\\ 1\\ 1\\ 0\\ 0\end{pmatrix}+k_2\begin{pmatrix}-5\\ -1\\ 0\\ 3\\ 1\end{pmatrix}$$

其中k_1,k_2為任意常數.

例2 已知γ_1、γ_2、γ_3是四元非齊次線性方程組$AX=\beta$的三個解,$R(A)=3$且

$$\gamma_1 = \begin{pmatrix} 1 \\ 0 \\ 2 \\ 3 \end{pmatrix}, \gamma_2 + \gamma_3 = \begin{pmatrix} 4 \\ 2 \\ -6 \\ 0 \end{pmatrix}$$

求方程組 $AX = \beta$ 的通解.

解 由題設 $A\gamma_i = \beta$ $(i = 1,2,3)$. 因為
$$A\left(\gamma_1 - \frac{\gamma_2 + \gamma_3}{2}\right) = A\gamma_1 - \frac{1}{2}(A\gamma_2 + A\gamma_3) = \beta - \frac{1}{2}(\beta + \beta) = \theta$$

所以

$$\eta = \gamma_1 - \frac{1}{2}(\gamma_2 + \gamma_3) = \begin{pmatrix} 1 \\ 0 \\ 2 \\ 3 \end{pmatrix} - \frac{1}{2}\begin{pmatrix} 4 \\ 2 \\ -6 \\ 0 \end{pmatrix} = \begin{pmatrix} -1 \\ -1 \\ 5 \\ 3 \end{pmatrix}$$

是原方程組的導出組的一個解向量. 而 $R(A) = 3$, 所以導出組的基礎解系只含有一個解向量. 故原方程組 $AX = \beta$ 的通解為

$$X = \gamma_1 + k\eta = \begin{pmatrix} 1 \\ 0 \\ 2 \\ 3 \end{pmatrix} + k\begin{pmatrix} -1 \\ -1 \\ 5 \\ 3 \end{pmatrix}$$

其中 k 為任意常數.

例3 已知向量組

$$\alpha_1 = \begin{pmatrix} 1 \\ 4 \\ 0 \\ 2 \end{pmatrix}, \alpha_2 = \begin{pmatrix} 2 \\ 7 \\ 1 \\ 3 \end{pmatrix}, \alpha_3 = \begin{pmatrix} 0 \\ 1 \\ -1 \\ a \end{pmatrix}, \beta = \begin{pmatrix} 3 \\ 10 \\ b \\ 4 \end{pmatrix}$$

(1) a、b 為何值時 β 不能由 $\alpha_1, \alpha_2, \alpha_3$ 線性表示?

(2) a、b 為何值時 β 可由 $\alpha_1, \alpha_2, \alpha_3$ 唯一地線性表示? 寫出該表示式;

(3) a、b 為何值時 β 由 $\alpha_1, \alpha_2, \alpha_3$ 線性表示的表示式不唯一? 寫出該表示式.

解 設 $\beta = x_1\alpha_1 + x_2\alpha_2 + x_3\alpha_3$, 得非齊次線性方程組 $AX = \beta$, 其中
$$A = (\alpha_1, \alpha_2, \alpha_3), X = (x_1, x_2, x_3)^T$$

因

$$\bar{A} = (A \mid \beta) = \begin{pmatrix} 1 & 2 & 0 & 3 \\ 4 & 7 & 1 & 10 \\ 0 & 1 & -1 & b \\ 2 & 3 & a & 4 \end{pmatrix}$$

$$\xrightarrow{\text{初等行變換}} \begin{pmatrix} 1 & 2 & 0 & 3 \\ 0 & -1 & 1 & -2 \\ 0 & 0 & a-1 & 0 \\ 0 & 0 & 0 & b-2 \end{pmatrix} = \bar{A}_1$$

故得

(1) 當 $b \neq 2$ 時，$R(A) < R(\bar{A})$，方程組 $AX = \beta$ 無解，即 β 不能由 $\alpha_1, \alpha_2, \alpha_3$ 線性表示；

(2) 當 $b = 2$ 且 $a \neq 1$ 時，$R(A) = R(\bar{A}) = 3$，方程組 $AX = \beta$ 有唯一解，即 β 可由 $\alpha_1, \alpha_2, \alpha_3$ 唯一線性表示．為此把 $\bar{A}_1$ 化為行簡化階梯形：

$$\bar{A}_1 \xrightarrow{\text{行變換}} \begin{pmatrix} 1 & 0 & 0 & -1 \\ 0 & 1 & 0 & 2 \\ 0 & 0 & 1 & 0 \\ 0 & 0 & 0 & 0 \end{pmatrix}$$

得方程組的唯一解為 $(x_1 \; x_2 \; x_3)^T = (-1 \; 2 \; 0)^T$，即 β 可由 $\alpha_1, \alpha_2, \alpha_3$ 唯一地表示為

$$\beta = -\alpha_1 + 2\alpha_2 + 0\alpha_3 = -\alpha_1 + 2\alpha_2$$

(3) 當 $b = 2$ 且 $a = 1$ 時，$R(A) = R(\bar{A}) = 2 < 3$，此時

$$\bar{A}_1 \xrightarrow{\text{行變換}} \begin{pmatrix} 1 & 2 & 0 & 3 \\ 0 & -1 & 1 & -2 \\ 0 & 0 & 0 & 0 \\ 0 & 0 & 0 & 0 \end{pmatrix}$$

得方程組的無窮多個解

$$(x_1, x_2, x_3)^T = k(-2, 1, 1)^T + (3, 0, -2)^T = (3 - 2k, k, -2 + k)^T$$

即 β 可由 $\alpha_1, \alpha_2, \alpha_3$ 線性表示，且表示式為

$$\beta = (3 - 2k)\alpha_1 + k\alpha_2 + (-2 + k)\alpha_3$$

其中 k 為任意常數．

習題 3.6

1. 判斷下列線性方程組是否有解，若有解，試求其解（在有無窮多個解時，求出其結構式通解）.

(1) $\begin{pmatrix} 2 & -4 & -1 & 0 \\ -1 & -2 & 0 & -1 \\ 0 & 3 & 1 & 2 \\ 3 & 1 & 0 & 3 \end{pmatrix} \begin{pmatrix} x_1 \\ x_2 \\ x_3 \\ x_4 \end{pmatrix} = \begin{pmatrix} 4 \\ 4 \\ 1 \\ -3 \end{pmatrix}$;

(2) $\begin{pmatrix} 1 & 0 & 1 & -1 \\ 3 & 1 & 1 & 0 \\ 7 & 0 & 7 & -3 \end{pmatrix} \begin{pmatrix} x_1 \\ x_2 \\ x_3 \\ x_4 \end{pmatrix} = \begin{pmatrix} -3 \\ 1 \\ 3 \end{pmatrix}$;

(3) $\begin{pmatrix} 1 & 1 & 1 & 1 & 1 \\ 3 & 2 & 1 & 1 & -3 \\ 0 & 1 & 2 & 2 & 6 \\ 5 & 4 & 3 & 3 & -1 \end{pmatrix} \begin{pmatrix} x_1 \\ x_2 \\ x_3 \\ x_4 \\ x_5 \end{pmatrix} = \begin{pmatrix} -1 \\ -5 \\ 2 \\ -7 \end{pmatrix}$.

2. 試問 a、b 為何值時，線性方程組

$$\begin{cases} x_1 + ax_2 + x_3 = 3 \\ x_1 + 2ax_2 + x_3 = 4 \\ x_1 + x_2 + bx_3 = 4 \end{cases}$$

無解，有唯一解，或有無窮多個解？在有無窮多個解時，求出其通解.

3. 設有三維向量組

$$\alpha_1 = \begin{pmatrix} 1+a \\ 1 \\ 1 \end{pmatrix}, \alpha_2 = \begin{pmatrix} 1 \\ 1+a \\ 1 \end{pmatrix}, \alpha_3 = \begin{pmatrix} 1 \\ 1 \\ 1+a \end{pmatrix}, \beta = \begin{pmatrix} 0 \\ a \\ a^2 \end{pmatrix}$$

問 a 為何值時：

(1) β 可由 $\alpha_1, \alpha_2, \alpha_3$ 線性表示，且表示式唯一；

(2) β 可由 $\alpha_1, \alpha_2, \alpha_3$ 線性表示,且表示式不唯一;

(3) β 不能由 $\alpha_1, \alpha_2, \alpha_3$ 線性表示.

4. 設向量 η_1, η_2, η_3 是三元非齊次線性方程 $AX = \beta$ 的解向量,$R(A) = 2$ 且

$$\eta_1 + \eta_2 = \begin{pmatrix} -2 \\ 3 \\ 1 \end{pmatrix}, \eta_2 + \eta_3 = \begin{pmatrix} 3 \\ -1 \\ 2 \end{pmatrix}$$

求 $AX = \beta$ 的通解.

5. 證明線性方程組

$$\begin{cases} x_1 - x_2 = a_1 \\ x_2 - x_3 = a_2 \\ x_3 - x_4 = a_3 \\ x_4 - x_5 = a_4 \\ x_5 - x_1 = a_5 \end{cases}$$

有解的充分必要條件是 $\sum_{i=1}^{5} a_i = 0$,並在有解時求它的通解.

6. 證明:非齊次線性方程組 $AX = \beta$ 的解向量 $\eta_1, \eta_2, \cdots, \eta_s$ 的線性組合 $k_1\eta_1 + k_2\eta_2 + \cdots + k_s\eta_s$ 仍然是它的解的充分必要條件是 $k_1 + k_2 + \cdots + k_s = 1$.

復習題三

(一) 填空

1. 設向量組 $\alpha_1 = (a, 0, c)^T, \alpha_2 = (b, c, 0)^T, \alpha_3 = (0, a, b)^T$ 線性無關,則 a、b、c 必滿足關係式_____.

2. 已知 $\alpha_1、\alpha_2、\alpha_3$ 是四元非齊次線性方程組 $AX = b$ 的 3 個解向量,且 $R(A) = 3, \alpha_1 = (1,2,3,4)^T, \alpha_2 + \alpha_3 = (0,1,2,3)^T$,則線性方程組 $AX = b$ 的通解 $X = $ _____.

3. 設 $\alpha_1、\alpha_2、\alpha_3、\beta_1、\beta_2$ 都是四維列向量,且 4 階行列式

$|\alpha_3 \quad \alpha_2 \quad \alpha_1 \quad \beta_1| = a, |\alpha_1 \quad \alpha_2 \quad \beta_2 \quad \alpha_3| = b$

則 4 階行列式 $|\alpha_3 \quad \alpha_2 \quad \alpha_1 \quad (\beta_1 + \beta_2)| = $ _____.

4. 設 B 為 3 階非零矩陣，且 B 的每個列向量都是方程組
$$\begin{cases} x_1 + 2x_2 + kx_3 = 0 \\ 2x_1 - x_2 + x_3 = 0 \\ 3x_1 + x_2 - x_3 = 0 \end{cases}$$
的解，則 $k =$ _____，$|B| =$ _____．

5. 設方程組
$$\begin{pmatrix} k & 1 & 1 \\ 1 & k & 1 \\ 1 & 1 & k \end{pmatrix} \begin{pmatrix} x_1 \\ x_2 \\ x_3 \end{pmatrix} = \begin{pmatrix} 1 \\ 1 \\ -2 \end{pmatrix}$$
則 $k =$ _____時，該方程組無解．

6. 當 $k =$ _____時，向量 $\beta = (0, k, k^2)^T$ 可由向量組
$$\alpha_1 = (1+k, 1, 1)^T, \alpha_2 = (1, 1+k, 1)^T, \alpha_3 = (1, 1, 1+k)^T$$
線性表示且表示方法不唯一．

7. 設
$$A = \begin{pmatrix} 1 & 2 & -2 \\ 4 & t & 3 \\ 3 & -1 & 1 \end{pmatrix}$$
B 為 3 階非零矩陣，且 $AB = O$，則 $t =$ _____．

(二) 選擇

1. 設有任意兩個 n 維向量組 $\alpha_1, \alpha_2, \cdots, \alpha_m$ 和 $\beta_1, \beta_2, \cdots, \beta_m$，若存在兩組不全為零的數 $\lambda_1, \lambda_2, \cdots, \lambda_m$ 和 $k_1, k_2, \cdots, k_m$，使得
$$(\lambda_1 + k_1)\alpha_1 + \cdots + (\lambda_m + k_m)\alpha_m + (\lambda_1 - k_1)\beta_1 + \cdots + (\lambda_m - k_m)\beta_m = 0$$
則_____．

(A) $\alpha_1, \alpha_2, \cdots, \alpha_m$ 和 $\beta_1, \beta_2, \cdots, \beta_m$ 都線性相關；

(B) $\alpha_1, \alpha_2, \cdots, \alpha_m$ 和 $\beta_1, \beta_2, \cdots, \beta_m$ 都線性無關；

(C) $\alpha_1 + \beta_1, \alpha_2 + \beta_2, \cdots, \alpha_m + \beta_m, \alpha_1 - \beta_1, \alpha_2 - \beta_2, \cdots, \alpha_m - \beta_m$ 線性無關；

(D) $\alpha_1 + \beta_1, \alpha_2 + \beta_2, \cdots, \alpha_m + \beta_m, \alpha_1 - \beta_1, \alpha_2 - \beta_2, \cdots, \alpha_m - \beta_m$ 線性相關．

2. 設向量組 $\alpha_1, \alpha_2, \alpha_3$ 線性無關，則下列向量組中，線性無關的是_____．

(A) $\alpha_1 + \alpha_2, \alpha_2 + \alpha_3, \alpha_3 - \alpha_1$；

(B) $\alpha_1 + \alpha_2, \alpha_2 + \alpha_3, \alpha_1 + 2\alpha_2 + \alpha_3$；

(C) $\alpha_1 + 2\alpha_2, 2\alpha_2 + 3\alpha_3, 3\alpha_3 + \alpha_1$；

$(D) \alpha_1 + \alpha_2 + \alpha_3, 2\alpha_1 - 3\alpha_2 + 22\alpha_3, 3\alpha_1 + 5\alpha_2 - 5\alpha_3$.

3. 設向量 β 可由向量組 $\alpha_1, \alpha_2, \cdots, \alpha_m$ 線性表示,但不能由向量組(I) $\alpha_1, \alpha_2, \cdots, \alpha_{m-1}$ 線性表示,記向量組(II) $\alpha_1, \alpha_2, \cdots, \alpha_{m-1}, \beta$,則_____.

$(A) \alpha_m$ 不能由(I)線性表示,也不能由(II)線性表示;

$(B) \alpha_m$ 不能由(I)線性表示,但可由(II)線性表示;

$(C) \alpha_m$ 可由(I)線性表示,也可由(II)線性表示;

$(D) \alpha_m$ 可由(I)線性表示,但不可由(II)線性表示.

4. 若向量組 α, β, γ 線性無關, α, β, δ 線性相關,則_____.

$(A) \alpha$ 必可由 β, γ, δ 線性表示; $\quad (B) \beta$ 必不可由 α, γ, δ 線性表示;

$(C) \delta$ 必可由 α, β, γ 線性表示; $\quad (D) \delta$ 必不可由 α, β, γ 線性表示.

5. 設非齊次線性方程組 $AX = b$ 中未知量個數為 n,方程個數為 m,系數矩陣 A 的秩為 r,則_____.

$(A) r = m$ 時,方程組 $AX = b$ 有解;

$(B) r = n$ 時,方程組 $AX = b$ 有唯一解;

$(C) m = n$ 時,方程組 $AX = b$ 有唯一解;

$(D) r < n$ 時,方程組 $AX = b$ 有無窮多解.

6. 將齊次線性方程組

$$\begin{cases} \lambda x_1 + x_2 + \lambda^2 x_3 = 0 \\ x_1 + \lambda x_2 + x_3 = 0 \\ x_1 + x_2 + \lambda x_3 = 0 \end{cases}$$

的系數矩陣記為 A,若存在 3 階矩陣 $B \neq O$ 使得 $AB = O$,則_____.

$(A) \lambda = -2$ 且 $|B| = 0$; $\quad (B) \lambda = -2$ 且 $|B| \neq 0$;

$(C) \lambda = 1$ 且 $|B| = 0$; $\quad (D) \lambda = 1$ 且 $|B| \neq 0$.

7. 設 A 是 n 階矩陣, α 是 n 維列向量,若 $R\begin{pmatrix} A & \alpha \\ \alpha^T & 0 \end{pmatrix} = R(A)$,則線性方程組 _____.

$(A) AX = \alpha$ 必有無窮多解; $\quad (B) AX = \alpha$ 必有唯一解;

$(C) \begin{pmatrix} A & \alpha \\ \alpha^T & 0 \end{pmatrix} \begin{pmatrix} X \\ y \end{pmatrix} = 0$ 僅有零解; $\quad (D) \begin{pmatrix} A & \alpha \\ \alpha^T & 0 \end{pmatrix} \begin{pmatrix} X \\ y \end{pmatrix} = 0$ 必有非零解.

(三) 計算與證明

1. 設向量組 $\alpha_1, \alpha_2, \alpha_3$ 線性無關, 且有
$$\beta_1 = (m-1)\alpha_1 + 3\alpha_2 + \alpha_3, \beta_2 = \alpha_1 + (m+1)\alpha_2 + \alpha_3,$$
$$\beta_3 = -\alpha_1 - (m+1)\alpha_2 + (m-1)\alpha_3$$
問: m 為何值時, 向量組 $\beta_1, \beta_2, \beta_3$ 線性無關? 線性相關?

2. 設向量組 (I) $\alpha_1, \alpha_2, \alpha_3$, (II) $\alpha_1, \alpha_2, \alpha_3, \alpha_4$, (III) $\alpha_1, \alpha_2, \alpha_3, \alpha_5$ 的秩依次為 3, 3, 4. 證明向量組 $\alpha_1, \alpha_2, \alpha_3, \alpha_5 - \alpha_4$ 的秩為 4.

3. 設向量組 $\alpha_1, \alpha_2, \cdots, \alpha_m$ 線性相關, 證明: 存在一組不全為零的數 $t_1, t_2, \cdots, t_m$, 使得對任意向量 β 都有
$$\alpha_1 + t_1\beta, \alpha_2 + t_2\beta, \cdots, \alpha_m + t_m\beta (m \geq 2)$$
線性相關.

4. 若向量組 $\alpha_1, \alpha_2, \cdots, \alpha_m (m > 1)$ 線性無關, 且 $\beta = \alpha_1 + \alpha_2 + \cdots + \alpha_m$, 證明: 向量組 $\beta - \alpha_1, \beta - \alpha_2, \cdots, \beta - \alpha_m$ 線性無關.

5. 已知向量組 $\alpha_1, \alpha_2, \cdots, \alpha_m$, 設
$$\beta_1 = \alpha_1 + \alpha_2, \beta_2 = \alpha_2 + \alpha_3, \cdots, \beta_{m-1} = \alpha_{m-1} + \alpha_m, \beta_m = \alpha_m + \alpha_1$$
證明:

(1) 當 m 為偶數時, 向量組 $\beta_1, \beta_2, \cdots, \beta_m$ 線性相關;

(2) 當 m 為奇數時, 若 $\alpha_1, \alpha_2, \cdots, \alpha_m$ 線性無關, 則 $\beta_1, \beta_2, \cdots, \beta_m$ 也線性無關.

6. 設向量組 $\alpha_1, \alpha_2, \alpha_3$ 線性無關, 且有
$$\beta_1 = \alpha_1 + \alpha_2 + 2\alpha_3, \beta_2 = 2\alpha_1 + \alpha_2 + \alpha_3, \beta_3 = \alpha_1 + 2\alpha_2 + \alpha_3$$
證明 $\beta_1, \beta_2, \beta_3$ 亦線性無關.

7. 設向量組 $\alpha_1, \alpha_2, \alpha_3$ 線性無關, 問: k, l 為何值時向量組
$$k\alpha_2 - \alpha_1, l\alpha_3 - \alpha_2, \alpha_1 - \alpha_3$$
線性無關? 線性相關?

8. 已知 $\alpha_1, \alpha_2, \alpha_3$ 線性無關,
$$\beta_1 = a_1\alpha_1 + a_2\alpha_2 + a_3\alpha_3, \beta_2 = b_1\alpha_1 + b_2\alpha_2 + b_3\alpha_3,$$
$$\beta_3 = c_1\alpha_1 + c_2\alpha_2 + c_3\alpha_3, \beta_4 = d_1\alpha_1 + d_2\alpha_2 + d_3\alpha_3,$$
其中 $a_i, b_i, c_i, d_i (i = 1, 2, 3)$ 均為常數. 試討論 $\beta_1, \beta_2, \beta_3, \beta_4$ 的線性關係.

9. 設 $\alpha_1 = (a, 2, 10)^T, \alpha_2 = (-2, 1, 5)^T, \alpha_3 = (-1, 1, 4)^T, \beta = (1, b, c)^T$. 試討論當 a, b, c 滿足什麼條件時:

(1) β 不能由 $\alpha_1, \alpha_2, \alpha_3$ 線性表出?

(2) β 可由 $\alpha_1, \alpha_2, \alpha_3$ 唯一線性表出?

(3)β 可由 $\alpha_1, \alpha_2, \alpha_3$ 線性表出,但表示式不唯一？（並求出一般表達式）.

10. 設有向量組
$$\alpha_1 = \begin{pmatrix} 1 \\ 0 \\ 2 \\ 3 \end{pmatrix}, \alpha_2 = \begin{pmatrix} 1 \\ 1 \\ 3 \\ 5 \end{pmatrix}, \alpha_3 = \begin{pmatrix} 1 \\ -1 \\ a+2 \\ 1 \end{pmatrix}, \alpha_4 = \begin{pmatrix} 1 \\ 2 \\ 4 \\ a+8 \end{pmatrix}, \beta = \begin{pmatrix} 1 \\ 1 \\ b+3 \\ 5 \end{pmatrix}$$

試討論當 a、b 為何值時：

(1)β 不能由 $\alpha_1, \alpha_2, \alpha_3, \alpha_4$ 線性表示？

(2)β 可由 $\alpha_1, \alpha_2, \alpha_3, \alpha_4$ 唯一線性表示？（並寫出該表示式）；

(3)β 由 $\alpha_1, \alpha_2, \alpha_3, \alpha_4$ 線性表示的表示式不唯一？（並寫出該表示式）.

11. 設
$$\begin{cases} \beta_1 = a_{11}\alpha_1 + a_{12}\alpha_2 + \cdots + a_{1n}\alpha_n \\ \beta_2 = a_{21}\alpha_1 + a_{22}\alpha_2 + \cdots + a_{2n}\alpha_n \\ \cdots\cdots\cdots\cdots\cdots\cdots\cdots\cdots\cdots\cdots\cdots\cdots \\ \beta_n = a_{n1}\alpha_1 + a_{n2}\alpha_2 + \cdots + a_{nn}\alpha_n \end{cases}$$

且行列式
$$D = \begin{vmatrix} a_{11} & a_{12} & \cdots & a_{1n} \\ a_{21} & a_{22} & \cdots & a_{2n} \\ \cdots & \cdots & \cdots & \cdots \\ a_{n1} & a_{n2} & \cdots & a_{nn} \end{vmatrix} \neq 0$$

證明：向量組 $\alpha_1, \alpha_2, \cdots, \alpha_n$ 與 $\beta_1, \beta_2, \cdots, \beta_n$ 等價.

12. 從 $m \times n$ 階矩陣 A 中任取 s 列作一個 $m \times s$ 階矩陣 B, 設 $R(A) = r$, 證明：
$$r + s - n \leq R(B) \leq r$$

13. 設 A、B 為同階矩陣,證明：

(1)$R(A+B) \leq R(A) + R(B)$；　　(2)$R(A-B) \leq R(A) + R(B)$；

(3)$R(kA) = \begin{cases} 0, & k = 0 \\ R(A), & k \neq 0 \end{cases}$；　　(4)$R(A^T) = R(A)$；

(5)$R(A^{-1}) = R(A) = n$.　　　　　　　　　　　　　(A 為非奇異方陣)

14. 已知矩陣 $A_{m \times n}, B_{m \times t}, C = (A, B)_{m \times (n+t)}$. 證明：
$$R(C) \leq R(A) + R(B)$$

15. 若線性方程組
$$\begin{cases} a_{11}x_1 + \cdots + a_{1n}x_n = b_1 \\ a_{21}x_1 + \cdots + a_{2n}x_n = b_2 \\ \cdots\cdots\cdots\cdots\cdots \\ a_{n1}x_1 + \cdots + a_{nn}x_n = b_n \end{cases}$$
的系數矩陣的秩等於矩陣
$$B = \begin{pmatrix} a_{11} & \cdots & a_{1n} & b_1 \\ \cdots & \cdots & \cdots & \cdots \\ a_{n1} & \cdots & a_{nn} & b_n \\ b_1 & \cdots & b_n & 0 \end{pmatrix}$$
的秩,證明此方程組有解.

16. 設兩個齊次線性方程組
$$\begin{cases} a_{11}x_1 + \cdots + a_{1n}x_n = 0 \\ a_{21}x_1 + \cdots + a_{2n}x_n = 0 \\ \cdots\cdots\cdots\cdots\cdots \\ a_{m1}x_1 + \cdots + a_{mn}x_n = 0 \end{cases}, \quad \begin{cases} b_{11}x_1 + \cdots + b_{1n}x_n = 0 \\ b_{21}x_1 + \cdots + b_{2n}x_n = 0 \\ \cdots\cdots\cdots\cdots\cdots \\ b_{t1}x_1 + \cdots + b_{tn}x_n = 0 \end{cases}$$
的系數矩陣 A 與 B 的秩都小於 $\dfrac{n}{2}$,證明:這兩個方程組必有相同的非零解.

17. 設 $\alpha_1, \alpha_2, \alpha_3$ 是四元非齊次線性方程組 $AX = \beta$ 的三個解向量,且 $R(A) = 3$,$\alpha_1 = (1,2,3,4)^T$,$\alpha_2 + \alpha_3 = (0,1,2,3)^T$,求線性方程組 $AX = \beta$ 的通解.

18. 試討論參數 p、t 取何值時線性方程組
$$\begin{cases} x_1 + x_2 - 2x_3 + 3x_4 = 0 \\ 2x_1 + x_2 - 6x_3 + 4x_4 = -1 \\ 3x_1 + 2x_2 + px_3 + 7x_4 = -1 \\ x_1 - x_2 - 6x_3 - x_4 = t \end{cases}$$
無解、有解?當方程組有解時,試用其導出組的基礎解系表示通解.

19. 已知線性方程組
$$\begin{cases} x_1 + x_2 + x_3 = 0 \\ ax_1 + bx_2 + cx_3 = 0 \\ a^2x_1 + b^2x_2 + c^2x_3 = 0 \end{cases}$$

(1) 當 a、b、c 滿足何種關係時,方程組僅有零解?

（2）當 a、b、c 滿足何種關係時，方程組有無窮多個解？求出其結構式通解．

20. 已知 $X_1 = (0,1,0)^T, X_2 = (-3,2,2)^T$ 是方程組
$$\begin{cases} x_1 - x_2 + 2x_3 = -1 \\ 3x_1 + x_2 + 4x_3 = 1 \\ ax_1 + bx_2 + cx_3 = d \end{cases}$$
的兩個解，求此方程組的一般解．

21. 設非齊次線性方程組 $AX = \beta$ 有特解 γ_0，它的導出組 $AX = \theta$ 的一個基礎解系為 $\eta_1, \eta_2, \cdots, \eta_{n-r}$，其中 $r = R(A)$．證明：$\gamma_0, \gamma_0 + \eta_1, \gamma_0 + \eta_2, \cdots, \gamma_0 + \eta_{n-r}$ 是非齊次線性方程組 $AX = \beta$ 的線性無關的解向量組．

22. 設 $\gamma_0, \gamma_1, \gamma_2, \cdots, \gamma_{n-r}$ 為非齊次線性方程組 $AX = \beta$ 的 $n - r + 1$ 個線性無關的解向量，其中 $r = R(A)$．證明：$\gamma_1 - \gamma_0, \gamma_2 - \gamma_0, \cdots, \gamma_{n-r} - \gamma_0$ 是其導出組 $AX = \theta$ 的一個基礎解系．

23. 已知向量 $\alpha_1 = (-1,1,1)^T, \alpha_2 = (1,1,-1)^T$ 是非齊次線性方程組
$$\begin{cases} x_1 + kx_2 + k^2 x_3 = k^3 \\ x_1 - kx_2 + k^2 x_3 = -k^2 \end{cases} \quad (k \text{ 為不等於零的常數})$$
的兩個解向量．求其通解．

24. 設 A 是 $m \times 3$ 階矩陣，且 $R(A) = 1$．如果非齊次線性方程組 $AX = \beta$ 的三個解向量 η_1, η_2, η_3 滿足
$$\eta_1 + \eta_2 = \begin{pmatrix} 1 \\ 2 \\ 3 \end{pmatrix}, \eta_2 + \eta_3 = \begin{pmatrix} 0 \\ -1 \\ 1 \end{pmatrix}, \eta_3 + \eta_1 = \begin{pmatrix} 1 \\ 0 \\ -1 \end{pmatrix}.$$
求 $AX = \beta$ 的通解．

25. 已知 $m \times n$ 階矩陣 A 的秩為 r 且 $r < n$．求證：存在秩為 $(n-r)$ 的矩陣 $B_{n \times (n-r)}$ 滿足 $AB = O$．

4 線性空間

在第三章,我們把有序數組稱為向量,把定義了向量的加法與數乘的 n 維實向量全體稱為 n 維向量空間 R^n. 事實上,如果我們擯棄向量的具體形式,只把它們看作滿足一定條件的元素的全體,就會進一步地推廣出更一般的抽象向量空間 —— 線性空間.

§4.1 線性空間

§4.1.1 線性空間

為了引進線性空間的概念,我們先介紹數域.

定義 4.1 設 F 是由一些數組成的集合,其中包含 0 與 1,若 F 中任意兩個數的和、差、積、商(0 不作除數) 仍然在 F 中,則稱 F 為一個數域.

容易驗證,復數集 C、實數集 R、有理數集 Q 都是數域,而無理數集不是數域.

定義 4.2 設 V 是一個非空集合,F 是一個數域. 在 V 中定義兩種代數運算:

(1) **加法**:對 V 中任意兩個元素 α 與 β,規定 V 中唯一確定的元素 η 與之對應,稱為 α 與 β 的和,記作 $\eta = \alpha + \beta$;

(2) **數乘**:對 V 中任意元素 α 和數域 F 中的任意數 k,規定 V 中唯一確定的元素 β 與之對應,稱為 k 與 α 的數量乘積,記作 $\beta = k\alpha$.

若 V 中定義的上述加法和數乘運算滿足下列八條運算規則(式中 α, β, γ 為 V 中的任意元素,k, l 為數域 F 中的任意數),則稱 V 為數域 F 上的線性空間:

(1) $\alpha + \beta = \beta + \alpha$;

(2) $(\alpha + \beta) + \gamma = \alpha + (\beta + \gamma)$;

(3) V 中存在零元素 θ,使得 $\alpha + \theta = \alpha$;

(4) V 中存在 α 的負元素 α^*,使得 $\alpha + \alpha^* = \theta$;

(5) $1 \cdot \alpha = \alpha$;

(6) $k(l\alpha) = (kl)\alpha$;

(7) $(k+l)\alpha = k\alpha + l\alpha$;

(8) $k(\alpha + \beta) = k\alpha + k\beta$.

按照定義4.2,判定某個非空集合V是否是數域F上的線性空間須作兩件事：第一,檢查V中的元素對所定義的加法與數乘運算是否封閉,即其運算結果是否仍在V中；第二,檢查兩種運算是否滿足定義4.2中的八條運算規則. 當且僅當上述兩步都得到肯定的答案時V是線性空間.

顯然R^n是線性空間. 下面再舉幾個線性空間的例.

例1 全體$m \times n$階矩陣,按照矩陣的加法和矩陣與實數的數量乘法構成實數域R上的線性空間,記為$M^{m \times n}$.

例2 全體定義在區間$[a,b]$上的連續實函數,按照函數的加法及實數與函數的乘法構成實數域上的線性空間,記為$C[a,b]$.

例3 系數矩陣為實矩陣$A = (a_{ij})_{m \times n}$的齊次線性方程組
$$AX = \theta$$
的全體解向量依照向量的加法和向量與實數的數量乘法也構成實數域上的線性空間,稱為方程組的解空間.

上述例子表明,線性空間的概念比n維向量空間的概念更具有普遍性. 習慣上我們仍將線性空間中的元素稱為向量,而不論其實際是矩陣、是函數還是其他什麼事物,線性空間V又稱向量空間.

線性空間有如下簡單性質：

(1) 線性空間中的零元素、每個元素的負元素唯一；

(2) $0\alpha = \theta, k\theta = \theta, (-1)\alpha = -\alpha$

(3) 若$k\alpha = \theta$,則$k = 0$或$\alpha = \theta$

§4.1.2 線性子空間

定義4.3 設V是數域F上的線性空間,W是V的非空子集,若W對於V的加法和數乘運算是封閉的,即對任意$\alpha, \beta \in W$和數$k \in F$,有$\alpha + \beta \in W$,及$k\alpha \in W$,則稱W為線性空間V的一個子空間.

例4 n元實系數齊次線性方程組$AX = \theta$的解構成的解集合是R^n的子空間.

例5 全體n階實上三角矩陣的集合,全體n階實下三角矩陣的集合及全體n階實對稱矩陣的集合都是全體n階方陣構成的線性空間的子空間.

例6 由數域F上的線性空間V中的零元素構成的單元素集是V的子空間,

稱作零子空間.

例 7 n 元實系數非齊次線性方程組 $AX = \beta$ 的解集合不構成 R^n 的子空間.

習題 4.1

1. 試判定下列向量集合對向量的加法、數乘是否構成實數域上的線性空間.
(1) $V_1 = \{(x_1, 0, \cdots, 0, x_n) \mid x_1, x_n \in R\}$;
(2) $V_2 = \{(x_1, x_2, \cdots, x_n) \mid x_1 + x_2 + \cdots + x_n = 0, x_i \in R\}$;
(3) $V_3 = \{(x_1, x_2, \cdots, x_n) \mid x_1 + x_2 + \cdots + x_n = 1, x_i \in R\}$.

2. 試判定下列 n 階實矩陣的集合對矩陣的加法、數乘是否構成實數域上的線性空間.
(1) 全體對角矩陣;
(2) 全體非奇異矩陣.

§4.2 維數、基與坐標

要深入研究線性空間的有關性質,就需要引入向量(V 中的元素)的線性組合、線性相關及線性無關等概念,這樣第三章所討論的關於 n 維向量的有關概念和性質就可以推廣到數域 F 上的線性空間 V 中來. 下面我們就直接利用這些概念和性質.

§4.2.1 維數、基與坐標

定義 4.4 設 V 是數域 F 上的線性空間,若
(1) $\alpha_1, \alpha_2, \cdots, \alpha_n$ 是 V 中 n 個線性無關的向量;
(2) V 中任意向量 α 都可由 $\alpha_1, \alpha_2, \cdots, \alpha_n$ 線性表示;
則稱 V 為 n 維線性空間,稱 n 為 V 的維數,記作 $\dim V = n$,並稱向量組 $\alpha_1, \alpha_2, \cdots, \alpha_n$ 為線性空間 V 的一組基.

顯然,R^n 的任意 n 個線性無關向量都構成 R^n 的一組基,從而 R^n 有無窮多組基. 例如,n 維基本向量組
$$\varepsilon_1 = (1, 0, \cdots, 0)^T, \varepsilon_2 = (0, 1, \cdots, 0)^T, \cdots, \varepsilon_n = (0, 0, \cdots, 1)^T$$

就是 R^n 的一組基(稱作**自然基**或**標準基**),於是 R^n 是 n 維線性空間,$\dim R^n = n$——這正是我們早在 §3.2 中就稱 R^n 為 n 維向量空間的原因. R^n 作為全體 n 維向量的集合,基是它的一個極大線性無關組,而維數則是它的秩,所以雖然 R^n 有無窮多組基,但不同的基中所含的向量的個數卻是相同的.

零空間中沒有線性無關向量,所以沒有基.

因為 R^n 中任意向量 α 由 R^n 的一組已知基線性表示的表示系數是唯一的,所以我們可以定義坐標的概念(由於本書只著重討論 R^n 中的問題,所以下面的討論只在 R^n 中進行,事實上所涉及的概念與性質均可移植到一般線性空間上來).

定義 4.5 設 $\xi_1, \xi_2, \cdots, \xi_n$ 是 R^n 的一組基,α 為 R^n 中的向量,且有
$$\alpha = a_1\xi_1 + a_2\xi_2 + \cdots + a_n\xi_n$$
則稱數 $a_1, a_2, \cdots, a_n$ 為向量 α 在基 $\xi_1, \xi_2, \cdots, \xi_n$ 下的坐標,記為 $(a_1, a_2, \cdots, a_n)^T$.

按照定義 4.5,顯然,$\alpha = (a_1, a_2, \cdots, a_n)^T$ 在 R^n 的自然基下的坐標為
$$(a_1, a_2, \cdots, a_n)^T$$

例 1 求向量 $\alpha = (a_1, a_2, \cdots, a_n)^T$ 在 R^n 的基
$$\beta_1 = (1, 0, \cdots, 0)^T, \beta_2 = (1, 1, \cdots, 0)^T, \cdots, \beta_n = (1, 1, \cdots, 1)^T$$
下的坐標.

解 設 $\alpha = x_1\beta_1 + x_2\beta_2 + \cdots, x_n\beta_n$,則有
$$\begin{cases} x_1 + x_2 + \cdots + x_{n-1} + x_n = a_1 \\ \quad\quad x_2 + \cdots + x_{n-1} + x_n = a_2 \\ \cdots\cdots\cdots\cdots\cdots\cdots\cdots\cdots\cdots \\ \quad\quad\quad\quad\quad\quad x_{n-1} + x_n = a_{n-1} \\ \quad\quad\quad\quad\quad\quad\quad\quad\quad x_n = a_n \end{cases}$$
解之得
$$x_1 = a_1 - a_2, x_2 = a_2 - a_3, \cdots, x_{n-1} = a_{n-1} - a_n, x_n = a_n$$
所以 α 關於基 $\beta_1, \beta_2, \cdots, \beta_n$ 的坐標為
$$(a_1 - a_2, a_2 - a_3, \cdots, a_{n-1} - a_n, a_n)^T$$

§4.2.2 基變換與坐標變換

上面的討論表明,同一個向量在不同基下的坐標一般是不同的. 那麼,隨著基的改變,向量的坐標又是怎樣變化的呢?

定義 4.6 設 $\xi_1, \xi_2, \cdots, \xi_n$ 和 $\eta_1, \eta_2, \cdots, \eta_n$ 是 R^n 的兩組基,且有

$$\begin{cases} \eta_1 = c_{11}\xi_1 + c_{21}\xi_2 + \cdots + c_{n1}\xi_n \\ \eta_2 = c_{12}\xi_1 + c_{22}\xi_2 + \cdots + c_{n2}\xi_n \\ \cdots\cdots\cdots\cdots\cdots\cdots\cdots\cdots\cdots\cdots \\ \eta_n = c_{1n}\xi_1 + c_{2n}\xi_2 + \cdots + c_{nn}\xi_n \end{cases} \quad (4.1)$$

簡記作

$$(\eta_1, \eta_2, \cdots, \eta_n) = (\xi_1, \xi_2, \cdots, \xi_n)C \quad (4.2)$$

其中矩陣

$$C = \begin{pmatrix} c_{11} & c_{12} & \cdots & c_{1n} \\ c_{21} & c_{22} & \cdots & c_{2n} \\ \cdots & \cdots & \cdots & \cdots \\ c_{n1} & c_{n2} & \cdots & c_{nn} \end{pmatrix}$$

稱為由基 $\xi_1, \xi_2, \cdots, \xi_n$ 到基 $\eta_1, \eta_2, \cdots, \eta_n$ 的**過渡矩陣**,(4.2) 式為由基 $\xi_1, \xi_2, \cdots, \xi_n$ 到基 $\eta_1, \eta_2, \cdots, \eta_n$ 的**基變換**.

容易看出

(1) 過渡矩陣 C 的第 j 列 $\begin{pmatrix} c_{1j} \\ c_{2j} \\ \vdots \\ c_{nj} \end{pmatrix}$ 恰為 η_j 在基 $\xi_1, \xi_2, \cdots, \xi_n$ 下的坐標;

(2) 過渡矩陣 C 一定可逆,且

$$(\xi_1, \xi_2, \cdots, \xi_n) = (\eta_1, \eta_2, \cdots, \eta_n)C^{-1}$$

即由基 $\eta_1, \eta_2, \cdots, \eta_n$ 到基 $\xi_1, \xi_2, \cdots, \xi_n$ 的過渡矩陣為 C^{-1}.

據此我們可以推導 R^n 中同一向量關於不同基下的坐標之間的關係.

定理 4.1 設 $\xi_1, \xi_2, \cdots, \xi_n$ 和 $\eta_1, \eta_2, \cdots, \eta_n$ 是 R^n 的兩組基,由基 $\xi_1, \xi_2, \cdots, \xi_n$ 到基 $\eta_1, \eta_2, \cdots, \eta_n$ 的過渡矩陣 $C = (c_{ij})_{n \times n}$,即有

$$(\eta_1, \eta_2, \cdots, \eta_n) = (\xi_1, \xi_2, \cdots, \xi_n)C$$

若向量 α 在這兩組基下的坐標分別為 $(x_1, x_2, \cdots, x_n)^T$ 與 $(y_1, y_2, \cdots, y_n)^T$,則有坐標變換公式

$$\begin{pmatrix} x_1 \\ x_2 \\ \vdots \\ x_n \end{pmatrix} = C \begin{pmatrix} y_1 \\ y_2 \\ \vdots \\ y_n \end{pmatrix} \quad (4.3)$$

證明　因為向量 α 在基 $\xi_1,\xi_2,\cdots,\xi_n$ 與 $\eta_1,\eta_2,\cdots,\eta_n$ 下的坐標分別為 $(x_1,x_2,\cdots,x_n)^T$ 和 $(y_1,y_2,\cdots,y_n)^T$，所以

$$\alpha = (\xi_1,\xi_2,\cdots,\xi_n)\begin{pmatrix}x_1\\x_2\\\vdots\\x_n\end{pmatrix} = (\eta_1,\eta_2,\cdots,\eta_n)\begin{pmatrix}y_1\\y_2\\\vdots\\y_n\end{pmatrix}$$

將基變換公式(4.2)代入上式得

$$\alpha = (\xi_1,\xi_2,\cdots,\xi_n)\begin{pmatrix}x_1\\x_2\\\vdots\\x_n\end{pmatrix} = (\xi_1,\xi_2,\cdots,\xi_n)C\begin{pmatrix}y_1\\y_2\\\vdots\\y_n\end{pmatrix}$$

這表明，α 在 $\xi_1,\xi_2,\cdots,\xi_n$ 下的坐標為 $C\begin{pmatrix}y_1\\y_2\\\vdots\\y_n\end{pmatrix}$，再由坐標的唯一性，得

$$\begin{pmatrix}x_1\\x_2\\\vdots\\x_n\end{pmatrix} = C\begin{pmatrix}y_1\\y_2\\\vdots\\y_n\end{pmatrix}$$

例2　給定 R^3 的兩組基

$$\alpha_1 = (1,1,1)^T, \alpha_2 = (1,0,-1)^T, \alpha_3 = (1,0,1)^T$$

和

$$\beta_1 = (1,2,1)^T, \beta_2 = (2,3,4)^T, \beta_3 = (3,4,3)^T$$

(1) 求 $\alpha_1,\alpha_2,\alpha_3$ 到 β_1,β_2,β_3 的過渡矩陣 C；

(2) 若向量 β 在 β_1,β_2,β_3 下的坐標為 $(1,-1,0)^T$，求 β 在 $\alpha_1,\alpha_2,\alpha_3$ 下的坐標；

(3) 若向量 α 在 $\alpha_1,\alpha_2,\alpha_3$ 下的坐標為 $(1,-1,0)^T$，求 α 在 β_1,β_2,β_3 下的坐標．

解　(1) 因 $(\beta_1,\beta_2,\beta_3) = (\alpha_1,\alpha_2,\alpha_3)C$，即

$$\begin{pmatrix}1 & 2 & 3\\2 & 3 & 4\\1 & 4 & 3\end{pmatrix} = \begin{pmatrix}1 & 1 & 1\\1 & 0 & 0\\1 & -1 & 1\end{pmatrix}C$$

則有

$$C = \begin{pmatrix} 1 & 1 & 1 \\ 1 & 0 & 0 \\ 1 & -1 & 1 \end{pmatrix}^{-1} \begin{pmatrix} 1 & 2 & 3 \\ 2 & 3 & 4 \\ 1 & 4 & 3 \end{pmatrix} = \begin{pmatrix} 2 & 3 & 4 \\ 0 & -1 & 0 \\ -1 & 0 & -1 \end{pmatrix}$$

(2) 由坐標變換公式(4.3)式, β 在 $\alpha_1, \alpha_2, \alpha_3$ 下的坐標為

$$C \begin{pmatrix} 1 \\ -1 \\ 0 \end{pmatrix} = \begin{pmatrix} 2 & 3 & 4 \\ 0 & -1 & 0 \\ -1 & 0 & -1 \end{pmatrix} \begin{pmatrix} 1 \\ -1 \\ 0 \end{pmatrix} = \begin{pmatrix} -1 \\ 1 \\ -1 \end{pmatrix}$$

(3) 由坐標變換公式(4.3)的等價形式

$$\begin{pmatrix} y_1 \\ y_2 \\ \vdots \\ y_n \end{pmatrix} = C^{-1} \begin{pmatrix} x_1 \\ x_2 \\ \vdots \\ x_n \end{pmatrix}$$

α 在 $\beta_1, \beta_2, \beta_3$ 下的坐標為

$$C^{-1} \begin{pmatrix} 1 \\ -1 \\ 0 \end{pmatrix} = \begin{pmatrix} 2 & 3 & 4 \\ 0 & -1 & 0 \\ -1 & 0 & -1 \end{pmatrix}^{-1} \begin{pmatrix} 1 \\ -1 \\ 0 \end{pmatrix} = \begin{pmatrix} 1 \\ 1 \\ -1 \end{pmatrix}$$

習題 4.2

1. 下列向量組是否構成 R^4 的一組基：

(1) $\alpha_1 = (1,0,0,1)^T$, $\alpha_2 = (0,1,1,0)^T$, $\alpha_3 = (0,0,1,1)^T$,
 $\alpha_4 = (0,0,0,1)^T$

(2) $\alpha_1 = (1,1,2,3)^T$, $\alpha_2 = (2,5,4,2)^T$, $\alpha_3 = (3,2,4,0)^T$,
 $\alpha_4 = (1,2,0,0)^T$

2. 求 R^4 中向量 $\alpha = (1,2,1,1)^T$ 在基
$$\alpha_1 = (1,1,1,1)^T, \alpha_2 = (1,1,-1,-1)^T,$$
$$\alpha_3 = (1,-1,1,-1)^T, \alpha_4 = (1,-1,-1,1)^T$$
下的坐標.

3. 給定 R^3 的兩組基

$$\alpha_1 = (1,2,1)^T, \alpha_2 = (2,3,3)^T, \alpha_3 = (3,7,1)^T$$
$$\beta_1 = (3,1,4)^T, \beta_2 = (5,2,1)^T, \beta_3 = (1,1,-6)^T$$

試求基 $\alpha_1, \alpha_2, \alpha_3$ 到基 $\beta_1, \beta_2, \beta_3$ 的過渡矩陣 C.

4. 設 R^4 的兩組基為

$(A)\quad \alpha_1 = \begin{pmatrix} 5 \\ 2 \\ 0 \\ 0 \end{pmatrix}, \alpha_2 = \begin{pmatrix} 2 \\ 1 \\ 0 \\ 0 \end{pmatrix}, \alpha_3 = \begin{pmatrix} 0 \\ 0 \\ 8 \\ 5 \end{pmatrix}, \alpha_4 = \begin{pmatrix} 0 \\ 0 \\ 3 \\ 2 \end{pmatrix}$

$(B)\quad \beta_1 = \begin{pmatrix} 1 \\ 0 \\ 0 \\ 0 \end{pmatrix}, \beta_2 = \begin{pmatrix} 0 \\ 2 \\ 0 \\ 0 \end{pmatrix}, \beta_3 = \begin{pmatrix} 0 \\ 1 \\ 2 \\ 0 \end{pmatrix}, \beta_4 = \begin{pmatrix} 1 \\ 0 \\ 1 \\ 1 \end{pmatrix}$

(1) 求基 (A) 到基 (B) 的過渡矩陣;
(2) 求向量 $\beta = 3\beta_1 + 2\beta_2 + \beta_3$ 在基 (A) 下的坐標.

§4.3　內積

本節討論 R^n 中向量的度量性質,它將深化我們對向量的認識. 與上節一樣,這些性質同樣可以推廣到一般的線性空間中.

§4.3.1　內積

定義 4.7　設 $\alpha = (a_1, a_2, \cdots, a_n)^T$ 及 $\beta = (b_1, b_2, \cdots, b_n)^T$ 為 R^n 中的向量,稱實數

$$a_1 b_1 + a_2 b_2 + \cdots + a_n b_n = \sum_{i=1}^{n} a_i b_i$$

為向量 α 與 β 的內積,記為 (α, β) 或者 $\alpha \cdot \beta$,即

$$(\alpha, \beta) = \alpha^T \beta = a_1 b_1 + a_2 b_2 + \cdots + a_n b_n = \sum_{i=1}^{n} a_i b_i$$

根據定義 4.7 易證內積具有下列性質:

1° $(\alpha, \beta) = (\beta, \alpha)$;
2° $(k\alpha, \beta) = k(\alpha, \beta)$;

$3°$ $(\alpha+\beta,\gamma)=(\alpha,\gamma)+(\beta,\gamma)$；

$4°$ $(\alpha,\alpha)\geqslant 0$，當且僅當 $\alpha=\theta$ 時 $(\alpha,\alpha)=0$.

其中 $\alpha、\beta、\gamma$ 為 R^n 中任意向量，k 為任意實數.

通常稱定義了內積的 n 維向量空間 R^n 為**歐幾里得空間**，仍記為 R^n.

§4.3.2 長度與距離

定義 4.8 設 $\alpha=(a_1,a_2,\cdots,a_n)^T$ 為 R^n 中任意向量，稱非負實數 $\sqrt{(a,a)}$ 為向量 α 的長度，記為 $\|\alpha\|$，即

$$\|\alpha\|=\sqrt{(a,a)}=\sqrt{a_1^2+a_2^2+\cdots+a_n^2}$$

特別地，長度為 1 的向量稱為**單位向量**. 對於任意非零向量 $\alpha\in R^n$，因為有

$$\left\|\frac{\alpha}{\|\alpha\|}\right\|=\sqrt{\left(\frac{\alpha}{\|\alpha\|},\frac{\alpha}{\|\alpha\|}\right)}=\sqrt{\frac{(\alpha,\alpha)}{\|\alpha\|^2}}=\frac{\sqrt{(\alpha,\alpha)}}{\|\alpha\|}=\frac{\|\alpha\|}{\|\alpha\|}=1$$

所以向量 $\dfrac{\alpha}{\|\alpha\|}$ 一定是單位向量，這樣得到單位向量的做法，稱之為**向量 α 的單位化**.

向量的長度又稱向量的**範數**，它具有如下性質：

$1°$ $\|\alpha\|\geqslant 0$，當且僅當 $\alpha=\theta$ 時，$\|\alpha\|=0$. 這表明任意非零向量的長度為正數，只有零向量的長度為 0.

$2°$ 對任意向量 α 和任意實數 k，有 $\|k\alpha\|=|k|\|\alpha\|$

證明

$$\|k\alpha\|=\sqrt{(k\alpha,k\alpha)}=\sqrt{k^2(\alpha,\alpha)}=|k|\sqrt{(\alpha,\alpha)}=|k|\cdot\|\alpha\|$$

$3°$ 對於任意向量 $\alpha=(a_1,a_2,\cdots,a_n)^T$ 和 $\beta=(b_1,b_2,\cdots,b_n)^T$，有

$$|(\alpha,\beta)|\leqslant\|\alpha\|\cdot\|\beta\| \text{ 或 } \left|\sum_{i=1}^n a_i b_i\right|\leqslant\sqrt{\sum_{i=1}^n a_i^2}\cdot\sqrt{\sum_{i=1}^n b_i^2}$$

當且僅當 α 與 β 線性相關時，等號成立.

上述不等式稱為 Cauchy－schwarz **不等式**. 它表明任意兩個向量的內積與它們的長度之間的關係.

證明 下面分別就 α 與 β 線性相關與線性無關兩種情況予以證明.

(1) 若 α 與 β 線性相關

當 α 與 β 至少有一個為零向量時，顯然有

$$|(\alpha,\beta)|=\|\alpha\|\cdot\|\beta\|$$

當 α 與 β 都不為零向量時，設 $\beta=k\alpha(k\in R$ 且 $k\neq 0)$. 於是

$$\|\beta\| = \|k\alpha\| = |k| \cdot \|\alpha\|$$
$$|(\alpha,\beta)| = |(\alpha,k\alpha)| = |k| \cdot \|\alpha\|^2 = \|\alpha\| \cdot \|\beta\|$$

(2) 若 α 與 β 線性無關,則對任意實數 $t, t\alpha - \beta \neq \theta$,因而
$$0 < (t\alpha - \beta, t\alpha - \beta) = t^2(\alpha,\alpha) - 2t(\alpha,\beta) + (\beta,\beta)$$

上式右邊是一個關於 t 的二次三項式,且對任意實數 t 該式都大於零,這表明
$$\Delta = [-2(\alpha,\beta)]^2 - 4(\alpha,\alpha)(\beta,\beta) < 0$$
即
$$|(\alpha,\beta)| < \|\alpha\| \cdot \|\beta\|$$

定義 4.9　設 $\alpha = (a_1, a_2, \cdots, a_n)^T, \beta = (b_1, b_2, \cdots, b_n)^T$ 為 R^n 中任意兩個向量,稱 $\|\alpha - \beta\|$ 為 α 與 β 的距離,記為 d,即
$$d = \|\alpha - \beta\| = \sqrt{(a_1 - b_1)^2 + (a_2 - b_2)^2 + \cdots + (a_n - b_n)^2}$$

§4.3.3　夾角與正交

定義 4.10　設 α, β 為 R^n 中的非零向量,定義 α, β 間的夾角為 $\langle \alpha, \beta \rangle$
$$\langle \alpha, \beta \rangle = \arccos \frac{(\alpha,\beta)}{\|\alpha\| \cdot \|\beta\|} \quad (0 \leq \langle \alpha, \beta \rangle \leq \pi)$$

例　求 R^5 中的向量 $\alpha = (1, 0, -1, 0, 2)^T$,與 $\beta = (0, 1, 2, 4, 1)^T$ 的夾角與距離.

解
$$d = \|\alpha - \beta\|$$
$$= \sqrt{(1-0)^2 + (0-1)^2 + (-1-2)^2 + (0-4)^2 + (2-1)^2}$$
$$= \sqrt{28}$$

$$\langle \alpha, \beta \rangle = \arccos \frac{(\alpha,\beta)}{\|\alpha\| \cdot \|\beta\|}$$
$$= \arccos \frac{1 \times 0 + 0 \times 1 + (-1) \times 2 + 0 \times 4 + 2 \times 1}{\sqrt{1^2 + 0^2 + (-1)^2 + 0^2 + 2^2} \cdot \sqrt{0^2 + 1^2 + 2^2 + 4^2 + 1^2}}$$
$$= \arccos 0 = \frac{\pi}{2}$$

定義 4.11　設 α, β 為 R^n 中兩個非零向量,若 α 與 β 間的夾角 $\langle \alpha, \beta \rangle = \frac{\pi}{2}$,則稱 α 與 β 正交(或垂直),記為 $\alpha \perp \beta$.

定理 4.2　R^n 中任意兩個非零向量 α 與 β 正交的充要條件是它們的內積等

於零,即$(\alpha,\beta) = 0$.

證明 若$(\alpha,\beta) = 0$,則

$$\langle \alpha,\beta \rangle = \arccos \frac{(\alpha,\beta)}{\|\alpha\| \cdot \|\beta\|} = \arccos 0$$

所以,$\langle \alpha,\beta \rangle = \frac{\pi}{2}$ 即 $\alpha \perp \beta$.

反之,若α 與 β 正交,即$\langle \alpha,\beta \rangle = \frac{\pi}{2}$,則

$$\cos\langle \alpha,\beta \rangle = 0 \text{ 或} \frac{(\alpha,\beta)}{\|\alpha\| \cdot \|\beta\|} = 0$$

所以$(\alpha,\beta) = 0$.

習題 4.3

1. 求下列向量的內積
   (1) $\alpha = (-1,2,-2,1)^T, \beta = (-2,2,1,-1)^T$;
   (2) $\alpha = (3,7,3,-1,2)^T, \beta = (-3,0,2,-1,3)^T$.
2. 求下列向量的長度
   $\alpha = (0,-2,1,0)^T; \beta = (-1,0,2,-3,2)^T; \gamma = (1,-2,-1,0,2,1)^T$.
3. 求下列向量之間的距離
   (1) $\alpha = (1,1,0,-2)^T, \beta = (0,1,2,1)^T$;
   (2) $\alpha = (1,-1,1,-1,1)^T, \beta = (-1,1,-1,1,-1)^T$.
4. 求下列向量之間的夾角
   (1) $\alpha = (1,2,2,3)^T, \beta = (3,1,5,1)^T$;
   (2) $\alpha = (1,0,-1,0,1)^T, \beta = (0,1,0,2,0)^T$.

§4.4 標準正交基

§4.4.1 標準正交基

定義 4.12 稱 R^n 中一組兩兩正交的非零向量 $\alpha_1,\alpha_2,\cdots,\alpha_m$ 為一個正交向

量組.

定理 4.3 R^n 中的正交向量組 $\alpha_1, \alpha_2, \cdots, \alpha_m$ 必定線性無關.

證明 設有一組實數 $k_1, k_2, \cdots, k_m$ 使得
$$k_1\alpha_1 + k_2\alpha_2 + \cdots k_m\alpha_m = \theta$$
由於 $\alpha_i \neq \theta$, 所以 $(\alpha_i, \alpha_i) \neq 0$.

又因為 α_i 與 α_j 正交 $(i \neq j)$, 故
$$(\alpha_i, \alpha_j) = 0.$$
於是
$$(k_1\alpha_1 + k_2\alpha_2 + \cdots + k_m\alpha_m, \alpha_i) = (\theta, \alpha_i) = 0 \quad (i = 1, 2, \cdots, m)$$
從而
$$k_1(\alpha_1, \alpha_i) + \cdots + k_m(\alpha_m, \alpha_i) = 0 \quad (i = 1, 2, \cdots, m)$$
故得
$$k_i(\alpha_i, \alpha_i) = 0$$
又 $(\alpha_i, \alpha_i) > 0$, 於是
$$k_i = 0 \quad (i = 1, 2, \cdots, m)$$
所以 $\alpha_1, \alpha_2, \cdots, \alpha_m$ 線性無關.

推論 R^n 中任一個正交向量組的向量個數不超過 n 個.

定義 4.13 設 $\alpha_1, \alpha_2, \cdots, \alpha_n$ 是 R^n 中的一組基, 且它們兩兩正交, 則稱 $\alpha_1, \alpha_2, \cdots, \alpha_n$ 為 R^n 中的一組正交基; 當正交基中的向量 $\alpha_1, \alpha_2, \cdots, \alpha_n$ 都為單位向量時, 則稱這組正交基為標準正交基.

由以上定義, 向量組 $\alpha_1, \alpha_2, \cdots, \alpha_n$ 是 R^n 中的一組標準正交基的充要條件是:
$$(\alpha_i, \alpha_j) = \begin{cases} 0, & i \neq j \\ 1, & i = j \end{cases}$$

由定義 4.13, 顯然, 單位向量組 $\varepsilon_1, \varepsilon_2, \cdots, \varepsilon_n$ 是 R^n 中的一組標準正交基. 容易驗證, 向量組
$$\alpha_1 = \left(\frac{1}{\sqrt{2}}, \frac{1}{\sqrt{2}}, 0\right)^T, \quad \alpha_2 = (0, 0, 1)^T, \quad \alpha_3 = \left(\frac{1}{\sqrt{2}}, -\frac{1}{\sqrt{2}}, 0\right)^T$$
是 R^3 的一組標準正交基(請讀者自行驗證).

例 1 求 R^n 中任意向量 β 在標準正交基 $\alpha_1, \alpha_2, \cdots, \alpha_n$ 下的坐標.

解 設 β 在 $\alpha_1, \alpha_2, \cdots, \alpha_n$ 下的坐標為 $(x_1, x_2, \cdots, x_n)^T$, 則
$$\beta = x_1\alpha_1 + x_2\alpha_2 + \cdots + x_n\alpha_n$$
對任意 i 有

$$(\alpha_i, \beta) = (\alpha_i, x_1\alpha_1 + x_2\alpha_2 + \cdots + x_n\alpha_n)$$
$$= x_1(\alpha_i, \alpha_1) + x_2(\alpha_i, \alpha_2) + \cdots + x_n(\alpha_i, \alpha_n)$$
$$= x_i \qquad (i = 1, 2, \cdots, n)$$

故 β 在 $\alpha_1, \alpha_2, \cdots, \alpha_n$ 下的坐標為

$$x_i = (\alpha_i, \beta) \qquad (i = 1, 2, \cdots, n) \tag{4.4}$$

§4.4.2　向量組的正交化與單位化

從例 1 可看出,求 R^n 中任意一向量在標準正交基下的坐標,代入 (4.4) 式即可. 那麼,給定 R^n 中的一組基,能不能得到一組標準正交基? 為此引入正交化方法.

定理 4.4　R^n 中的任一線性無關向量組 $\alpha_1, \alpha_2, \cdots, \alpha_m (2 \leq m \leq n)$ 必等價於某個正交向量組.

證明　（歸納法）

當 $m = 2$ 時,取 $\beta_1 = \alpha_1, \beta_2 = \alpha_2 + k\beta_1$ (k 為待定系數). 由 β_1 與 β_2 正交,有
$$(\beta_1, \beta_2) = (\beta_1, \alpha_2 + k\beta_1) = (\beta_1, \alpha_2) + k(\beta_1, \beta_1) = 0$$

解之得
$$k = -\frac{(\beta_1, \alpha_2)}{(\beta_1, \beta_1)}$$

於是
$$\beta_2 = \alpha_2 - \frac{(\beta_1, \alpha_2)}{(\beta_1, \beta_1)}\beta_1$$

顯然 $\beta_2 \neq \theta$（否則 α_2 可由 α_1 線性表出,這與 α_1、α_2 線性無關矛盾）,且 β_1、β_2 與 α_1、α_2 可互相線性表示,從而 β_1、β_2 即為與 α_1、α_2 等價的正交向量組.

當 $m = 3$ 時, β_1、β_2 的取法同上,再取 $\beta_3 = \alpha_3 + k_1\beta_1 + k_2\beta_2$ (k_1、k_2 為待定系數). 由 β_3 與 β_1、β_2 都正交,有
$$(\beta_1, \beta_3) = 0 \text{ 及 } (\beta_2, \beta_3) = 0$$

將 β_3 代入,與上面類似可解得
$$k_1 = -\frac{(\beta_1, \alpha_3)}{(\beta_1, \beta_1)}, \quad k_2 = -\frac{(\beta_2, \alpha_3)}{(\beta_2, \beta_2)}$$

於是
$$\beta_3 = \alpha_3 - \frac{(\beta_1, \alpha_3)}{(\beta_1, \beta_1)}\beta_1 - \frac{(\beta_2, \alpha_3)}{(\beta_2, \beta_2)}\beta_2$$

同理 $\beta_3 \neq \theta$，且 $\beta_1, \beta_2, \beta_3$ 與 $\alpha_1, \alpha_2, \alpha_3$ 可互相線性表示，從而 $\beta_1, \beta_2, \beta_3$ 即為與 α_1、α_2, α_3 等價的正交向量組．

假設當 $m = i - 1$ 時結論成立，即有與 $\alpha_1, \alpha_2, \cdots, \alpha_{i-1}$ 等價的正交向量組 β_1, $\beta_2, \cdots, \beta_{i-1}$，現證結論當 $m = i$ 時亦成立．

為此，須找到適當的向量 β_i，使得 $\beta_1, \beta_2, \cdots, \beta_{i-1}, \beta_i$ 成為與 $\alpha_1, \alpha_2, \cdots, \alpha_{i-1}, \alpha_i$ 等價的正交向量組．

設
$$\beta_i = \alpha_i + l_1\beta_1 + \cdots + l_{i-1}\beta_{i-1} \quad (l_1, \cdots, l_{i-1} \text{ 為待定系數})$$

由 β_i 與 $\beta_1, \beta_2, \cdots, \beta_{i-1}$ 都正交，得
$$(\beta_j, \beta_i) = 0 \qquad (j = 1, 2, \cdots, i - 1)$$

解之得
$$l_j = -\frac{(\beta_j, \alpha_i)}{(\beta_j, \beta_j)} \qquad (j = 1, 2, \cdots, i - 1)$$

所以
$$\beta_i = \alpha_i - \frac{(\beta_1, \alpha_i)}{(\beta_1, \beta_1)}\beta_1 - \frac{(\beta_2, \alpha_i)}{(\beta_2, \beta_2)}\beta_2 - \cdots - \frac{(\beta_{i-1}, \alpha_i)}{(\beta_{i-1}, \beta_{i-1})}\beta_{i-1}$$
$$(i = 2, \cdots, m) \tag{4.5}$$

於是 $\beta_1, \beta_2, \cdots, \beta_{i-1}, \beta_i$ 就是與 $\alpha_1, \alpha_i, \cdots, \alpha_{i-1}, \alpha_i$ 等價的正交向量組．($i = 2, \cdots, m$)

顯然，定理 4.4 的上述證明同時給出了由任一線性無關向量組 $\alpha_1, \alpha_2, \cdots, \alpha_m$ 構造出與之等價的正交向量組 $\beta_1, \beta_2, \cdots, \beta_m$ 的方法．

若再將向量組 $\beta_1, \beta_2, \cdots, \beta_m$ 中的每個向量單位化，即令
$$\eta_i = \frac{\beta_i}{\|\beta_i\|} \qquad (i = 1, 2, \cdots, m)$$

則進一步可得到一個與原向量組等價的正交單位向量組 $\eta_1, \eta_2, \cdots, \eta_m$．上述過程稱為**向量組的正交化與單位化**，通常稱之為 Gram – Schmidt **正交化法**．

推論 R^n 中任一組基都可用 Gram – Schmidt 正交化法化為標準正交基．

例 2 試將 R^3 的一組基
$$\alpha_1 = \begin{pmatrix} 1 \\ -1 \\ 0 \end{pmatrix}, \alpha_2 = \begin{pmatrix} 1 \\ 0 \\ 1 \end{pmatrix}, \alpha_3 = \begin{pmatrix} -1 \\ 1 \\ 1 \end{pmatrix}$$

化為標準正交基．

解 （1）正交化

$$\beta_1 = \alpha_1 = \begin{pmatrix} 1 \\ -1 \\ 0 \end{pmatrix}$$

$$\beta_2 = \alpha_2 - \frac{(\beta_1, \alpha_2)}{(\beta_1, \beta_1)}\beta_1 = \begin{pmatrix} 1 \\ 0 \\ 1 \end{pmatrix} - \frac{1}{2}\begin{pmatrix} 1 \\ -1 \\ 0 \end{pmatrix} = \begin{pmatrix} \frac{1}{2} \\ \frac{1}{2} \\ 1 \end{pmatrix}$$

$$\beta_3 = \alpha_3 - \frac{(\beta_1, \alpha_3)}{(\beta_1, \beta_1)}\beta_1 - \frac{(\beta_2, \alpha_3)}{(\beta_2, \beta_2)}\beta_2$$

$$= \begin{pmatrix} -1 \\ 1 \\ 1 \end{pmatrix} - \frac{(-2)}{2}\begin{pmatrix} 1 \\ -1 \\ 0 \end{pmatrix} - \frac{2}{3}\begin{pmatrix} \frac{1}{2} \\ \frac{1}{2} \\ 1 \end{pmatrix} = \begin{pmatrix} -\frac{1}{3} \\ -\frac{1}{3} \\ \frac{1}{3} \end{pmatrix}$$

（2）單位化

$$\eta_1 = \frac{\beta_1}{\|\beta_1\|} = \begin{pmatrix} \frac{\sqrt{2}}{2} \\ -\frac{\sqrt{2}}{2} \\ 0 \end{pmatrix}, \eta_2 = \frac{\beta_2}{\|\beta_2\|} = \begin{pmatrix} \frac{\sqrt{6}}{6} \\ \frac{\sqrt{6}}{6} \\ \frac{\sqrt{6}}{3} \end{pmatrix}, \eta_3 = \frac{\beta_3}{\|\beta_3\|} = \begin{pmatrix} -\frac{\sqrt{3}}{3} \\ -\frac{\sqrt{3}}{3} \\ \frac{\sqrt{3}}{3} \end{pmatrix}$$

於是，η_1, η_2, η_3 即為 R^3 的一組標準正交基.

§4.4.3 正交矩陣

定義 4.14 設 Q 為 n 階實矩陣，若 $Q^T Q = E$，則稱 Q 為正交矩陣.
容易驗證，單位陣及

$$\begin{pmatrix} cos\theta & -sin\theta \\ sin\theta & cos\theta \end{pmatrix}、\begin{pmatrix} \frac{1}{\sqrt{3}} & \frac{1}{\sqrt{3}} & \frac{1}{\sqrt{3}} \\ 0 & -\frac{1}{\sqrt{2}} & \frac{1}{\sqrt{2}} \\ -\frac{2}{\sqrt{6}} & \frac{1}{\sqrt{6}} & \frac{1}{\sqrt{6}} \end{pmatrix}$$

都是正交矩陣.

正交矩陣有下列性質:

1° 若 Q 為正交陣,則 $|Q|=1$ 或 $|Q|=-1$;

2° 若 P 與 Q 都是 n 階正交矩陣,則 PQ 也是 n 階正交矩陣;

3° 實矩陣 Q 為正交矩陣的充要條件是:Q 可逆,且 $Q^{-1}=Q^T$;

4° 實矩陣 Q 為 n 階正交矩陣的充要條件是 Q 的列(或行)向量組是單位正交向量組(即 R^n 的一組標準正交基).

證明 （下面證明 2°、4°,請讀者自行證明 1°、3°）

2° $(PQ)^T(PQ) = Q^TP^TPQ = Q^T(P^TP)Q = Q^TEQ = Q^TQ = E$
所以 PQ 也是正交矩陣.

4° （僅就列向量組的情形證明）將矩陣 Q 按列分塊(此時 $\alpha_1,\alpha_2,\cdots,\alpha_n$ 均為列向量)

$$Q = (\alpha_1, \alpha_2, \cdots, \alpha_n)$$

則有

$$Q^T = \begin{pmatrix} \alpha_1^T \\ \alpha_2^T \\ \vdots \\ \alpha_n^T \end{pmatrix}$$

因而

$$Q^TQ = \begin{pmatrix} \alpha_1^T \\ \alpha_2^T \\ \vdots \\ \alpha_n^T \end{pmatrix} (\alpha_1, \alpha_2, \cdots, \alpha_n) = \begin{pmatrix} \alpha_1^T\alpha_1 & \alpha_1^T\alpha_2 & \cdots & \alpha_1^T\alpha_n \\ \alpha_2^T\alpha_1 & \alpha_2^T\alpha_2 & \cdots & \alpha_2^T\alpha_n \\ \cdots & \cdots & \cdots & \cdots \\ \alpha_n^T\alpha_1 & \alpha_n^T\alpha_2 & \cdots & \alpha_n^T\alpha_n \end{pmatrix}$$

按定義,矩陣 Q 正交的充要條件是 $Q^TQ = E$,即

$$(\alpha_i, \alpha_j) = \alpha_i^T\alpha_j = \begin{cases} 1, & i = j \\ 0, & i \neq j \end{cases}$$

這說明,矩陣 Q 為正交矩陣的充要條件是 Q 的兩個不同的列向量的內積為 0,而每個列向量與其自身的內積為 1,即 Q 的列向量組是單位正交向量組即 R^n 的標準正交基.

例 3 設 $A = (a_{ij})$ 為 3 階非零實方陣,且 $a_{ij} = A_{ij}$,其中 A_{ij} 是 $a_{ij}(i,j=1,2,3)$ 的代數餘子式. 證明 $|A|=1$,且 A 是正交陣.

證明 由 $a_{ij} = A_{ij}$ 得 $A^* = A^T$，所以
$$AA^T = AA^* = |A|E$$
兩邊取行列式，得
$$|A|^2 = |A|^3$$

又由於 A 為非零實方陣，所以 A 中至少有一個元素不為零，不失一般性，設此元素位於第 i 行，則
$$|A| = a_{i1}A_{i1} + a_{i2}A_{i2} + a_{i3}A_{i3} = a_{i1}^2 + a_{i2}^2 + a_{i3}^2 \neq 0$$
所以，$|A| = 1$ 且 $AA^T = E$，即 A 為正交陣．

習題 4.4

1. 求一個與向量組
$$\alpha_1 = (1,1,-1,-1)^T, \alpha_2 = (1,-1,-1,1)^T, \alpha_3 = (1,-1,1,-1)^T$$
中每個向量都正交的單位向量．

2. 把下列向量組化為單位正交向量組：

(1) $\alpha_1 = (1,0,1)^T$, $\alpha_2 = (1,1,0)^T$, $\alpha_3 = (0,1,1)^T$；

(2) $\alpha_1 = (1,1,0,0)^T$, $\alpha_2 = (1,0,1,0)^T$, $\alpha_3 = (-1,0,0,1)^T$, $\alpha_4 = (1,-1,-1,1)^T$

3. 證明有限個正交矩陣的積仍然是正交陣．

4. 設 α_1, α_2 是 n 維實列向量空間 R^n 中的任意兩個向量，求證：對任一 n 階正交陣 A，總有 $(A\alpha_1, A\alpha_2) = (\alpha_1, \alpha_2)$．

5. 設 $\alpha_1, \alpha_2, \cdots, \alpha_n$ 是 n 維實列向量空間 R^n 中的一組標準正交基，A 是 n 階正交陣，證明：$A\alpha_1, A\alpha_2, \cdots, A\alpha_n$ 也是 R^n 中的一組標準正交基．

復習題四

(一) 填空

1. 當 $k \neq$ _____ 時，向量組
$$\alpha_1 = (-1,2,2)^T, \alpha_2 = (3,5,k)^T, \alpha_3 = (2,3,-2)^T$$

是 R^3 的一組基.

2. R^4 中的向量 $\alpha = (2, -3, 1, 4)^T$ 在基
$$\alpha_1 = (1,1,1,1)^T, \alpha_2 = (0,1,1,1)^T,$$
$$\alpha_3 = (0,0,1,1)^T, \alpha_4 = (0,0,0,1)^T$$
下的坐標為_____.

3. 向量 $\alpha = (5, 4, 3, 3, -2)^T, \beta = (1, 1, 0, 2, -3)^T$ 之間的夾角 $\theta =$ _____ .

4. 設 $\alpha = (1, 2, 3), \beta = \left(1, \dfrac{1}{2}, \dfrac{1}{3}\right)$,且 $A = \alpha^T \beta$,則 $A^n =$ _____ .

5. 與向量 $\alpha_1 = (1, 1, -1, 1)^T, \alpha_2 = (1, -1, -1, 1)^T, \alpha_3 = (2, 1, 1, 3)^T$ 都正交的單位向量為_____.

6. 設 A、B 均為 n 階正交陣,且 $|A| = -|B|$(行列式),則 $|A + B| =$ _____ .

(二) 選擇

1. 設向量空間 $V = \{(x_1, 0, \cdots, 0, x_n) \mid x_1, x_n \in R\}$,則 V 是_____維空間.
(A) n;   (B) $n - 1$;   (C) 2;   (D) 1.

2. 設向量空間 $V = \{(x_1, x_2, \cdots, x_n) \mid x_1 + x_2 + \cdots + x_n = 0, x_i \in R\}$,則 V 是_____維空間.
(A) n;   (B) $n - 1$;   (C) 2;   (D) 1.

3. 已知三維向量組 $\alpha_1, \alpha_2, \alpha_3$ 線性無關,則下列向量組中_____不構成 R^3 的一組基.
(A) $\alpha_1 + \alpha_2, \alpha_2 + \alpha_3, \alpha_3 + \alpha_1$;   (B) $\alpha_1, \alpha_1 + \alpha_2, \alpha_1 + \alpha_2 + \alpha_3$;
(C) $\alpha_1 - \alpha_2, \alpha_2 - \alpha_3, \alpha_3 - \alpha_1$;   (D) $\alpha_1 + \alpha_2, 2\alpha_2 + \alpha_3, 3\alpha_3 + \alpha_1$.

4. 設 n 元齊次方程組 $AX = \theta, R(A) = r$,其解空間的維數為 s,則_____.
(A) $s = r$ (B) $s = n - r$ (C) $s > r$ (D) $s < n$

5. 設 A 為 n 階實對稱陣,P 為 n 階正交陣,則矩陣 $P^{-1}AP$ 為_____.
(A) 實對稱陣;   (B) 正交陣;
(C) 非奇異陣;   (D) 奇異陣.

(三) 計算與證明

1. 設 A 是 $m \times n$ 階實矩陣,證明:n 維向量的集合.
$$V = \{\alpha \mid A\alpha = \theta, \alpha \in R^n\}$$
對向量的數乘和加法構成向量空間.

2*. 在全體二維實向量集合 V 中定義加法與數乘：
$$(a,b) \oplus (c,d) = (a+c, b+d+ca)$$
$$k \circ (a,b) = \left(ka, kb + \frac{k(k-1)}{2}a^2\right)$$
此時 V 是否構成實數域上的線性空間？為什麼？

3. 設 R^4 的兩組基為

（Ⅰ）$\alpha_1, \alpha_2, \alpha_3, \alpha_4$；

（Ⅱ）$\beta_1 = \alpha_1, \beta_2 = \alpha_1 + \alpha_2, \beta_3 = \alpha_1 + \alpha_2 + \alpha_3,$
$\beta_4 = \alpha_1 + \alpha_2 + \alpha_3 + \alpha_4.$

(1) 求由基(Ⅱ)到基(Ⅰ)的過渡矩陣；

(2) 求在基(Ⅰ)和基(Ⅱ)下有相同坐標的全體向量．

4. 設 α, β 是兩個 n 維實向量，證明 $\|\alpha + \beta\| \leq \|\alpha\| + \|\beta\|$．

5. 設 α 與 β 是正交向量，證明

(1) $\|\alpha + \beta\|^2 = \|\alpha\|^2 + \|\beta\|^2$；

(2) $\|\alpha + \beta\| = \|\alpha - \beta\|$．

6. 當 a、b、c 為何值時，矩陣

$$A = \begin{pmatrix} \frac{1}{\sqrt{2}} & a & 0 \\ 0 & 0 & 1 \\ b & c & 0 \end{pmatrix}$$

是正交陣．

7. 設 A 為 n 階實對稱陣，若 $A^2 = E$，求證 A 是正交矩陣．

8. 設 A 為 n 階可逆對稱陣，且 $A^{-1} = A$，求證 A、A^{-1} 都是正交矩陣．

9. 設 α 是 n 維非零列向量，E 為 n 階單位陣，證明
$$A = E - (2/\alpha^T\alpha)\alpha\alpha^T$$
為正交矩陣．

10. 設 $A = E - 2\alpha\alpha^T$，其中 $\alpha = (a_1, a_2, \cdots, a_n)^T$，若 $\alpha^T\alpha = 1$，計算 $A^T, A^2, AA^T, A\alpha$，並由此證明

(1) A 為對稱陣；

(2) A 為正交陣．

5 矩陣的特徵值與特徵向量

矩陣的特徵值和特徵向量是矩陣的兩個基本概念,對矩陣的描述具有重要作用. 本章將介紹矩陣的特徵值、特徵向量及相似矩陣的概念與性質,並討論矩陣的對角化問題.

§5.1 矩陣的特徵值與特徵向量

§5.1.1 特徵值與特徵向量的基本概念

定義 5.1　設 $A = (a_{ij})$ 是數域 F 上的 n 階矩陣,若對於數域 F 中的數 λ,存在非零 n 維列向量 X,使得

$$AX = \lambda X \tag{5.1}$$

則稱 λ 為矩陣 A 的特徵值,稱 X 為矩陣 A 的屬於(或對應於)特徵值 λ 的特徵向量.

對於任意 n 階矩陣 A,是否一定有特徵值與特徵向量?我們看下面的例子.

例如,在實數域上,對於矩陣

$$A = \begin{pmatrix} 1 & 1 \\ -2 & 4 \end{pmatrix}$$

因

$$A\begin{pmatrix} 1 \\ 1 \end{pmatrix} = \begin{pmatrix} 1 & 1 \\ -2 & 4 \end{pmatrix}\begin{pmatrix} 1 \\ 1 \end{pmatrix} = \begin{pmatrix} 2 \\ 2 \end{pmatrix} = 2\begin{pmatrix} 1 \\ 1 \end{pmatrix}$$

故由定義 5.1, $\lambda = 2$ 是 A 的特徵值, $X = \begin{pmatrix} 1 \\ 1 \end{pmatrix}$ 是 A 的屬於 $\lambda = 2$ 的特徵向量;

在復數域上,對於矩陣

$$B = \begin{pmatrix} 0 & 1 \\ -1 & 0 \end{pmatrix}$$

有

$$B\begin{pmatrix}1\\i\end{pmatrix}=\begin{pmatrix}0&1\\-1&0\end{pmatrix}\begin{pmatrix}1\\i\end{pmatrix}=\begin{pmatrix}i\\-1\end{pmatrix}=i\begin{pmatrix}1\\i\end{pmatrix}$$

這表明 $\lambda = i$ 是 B 的特徵值, $X = \begin{pmatrix}1\\i\end{pmatrix}$ 是 B 的屬於 $\lambda = i$ 的特徵向量. 但假如我們限定在實數域 R 上考慮 B 的特徵值問題, 則因 $i \bar{\in} R$, 故 i 不是 B 的特徵值. 事實上在實數域上矩陣 B 沒有特徵值.

可見一個矩陣是否有特徵值與特徵向量, 與考慮問題的數域有關. 我們約定, 今後有關特徵值與特徵向量的討論均在復數域上進行.

在復數域, 一個 n 階矩陣是否一定有特徵值與特徵向量？有的話, 如何求出其特徵值與特徵向量？下面就此展開討論.

將(5.1)式改寫為：

$$(\lambda E - A)X = 0 \tag{5.2}$$

這是一個以 $\lambda E - A$ 為系數矩陣的 n 元齊次線性方程組. 由定義5.1及上述約定, 矩陣 A 的特徵值 λ 應是使方程組(5.2)有非零解的適當復數, A 的屬於特徵值 λ 的特徵向量 X 就是方程組(5.2)的非零解向量；反之, 若數 λ 使方程組(5.2)有非零解, 則 λ 就是矩陣 A 的特徵值, 其所對應的方程組(5.2)的非零解向量就是矩陣 A 的屬於特徵值 λ 的特徵向量. 由於齊次線性方程組(5.2)有非零解的充要條件是它的系數行列式為零, 即

$$|\lambda E - A| = 0 \tag{5.3}$$

所以, 數 λ 是矩陣 A 的特徵值的充要條件是：λ 是方程(5.3)的根. 這樣, 求矩陣 A 的特徵值問題就轉化為求方程(5.3)的根的問題.

令

$$f(\lambda) = |\lambda E - A| = \begin{vmatrix} \lambda - a_{11} & -a_{12} & \cdots & -a_{1n} \\ -a_{21} & \lambda - a_{22} & \cdots & -a_{2n} \\ \cdots & \cdots & & \cdots \\ -a_{n1} & -a_{n2} & \cdots & \lambda - a_{nn} \end{vmatrix}$$

顯然, 在其展開式中, 有一項是主對角線上元素的連乘積：

$$(\lambda - a_{11})(\lambda - a_{22})\cdots(\lambda - a_{nn}) \tag{5.4}$$

而展開式的其餘各項, 其因子中至多含有 $n - 2$ 個主對角線上的元素, 故 λ 的次數最多是 $n - 2$ 次. 因此 $f(\lambda)$ 的展開式中 λ 的 n 次冪與 $n - 1$ 次冪只可能在連乘

積(5.4)中出現. 顯然,它們是
$$\lambda^n - (a_{11} + a_{22} + \cdots + a_{nn})\lambda^{n-1}$$
又因為,在 $f(\lambda)$ 中令 $\lambda = 0$,得 $f(\lambda)$ 的常數項為:
$$|-A| = (-1)^n |A|$$
因此
$$f(\lambda) = |\lambda E - A|$$
$$= \lambda^n - (a_{11} + a_{22} + \cdots + a_{nn})\lambda^{n-1} + \cdots + (-1)^n |A| \qquad (5.5)$$
即 $f(\lambda)$ 是關於 λ 的 n 次多項式.

定義 5.2 設 $A = (a_{ij})$ 為 n 階矩陣,稱矩陣 $\lambda E - A$ 為 A 的特徵矩陣,$\lambda E - A$ 的行列式 $|\lambda E - A|$ 為 A 的特徵多項式,方程(5.3)即 $|\lambda E - A| = 0$ 為 A 的特徵方程.

根據代數學基本定理,在復數域上,A 的特徵方程(5.3)必有 n 個根(k 重根算 k 個根),它們便是 n 階矩陣 A 的全部 n 個特徵值(所以特徵值又叫特徵根). 可見在復數域上,n 階矩陣 A 必有 n 個特徵值,A 的關於某個特徵值 λ_0 的全部特徵向量就是齊次線性方程組
$$(\lambda_0 E - A)X = 0$$
的全部非零解向量.

綜上所述,在復數域上確定矩陣 A 的特徵值與特徵向量可以按以下步驟進行:

(1) 計算 n 階矩陣 A 的特徵多項式 $|\lambda E - A|$;

(2) 求出特徵方程 $|\lambda E - A| = 0$ 的全部根,它們就是矩陣 A 的全部特徵值.

(3) 設 $\lambda_1, \lambda_2, \cdots, \lambda_r$ 是 A 的全部互異特徵值. 對於每一個 λ_i,解齊次線性方程組 $(\lambda_i E - A)X = 0$,求出它的一個基礎解系,它們就是 A 的屬於特徵值 λ_i 的一組線性無關特徵向量,該方程組的全體非零解向量就是 A 的屬於特徵值 λ_i 的全部特徵向量.

下面我們導出特徵多項式 $f(\lambda)$ 的兩個很有用的性質.

設 $f(\lambda)$ 的根為 $\lambda_1, \lambda_2, \cdots, \lambda_n$,則有
$$f(\lambda) = (\lambda - \lambda_1)(\lambda - \lambda_2)\cdots(\lambda - \lambda_n)$$
$$= \lambda^n - (\lambda_1 + \lambda_2 + \cdots + \lambda_n)\lambda^{n-1} + \cdots + (-1)^n \lambda_1 \lambda_2 \cdots \lambda_n$$
與(5.5)式比較,得

1° $\lambda_1 + \lambda_2 + \cdots + \lambda_n = a_{11} + a_{22} + \cdots + a_{nn}$;

2° $\lambda_1 \lambda_2 \cdots \lambda_n = |A|$.

通常稱 n 階矩陣 A 的主對角線上 n 個元素的和為 A 的**跡**,記作 $\mathrm{tr}(A)$,由 1° 有 $\mathrm{tr}(A) = \lambda_1 + \lambda_2 + \cdots \lambda_n$.

例 1　求矩陣 $A = \begin{pmatrix} 1 & 2 & 2 \\ 2 & 1 & 2 \\ 2 & 2 & 1 \end{pmatrix}$ 的特徵值與全部特徵向量.

解　A 的特徵多項式為

$$|\lambda E - A| = \begin{vmatrix} \lambda - 1 & -2 & -2 \\ -2 & \lambda - 1 & -2 \\ -2 & -2 & \lambda - 1 \end{vmatrix} = (\lambda - 5)(\lambda + 1)^2$$

所以 A 的特徵值為

$$\lambda_1 = 5, \quad \lambda_2 = \lambda_3 = -1$$

對 $\lambda_1 = 5$,解齊次線性方程組 $(5E - A)X = 0$,即

$$\begin{cases} 4x_1 - 2x_2 - 2x_3 = 0 \\ -2x_1 + 4x_2 - 2x_3 = 0 \\ -2x_1 - 2x_2 + 4x_3 = 0 \end{cases}$$

得基礎解系

$$X_1 = \begin{pmatrix} 1 \\ 1 \\ 1 \end{pmatrix}$$

X_1 就是 A 的屬於 $\lambda_1 = 5$ 的線性無關特徵向量,A 的屬於 $\lambda_1 = 5$ 的全部特徵向量為

$$k_1 X_1 = k_1 \begin{pmatrix} 1 \\ 1 \\ 1 \end{pmatrix}, (k_1 \neq 0).$$

對 $\lambda_2 = \lambda_3 = -1$,解齊次線性方程組 $(-E - A)X = 0$,即

$$\begin{cases} -2x_1 - 2x_2 - 2x_3 = 0 \\ -2x_1 - 2x_2 - 2x_3 = 0 \\ -2x_1 - 2x_2 + 2x_3 = 0 \end{cases}$$

得基礎解系

$$X_2 = \begin{pmatrix} -1 \\ 1 \\ 0 \end{pmatrix}, \quad X_3 = \begin{pmatrix} -1 \\ 0 \\ 1 \end{pmatrix}$$

X_2, X_3 就是 A 的屬於 $\lambda_2 = \lambda_3 = -1$ 的線性無關特徵向量,A 的屬於 $\lambda_2 = \lambda_3 = -1$ 的全部特徵向量為

$$k_2 X_2 + k_3 X_3 = k_2 \begin{pmatrix} -1 \\ 1 \\ 0 \end{pmatrix} + k_3 \begin{pmatrix} -1 \\ 0 \\ 1 \end{pmatrix}, (k_2, k_3 \text{ 不全為 } 0).$$

例 2 求 $A = \begin{pmatrix} 2 & -1 & 1 \\ 0 & 3 & -1 \\ 2 & 1 & 3 \end{pmatrix}$ 的特徵值與全部特徵向量.

解 A 的特徵多項式為

$$|\lambda E - A| = \begin{vmatrix} \lambda - 2 & 1 & -1 \\ 0 & \lambda - 3 & 1 \\ -2 & -1 & \lambda - 3 \end{vmatrix} = (\lambda - 4)(\lambda - 2)^2$$

所以 A 的特徵值為

$$\lambda_1 = 4, \quad \lambda_2 = \lambda_3 = 2$$

對 $\lambda_1 = 4$,解齊次線性方程組 $(4E - A)X = 0$,即

$$\begin{cases} 2x_1 + x_2 - x_3 = 0 \\ x_2 + x_3 = 0 \\ -2x_1 - x_2 + x_3 = 0 \end{cases}$$

得基礎解系

$$X_1 = \begin{pmatrix} 1 \\ -1 \\ 1 \end{pmatrix}$$

X_1 是 A 的屬於 $\lambda_1 = 4$ 的線性無關特徵向量,A 的屬於 $\lambda_1 = 4$ 的全部特徵向量為

$$k_1 X_1, (k_1 \neq 0)$$

對 $\lambda_2 = \lambda_3 = 2$,解齊次線性方程組 $(2E - A)X = 0$,即

$$\begin{cases} x_2 - x_3 = 0 \\ -x_2 + x_3 = 0 \\ -2x_1 - x_2 - x_3 = 0 \end{cases}$$

得基礎解系

$$X_2 = \begin{pmatrix} -1 \\ 1 \\ 1 \end{pmatrix}$$

X_2 是 A 的屬於 $\lambda_2 = \lambda_3 = 2$ 的線性無關特徵向量，A 的屬於 $\lambda_2 = \lambda_3 = 2$ 的全部特徵向量為

$$k_2 X_2, (k_2 \neq 0)$$

例 3 若 A 是可逆矩陣，證明

(1) A 沒有零特徵值；

(2) 若 λ 是 A 的一個特徵值，則 $\dfrac{1}{\lambda}$ 是 A^{-1} 的一個特徵值；

(3) 若 λ 是 A 的一個特徵值，則 $\dfrac{|A|}{\lambda}$ 是 A^* 的一個特徵值．

證明 (1) 用反證法．假設 A 有一個特徵值 $\lambda_i = 0$，則

$$|A| = \lambda_1 \lambda_2 \cdots \lambda_i \cdots \lambda_n = 0$$

即 A 不可逆，這與已知矛盾，所以 A 沒有零特徵值．

(2) 因為 λ 是 A 的一個特徵值，所以有 $X \neq \theta$，使

$$AX = \lambda X \tag{5.6}$$

用 A^{-1} 左乘 (5.6) 式兩端，得

$$A^{-1}AX = \lambda A^{-1}X \quad 即 \quad X = \lambda A^{-1}X$$

從而

$$A^{-1}X = \frac{1}{\lambda}X$$

故 $\dfrac{1}{\lambda}$ 是 A^{-1} 的一個特徵值．

(3) 用 A^* 左乘 (5.6) 式兩端，得

$$A^*AX = \lambda A^*X \quad 即 \quad |A|X = \lambda A^*X$$

故

$$A^*X = \frac{|A|}{\lambda}X$$

因此，$\dfrac{|A|}{\lambda}$ 是 A^* 的一個特徵值．

從上述證明過程還可看出，A 與 A^{-1}、A^* 有相同的特徵向量。

例 4 設矩陣
$$A = \begin{pmatrix} 1 & -3 & 3 \\ 3 & a & 3 \\ 6 & -6 & b \end{pmatrix}$$

有特徵值 $\lambda_1 = -2, \lambda_2 = 4$，求 a、b.

解 因 $\lambda_1 = -2, \lambda_2 = 4$ 均為 A 的特徵值，故
$$|\lambda_1 E - A| = 0, |\lambda_2 E - A| = 0$$

即
$$|-2E - A| = \begin{vmatrix} -3 & 3 & -3 \\ -3 & -2-a & -3 \\ -6 & 6 & -2-b \end{vmatrix} = 3(5+a)(4-b) = 0$$

$$|4E - A| = \begin{vmatrix} 3 & 3 & -3 \\ -3 & 4-a & -3 \\ -6 & 6 & 4-b \end{vmatrix} = 3[-(7-a)(2+b) + 72] = 0$$

解之得 $a = -5, b = 4$

例 5 設向量 $\alpha = (a_1, a_2, \cdots, a_n)^T, \beta = (b_1, b_2, \cdots, b_n)^T$ 都是非零向量，且滿足條件 $\alpha^T \beta = 0$，記 n 階矩陣 $A = \alpha \beta^T$. 求

(1) A^2；

(2) 矩陣 A 的特徵值和特徵向量.

解 (1) 由 $A = \alpha \beta^T$ 和 $\alpha^T \beta = 0$，有
$$A^2 = AA = (\alpha \beta^T)(\alpha \beta^T) = \alpha(\beta^T \alpha)\beta^T = (\beta^T \alpha)(\alpha \beta^T) = 0A = O$$

(2) 設 λ 為 A 的任一特徵值，A 的對應於 λ 的特徵向量為 X，則
$$AX = \lambda X, \quad A^2 X = \lambda AX = \lambda^2 X$$

因 $A^2 = O$，故
$$\lambda^2 X = \theta$$

又，$X \neq \theta$，所以
$$\lambda^2 = 0, \text{即 } \lambda = 0$$

不妨設 α, β 中分量 $a_1 \neq 0, b_1 \neq 0$. 對齊次線性方程組 $(0E - A)X = 0$ 的系數矩陣作行初等變換

$$0E - A = -A = \begin{pmatrix} -a_1 b_1 & -a_1 b_2 & \cdots & -a_1 b_n \\ -a_2 b_1 & -a_2 b_2 & \cdots & -a_2 b_n \\ \cdots & \cdots & \cdots & \cdots \\ -a_n b_1 & -a_n b_2 & \cdots & -a_n b_n \end{pmatrix}$$

$$\rightarrow \begin{pmatrix} b_1 & b_2 & \cdots & b_n \\ 0 & 0 & \cdots & 0 \\ \cdots & \cdots & \cdots & \cdots \\ 0 & 0 & \cdots & 0 \end{pmatrix} \rightarrow \begin{pmatrix} 1 & \dfrac{b_2}{b_1} & \cdots & \dfrac{b_n}{b_1} \\ 0 & 0 & \cdots & 0 \\ \cdots & \cdots & \cdots & \cdots \\ 0 & 0 & \cdots & 0 \end{pmatrix}$$

得方程組的基礎解系為

$$X_1 = \begin{pmatrix} -\dfrac{b_2}{b_1} \\ 1 \\ 0 \\ \vdots \\ 0 \end{pmatrix}, X_2 = \begin{pmatrix} -\dfrac{b_3}{b_1} \\ 0 \\ 1 \\ \vdots \\ 0 \end{pmatrix}, \cdots, X_{n-1} = \begin{pmatrix} -\dfrac{b_n}{b_1} \\ 0 \\ 0 \\ \vdots \\ 1 \end{pmatrix}$$

於是 A 的對應於特徵值 $\lambda = 0$ 的全部特徵向量為

$$k_1 X_1 + k_2 X_2 + \cdots + k_{n-1} X_{n-1}, (k_1, k_2, \cdots, k_{n-1} \text{ 不全為零}).$$

§5.1.2 特徵值與特徵向量的性質

定理 5.1　n 階矩陣 A 與它的轉置矩陣 A^T 有相同的特徵值.

證明　因 $|\lambda E - A| = |(\lambda E - A)^T| = |\lambda E - A^T|$,即 A 與 A^T 有相同的特徵多項式,所以它們有相同的特徵值.

【**註**】　雖然矩陣 A 與它的轉置矩陣 A^T 有相同的特徵值,但是 A,A^T 的屬於同一特徵值的特徵向量不一定相同.

定理 5.2　若 $\lambda_1, \lambda_2, \cdots, \lambda_m$ 是矩陣 A 的互異特徵值,$X_1, X_2, \cdots, X_m$ 是 A 的分別屬於 $\lambda_1, \lambda_2, \cdots, \lambda_m$ 的特徵向量,則 $X_1, X_2, \cdots, X_m$ 線性無關.

證明　(對 m 使用數學歸納法)

當 $m = 1$ 時,由於單個非零向量線性無關,所以結論成立.

假設結論對 $m - 1$ 個互異特徵值 $\lambda_1, \lambda_2, \cdots, \lambda_{m-1}$ 的情形成立,即它們所對應的特徵向量 $X_1, X_2, \cdots, X_{m-1}$ 線性無關. 現證明 m 個互異特徵值 $\lambda_1, \lambda_2, \cdots, \lambda_m$ 各自對應的特徵向量 $X_1, X_2, \cdots, X_m$ 也線性無關.

設

$$k_1 X_1 + k_2 X_2 + \cdots + k_{m-1} X_{m-1} + k_m X_m = \theta \tag{5.7}$$

用 A 左乘(5.7)式兩端得

$$k_1 A X_1 + k_2 A X_2 + \cdots + k_{m-1} A X_{m-1} + k_m A X_m = \theta \tag{5.8}$$

因
$$AX_i = \lambda_i A_i \quad (i = 1, 2, \cdots, m)$$
故
$$k_1\lambda_1 X_1 + k_2\lambda_2 X_2 + \cdots + k_{m-1}\lambda_{m-1} X_{m-1} + k_m\lambda_m X_m = \theta \tag{5.9}$$
用 λ_m 乘(5.7)式兩邊得
$$k_1\lambda_m X_1 + k_2\lambda_m X_2 + \cdots + k_{m-1}\lambda_m X_{m-1} + k_m\lambda_m X_m = \theta \tag{5.10}$$
(5.10)式減去(5.9)式得
$$k_1(\lambda_m - \lambda_1)X_1 + k_2(\lambda_m - \lambda_2)X_2 + \cdots + k_{m-1}(\lambda_m - \lambda_{m-1})X_{m-1} = \theta$$
由歸納法假設,$X_1, X_2, \cdots, X_{m-1}$ 線性無關,所以
$$k_i(\lambda_m - \lambda_i) = 0 \quad (i = 1, 2, \cdots, m-1)$$
又
$$\lambda_m - \lambda_i \neq 0$$
故只有
$$k_i = 0 \quad (i = 1, 2, \cdots, m-1)$$
代入(5.7)式得
$$k_m X_m = \theta$$
而
$$X_m \neq \theta$$
所以只有 $k_m = 0$, 故 $X_1, X_2, \cdots, X_m$ 線性無關.

定理5.3 若 $\lambda_1, \lambda_2, \cdots, \lambda_m$ 是矩陣 A 的互異特徵值,而 $X_{i1}, X_{i2}, \cdots, X_{ir_i}(i = 1, 2, \cdots, m)$ 是 A 的屬於特徵值 λ_i 的線性無關特徵向量,則向量組
$$X_{11}, X_{12}, \cdots X_{1r_1}, X_{21}, X_{22}, \cdots, X_{2r_2}, \cdots, X_{m1}, X_{m2}, \cdots, X_{mr_m}$$
線性無關.(證略)

根據定理5.3,對於一個 n 階矩陣 A,求它的屬於每個特徵值的線性無關特徵向量,把它們合在一起仍然是線性無關的.它們就是 A 的線性無關的特徵向量.

在例1中,A 有3個線性無關的特徵向量,例2中,A 有2個線性無關的特徵向量.

A 的線性無關的特徵向量的個數與 A 的特徵值有什麼樣的關係呢?對此,我們有如下定理.

定理5.4 若 λ_0 是 n 階矩陣 A 的 k 重特徵值,則 A 的屬於 λ_0 的線性無關特徵向量最多有 k 個.(證略)

例如,例1中 A 的屬於2重特徵值 -1 的線性無關特徵向量的個數剛好為2

個;而例2中 A 的屬於2重特徵值2的線性無關特徵向量則只有1個;例3則表明每個單根對應的線性無關特徵向量剛好是1個. 特別地,我們可以推出1重特徵值的線性無關特徵向量總是只有1個. 總之,三例中矩陣 A 的屬於某個特徵值的線性無關特徵向量的個數都不超過該特徵值的重數.

習題 5.1

1. 設 λ 是 n 階方陣 A 的一個特徵值.
   (1) 求 kA 的特徵值(k 為任意實數);
   (2) 求 A^m 的特徵值(m 為正整數);
   (3) 設 $f(x) = a_m x^m + a_{m-1} x^{m-1} + \cdots + a_1 x + a_0$,求 $f(A)$ 的特徵值.

2. 若 $A^2 = A$,稱 A 為冪等矩陣. 證明冪等矩陣的特徵值為 0 或 1.

3. 若正交矩陣有實特徵值,證明其特徵值為 1 或 -1.

4. 求下列矩陣的特徵值與特徵向量.

   (1) $\begin{pmatrix} 4 & 2 & 1 \\ -2 & 0 & -1 \\ 1 & 1 & 0 \end{pmatrix}$
   (2) $\begin{pmatrix} 2 & -2 & 0 \\ -2 & 1 & -2 \\ 0 & -2 & 0 \end{pmatrix}$

   (3) $\begin{pmatrix} -2 & 3 & -1 \\ -6 & 7 & -2 \\ -9 & 9 & -2 \end{pmatrix}$
   (4) $\begin{pmatrix} a & 0 & 0 \\ 0 & a & 0 \\ 0 & 0 & a \end{pmatrix}$

   (5) $\begin{pmatrix} a & 1 & 0 & \cdots & 0 & 0 \\ 0 & a & 1 & \cdots & 0 & 0 \\ \cdots & \cdots & \cdots & \cdots & \cdots & \cdots \\ 0 & 0 & 0 & \cdots & a & 1 \\ 0 & 0 & 0 & \cdots & 0 & a \end{pmatrix}$

5. 設 $A = \begin{pmatrix} 3 & 1 \\ 5 & -1 \end{pmatrix}$,求

   (1) A 的特徵值與特徵向量;
   (2) $A^{50} \begin{pmatrix} 1 \\ -5 \end{pmatrix}$.

6. 證明一個矩陣 A 以零為其一個特徵值的充要條件是 A 是一個奇異矩陣.

7. 設三階方陣 A 的特徵值為 $2,-1,0$. 求矩陣 $B = 2A^3 - 5A^2 + 3E$ 的特徵值與 $|B|$.

8. 設 X_1 與 X_2 分別是 A 對應於特徵值 λ_1 與 λ_2 的特徵向量,且 $\lambda_1 \neq \lambda_2$. 證明 $X_1 + X_2$ 不可能是 A 的特徵向量.

§5.2 相似矩陣與矩陣對角化

§5.2.1 相似矩陣及其性質

定義 5.4 設 A、B 為 n 階矩陣,若存在非奇異矩陣 P,使得
$$B = P^{-1}AP$$
則稱 A 與 B 相似. 記作 $A \backsim B$. P 稱為相似變換矩陣.

矩陣的相似關係滿足:

1° 反身性: $A \backsim A$.

這是因為 $A = E^{-1}AE$.

2° 對稱性: 若 $A \backsim B$,則 $B \backsim A$.

事實上,因為 $A \backsim B$,所以存在可逆矩陣 P,使得
$$B = P^{-1}AP$$
於是
$$A = PBP^{-1} = (P^{-1})^{-1}BP^{-1}$$
即
$$B \backsim A.$$

3° 傳遞性: 若 $A \backsim B, B \backsim C$,則 $A \backsim C$.

事實上,因為 $A \backsim B, B \backsim C$,所以存在可逆矩陣 P_1, P_2,使得
$$B = P_1^{-1}AP_1, C = P_2^{-1}BP_2$$
所以
$$C = P_2^{-1}BP_2 = P_2^{-1}P_1^{-1}AP_1P_2 = (P_1P_2)^{-1}AP_1P_2$$
從而
$$A \backsim C.$$

相似矩陣還具有以下性質:

(1) 相似矩陣的行列式相等.

(2) 相似矩陣有相同的秩.((1)(2) 請讀者自證)

(3) 相似矩陣或者都可逆或者都不可逆. 當它們可逆時, 它們的逆矩陣也相似.

證明 設 $A \backsim B$, 由性質(1)有 $|A|=|B|$, 所以 $|A|$ 與 $|B|$ 同時不為零或為零, 因此 A 與 B 同時可逆或不可逆.

若 A 與 B 均可逆, 因 $A \backsim B$, 故存在可逆矩陣 P, 使得
$$B = P^{-1}AP$$
則有
$$B^{-1} = P^{-1}A^{-1}(P^{-1})^{-1} = P^{-1}A^{-1}P$$
即
$$A^{-1} \backsim B^{-1}$$

(4) 相似矩陣的冪仍相似. 即若 $A \backsim B$, 則 $A^k \backsim B^k$, (k 為任意非負整數).

證明 當 $k=0$ 時, $A^0 = B^0 = E$, 所以 $A^0 \backsim B^0$.

當 k 為正整數時, 若 $B = P^{-1}AP$, 則
$$\begin{aligned}B^k &= (P^{-1}AP)^k = (P^{-1}AP)(P^{-1}AP)\cdots(P^{-1}AP)\\&= P^{-1}A(PP^{-1})A(PP^{-1})\cdots A(PP^{-1})AP = P^{-1}A^k P\end{aligned}$$
即
$$A^k \backsim B^k$$

(5) 相似矩陣有相同的特徵值.

證明 設 $A \backsim B$. (只須證明 A、B 有相同的特徵多項式).
$$\begin{aligned}|\lambda E - B| &= |\lambda E - P^{-1}AP| = |P^{-1}(\lambda E)P - P^{-1}AP|\\&= |P^{-1}(\lambda E - A)P| = |P^{-1}|\cdot|\lambda E - A|\cdot|P| = |\lambda E - A|.\end{aligned}$$

【註】(1) 雖然相似矩陣有相同的特徵值, 但它們屬於同一特徵值的特徵向量不一定相同(見復習題五第 5 題).

(2) 此命題的逆命題不成立, 即特徵值相同的矩陣未必相似.

§5.2.2　n 階矩陣 A 與對角矩陣相似的條件

對 n 階矩陣 A, 任給一個 n 階非奇異矩陣 P, 則 $P^{-1}AP$ 就與 A 相似, 所以與 A 相似的矩陣很多. 因為相似矩陣有很多共同性質, 所以我們只要從與 A 相似的一類矩陣中找到一個特別簡單的矩陣, 通過對這個簡單矩陣的研究就可知道 A 的不少性質. 我們知道對角矩陣是一種很簡單的矩陣. 那麼, 什麼樣的 n 階矩陣才能與對角矩陣相似呢? 下面給出 n 階矩陣 A 與對角矩陣相似的條件.

定理 5.5　n 階矩陣 A 與對角矩陣 Λ 相似的充分必要條件是 A 有 n 個線性無關的特徵向量.

證明　必要性. 設 $A \backsim \Lambda = \mathrm{diag}(\lambda_1, \lambda_2, \cdots, \lambda_n)$, 則存在非奇異矩陣
$$P = (X_1, X_2, \cdots, X_n)$$
(其中 $X_1, X_2, \cdots, X_n$ 為線性無關的非零列向量) 使得
$$P^{-1}AP = \mathrm{diag}(\lambda_1, \lambda_2, \cdots, \lambda_n)$$
用 P 左乘上式兩端得
$$AP = P\mathrm{diag}(\lambda_1, \lambda_2, \cdots, \lambda_n)$$
即
$$A(X_1, X_2, \cdots, X_n) = (X_1, X_2, \cdots, X_n)\begin{pmatrix} \lambda_1 & & & \\ & \lambda_2 & & \\ & & \ddots & \\ & & & \lambda_n \end{pmatrix}$$
從而
$$(AX_1, AX_2, \cdots, AX_n) = (\lambda_1 X_1, \lambda_2 X_2 \cdots, \lambda_n X_n)$$
於是有
$$AX_i = \lambda_i X_i (i = 1, 2, \cdots, n)$$
所以 $X_1, X_2, \cdots, X_n$ 是 A 的分別對應於特徵值 $\lambda_1, \lambda_2, \cdots, \lambda_n$ 的線性無關特徵向量.

充分性. 設 $X_1, X_2, \cdots, X_n$ 是 A 的 n 個線性無關特徵向量, X_i 對應的特徵值為 $\lambda_i (i = 1, 2, \cdots, n)$. 記 $P = (X_1, X_2, \cdots, X_n)$, 則 P 為非奇異矩陣. 因 $AX_i = \lambda_i X_i (i = 1, 2, \cdots, n)$, 故
$$AP = (AX_1, AX_2, \cdots, AX_n) = (\lambda_1 X_1, \lambda_2 X_2, \cdots, \lambda_n X_n)$$
$$= (X_1, X_2, \cdots, X_n)\begin{pmatrix} \lambda_1 & & & \\ & \lambda_2 & & \\ & & \ddots & \\ & & & \lambda_n \end{pmatrix}$$
即
$$AP = P\mathrm{diag}(\lambda_1, \lambda_2, \cdots, \lambda_n)$$
用 P^{-1} 左乘上式兩端得
$$P^{-1}AP = \mathrm{diag}(\lambda_1, \lambda_2, \cdots, \lambda_n)$$
所以

$$A \backsim \Lambda = \mathrm{diag}(\lambda_1, \lambda_2, \cdots, \lambda_n)$$

如果 A 與對角陣相似,則稱 A 可對角化。當 n 階矩陣 A 有 n 個互異特徵值時,由定理 5.2 可知, A 必有 n 個線性無關的特徵向量. 於是可得定理 5.5 的如下推論.

推論 若 n 階矩陣 A 有 n 個互異特徵值,則 A 可對角化.

定理 5.5 的證明表明,當 A 與對角陣相似時,對角陣 Λ 的主對角元除排列次序外是唯一確定的,它們恰是 A 的全部特徵值;使得 $P^{-1}AP = \Lambda$ 的可逆矩陣 P 的 n 個列則是 A 的 n 個線性無關特徵向量.

例如,§5.1 例 1 中的 3 階矩陣 A 有 3 個線性無關的特徵向量,故 A 相似於對角陣

$$\Lambda = \begin{pmatrix} 5 & & \\ & -1 & \\ & & -1 \end{pmatrix}, \quad 相似變換矩陣 P = \begin{pmatrix} 1 & -1 & -1 \\ 1 & 1 & 0 \\ 1 & 0 & 1 \end{pmatrix}$$

§5.1 例 2 中的 3 階矩陣 A 只有 2 個線性無關的特徵向量,故 A 不與任何對角陣相似.

【註】 定理 5.5 的證明過程還表明,與矩陣 A 相似的對角陣一般不唯一(對角陣 Λ 中主對角元的順序可以變動),相應地,可逆矩陣 P 也不唯一.

結合定理 5.5 和定理 5.4 容易理解, n 階矩陣 A 是否與對角陣相似的關鍵在於 A 的 k 重特徵值對應的線性無關特徵向量是否恰有 k 個. 對此我們有下面的定理.

定理 5.6 n 階矩陣 A 可對角化的充要條件是 A 的每個 k 重特徵值 λ 恰好對應有 k 個線性無關的特徵向量(即矩陣 $\lambda E - A$ 的秩為 $n - k$).

證明 必要性. 因 n 階矩陣 A 與對角陣相似,由定理 5.5 知, A 恰有 n 個線性無關的特徵向量,又因 A 的 k 重特徵值對應有且僅有不超過 k 個的線性無關的特徵向量,而復數域 F 上的 n 階矩陣 A 的所有特徵值的重數之和恰為 n ,所以 A 的 k 重特徵值恰對應有 k 個線性無關的特徵向量.

充分性. 因 n 階矩陣 A 的每個 k 重特徵值恰對應有 k 個線性無關的特徵向量,所以 A 的所有特徵值對應的線性無關的特徵向量合起來剛好有 n 個. 由定理 5.5, A 與對角陣相似.

例1 設矩陣
$$A = \begin{pmatrix} 4 & 6 & 0 \\ -3 & -5 & 0 \\ -3 & -6 & 1 \end{pmatrix}$$

(1) 判斷 A 是否與對角陣相似;若相似,求與 A 相似的對角矩陣 Λ 和相似變換矩陣 P;

(2) 求 A^{100}.

解 (1) 因為
$$|\lambda E - A| = (\lambda + 2)(\lambda - 1)^2,$$
所以 A 有特徵值
$$\lambda_1 = -2, \lambda_2 = \lambda_3 = 1.$$
對 $\lambda_1 = -2$,解方程組
$$(-2E - A)X = 0$$
得基礎解系
$$X_1 = (-1, 1, 1)^T.$$
對 $\lambda_2 = \lambda_3 = 1$,解方程組
$$(E - A)X = 0$$
得基礎解系
$$X_2 = (-2, 1, 0)^T, X_3 = (0, 0, 1)^T.$$
顯然,A 有 3 個線性無關的特徵向量,所以 A 與對角矩陣
$$\Lambda = \begin{pmatrix} -2 & & \\ & 1 & \\ & & 1 \end{pmatrix}$$
相似.

以 X_1, X_2, X_3 作為列向量,得相似變換矩陣
$$P = \begin{pmatrix} -1 & -2 & 0 \\ 1 & 1 & 0 \\ 1 & 0 & 1 \end{pmatrix}$$
有
$$P^{-1}AP = \begin{pmatrix} -2 & & \\ & 1 & \\ & & 1 \end{pmatrix}$$

（2）因 $A = PAP^{-1}$，故

$$A^2 = P\begin{pmatrix} -2 & & \\ & 1 & \\ & & 1 \end{pmatrix} P^{-1} P \begin{pmatrix} -2 & & \\ & 1 & \\ & & 1 \end{pmatrix} P^{-1} = P \begin{pmatrix} -2 & & \\ & 1 & \\ & & 1 \end{pmatrix}^2 P^{-1}$$

類似可得

$$A^{100} = P\begin{pmatrix} -2 & & \\ & 1 & \\ & & 1 \end{pmatrix}^{100} P^{-1}$$

又由

$$P^{-1} = \begin{pmatrix} 1 & 2 & 0 \\ -1 & -1 & 0 \\ -1 & -2 & 1 \end{pmatrix}$$

得

$$A^{100} = \begin{pmatrix} -1 & -2 & 0 \\ 1 & 1 & 0 \\ 1 & 0 & 1 \end{pmatrix} \begin{pmatrix} 2^{100} & & \\ & 1 & \\ & & 1 \end{pmatrix} \begin{pmatrix} 1 & 2 & 0 \\ -1 & -1 & 0 \\ -1 & -2 & 1 \end{pmatrix}$$

$$= \begin{pmatrix} -2^{100}+2 & -2^{101}+2 & 0 \\ 2^{100}-1 & 2^{101}-1 & 0 \\ 2^{100}-1 & 2^{101}-2 & 1 \end{pmatrix}$$

例 2 已知矩陣

$$A = \begin{pmatrix} 2 & 0 & 0 \\ 0 & 0 & 1 \\ 0 & 1 & x \end{pmatrix}, B = \begin{pmatrix} 2 & 0 & 0 \\ 0 & y & 0 \\ 0 & 0 & -1 \end{pmatrix}$$

相似.

（1）求 x 與 y；

（2）求可逆矩陣 P 使得 $P^{-1}AP = B$.

解 （1）因 A 與 B 相似，故 $|\lambda E - A| = |\lambda E - B|$，即

$$\begin{vmatrix} \lambda-2 & 0 & 0 \\ 0 & \lambda & -1 \\ 0 & -1 & \lambda-x \end{vmatrix} = \begin{vmatrix} \lambda-2 & 0 & 0 \\ 0 & \lambda-y & 0 \\ 0 & 0 & \lambda+1 \end{vmatrix}$$

從而

$$(\lambda-2)(\lambda^2-x\lambda-1) = (\lambda-2)[\lambda^2+(1-y)\lambda-y]$$

比較等式兩邊 λ 的系數,得
$$x = 0, y = 1$$
此時
$$A = \begin{pmatrix} 2 & 0 & 0 \\ 0 & 0 & 1 \\ 0 & 1 & 0 \end{pmatrix}, \quad B = \begin{pmatrix} 2 & 0 & 0 \\ 0 & 1 & 0 \\ 0 & 0 & -1 \end{pmatrix}$$

(2) 由 B 知 A 的特徵值為 $2, 1, -1$,且可求得 A 屬於特徵值 $2, 1, -1$ 的線性無關特徵向量分別為
$$X_1 = \begin{pmatrix} 1 \\ 0 \\ 0 \end{pmatrix} \quad X_2 = \begin{pmatrix} 0 \\ 1 \\ 1 \end{pmatrix} \quad X_3 = \begin{pmatrix} 0 \\ 1 \\ -1 \end{pmatrix}$$

以 X_1, X_2, X_3 為列向量得矩陣
$$P = (X_1, X_2, X_3)$$
則 P 可逆,且
$$P^{-1}AP = B$$

例 3 已知 $X = \begin{pmatrix} 0 \\ 1 \\ -1 \end{pmatrix}$ 是矩陣 $A = \begin{pmatrix} 2 & -1 & 2 \\ 5 & a & 3 \\ -1 & b & -2 \end{pmatrix}$ 的一個特徵向量.

(1) 求 a, b 及 X 所對應的特徵值;

(2) 問 A 能否相似於對角陣?

解 (1) 由 $AX = \lambda X$ 得
$$\begin{pmatrix} 2 & -1 & 2 \\ 5 & a & 3 \\ -1 & b & -2 \end{pmatrix} \begin{pmatrix} 1 \\ 1 \\ -1 \end{pmatrix} = \lambda \begin{pmatrix} 1 \\ 1 \\ -1 \end{pmatrix}, \quad 即 \begin{cases} 2 - 1 - 2 = \lambda \\ 5 + a - 3 = \lambda \\ -1 + b + 2 = -\lambda \end{cases}$$

解得
$$\lambda = -1, a = -3, b = 0$$

(2) 由
$$|\lambda E - A| = \begin{vmatrix} \lambda - 2 & 1 & -2 \\ -5 & \lambda + 3 & -3 \\ 1 & 0 & \lambda + 2 \end{vmatrix} = (\lambda + 1)^3$$

知 $\lambda = -1$ 是 A 的三重特徵值.

由於

$$R(-E-A) = R\begin{pmatrix} -3 & 1 & -2 \\ -5 & 2 & -3 \\ 1 & 0 & 1 \end{pmatrix} = 2$$

從而三重特徵值 $\lambda = -1$ 對應的線性無關特徵向量的個數為 $3 - 2 = 1$,故 A 不能對角化.

例 4　設矩陣

$$A = \begin{pmatrix} 0 & 0 & 1 \\ x & 1 & y \\ 1 & 0 & 0 \end{pmatrix}$$

有 3 個線性無關的特徵向量,求 x, y 滿足的條件.

解　由

$$|\lambda E - A| = \begin{vmatrix} \lambda & 0 & -1 \\ -x & \lambda - 1 & -y \\ -1 & 0 & \lambda \end{vmatrix} = (\lambda - 1)^2 (\lambda + 1)$$

得 A 的特徵值

$$\lambda_1 = \lambda_2 = 1, \ \lambda_3 = -1$$

因為 A 有三個線性無關的特徵向量,因此 2 重根 $\lambda_1 = 1$ 對應有兩個線性無關的特徵向量. 即齊次方程組 $(E - A)X = 0$ 的基礎解系中所含解向量的個數為 2,於是 $R(E - A) = 1$.

又因

$$E - A = \begin{pmatrix} 1 & 0 & -1 \\ -x & 0 & -y \\ -1 & 0 & 1 \end{pmatrix} \rightarrow \begin{pmatrix} 1 & 0 & -1 \\ 0 & 0 & -(x+y) \\ 0 & 0 & 0 \end{pmatrix}$$

故得 $-(x + y) = 0$,即 x, y 應滿足的條件為 $x + y = 0$.

習題 5.2

1. 利用習題 5.1 第 4 題中的計算結果判斷各矩陣是否與對角矩陣相似. 如果相似,求出相似變換矩陣與對角矩陣.

2. 已知
$$A = \begin{pmatrix} 1 & -1 & 1 \\ 2 & 4 & -2 \\ -3 & -3 & 5 \end{pmatrix}$$
求 A^k (k 為正整數).

3. 設三階矩陣 A 的特徵值為 $\lambda_1 = -1, \lambda_2 = 1, \lambda_3 = 3$,對應的特徵向量依次為
$$X_1 = (1, -1, 0)^T, X_2 = (1, -1, 1)^T, X_3 = (0, 1, -1)^T$$
求矩陣 A.

4. 設矩陣 A 與 B 相似,其中
$$A = \begin{pmatrix} -2 & 0 & 0 \\ 2 & x & 2 \\ 3 & 1 & 1 \end{pmatrix}, \quad B = \begin{pmatrix} -1 & 0 & 0 \\ 0 & 2 & 0 \\ 0 & 0 & y \end{pmatrix}$$

(1) 求 x 和 y;
(2) 求可逆矩陣 P,使得 $P^{-1}AP = B$.

§5.3 實對稱矩陣的對角化

雖然並不是所有的 n 階矩陣都相似於對角陣,但本節將要得出的結論是:實對稱矩陣必相似於對角陣,不僅如此,相似變換矩陣還可以是一個正交陣.

§5.3.1 實對稱矩陣的特徵值與特徵向量的性質

下面的定理描述了實對稱矩陣的重要性質.

定理 5.7 實對稱矩陣的特徵值都是實數.

∗ **證明** 設 A 為實對稱矩陣,λ 是它的特徵值,
$$X = \begin{pmatrix} x_1 \\ x_2 \\ \vdots \\ x_n \end{pmatrix}$$
是 A 的對應於 λ 的特徵向量.

由 $AX = \lambda X$,兩邊取共軛得

$$\overline{AX} = \overline{\lambda X}$$

由共軛復數的運算性質知
$$\overline{A}\overline{X}^{①} = \overline{\lambda}\overline{X} \text{ 即 } A\overline{X} = \overline{\lambda}\overline{X}$$

兩邊取轉置,於是
$$\overline{X}^T A = \overline{\lambda}\overline{X}^T$$

用 X 右乘上式兩端得
$$\overline{X}^T AX = \overline{\lambda}\overline{X}^T X \text{ 即 } \lambda \overline{X}^T X = \overline{\lambda}\overline{X}^T X$$

於是
$$(\lambda - \overline{\lambda})\overline{X}^T X = 0$$

又因 $X \neq \theta$,故
$$\overline{X}^T X = (\overline{x}_1, \overline{x}_2, \cdots, \overline{x}_n) \begin{pmatrix} x_1 \\ x_2 \\ \vdots \\ x_n \end{pmatrix} = \overline{x}_1 x_1 + \overline{x}_2 x_2 + \cdots + \overline{x}_n x_n \neq 0$$

從而 $\lambda = \overline{\lambda}$,即 λ 是實數.

【註】 任意實 n 階矩陣的特徵值不一定是實數.

定理 5.8 實對稱矩陣的不同特徵值對應的特徵向量是正交的.

證明 設 λ_1, λ_2 是實對稱矩陣 A 的兩個不同特徵值,X_1, X_2 分別是 A 對應於 λ_1, λ_2 的特徵向量.即
$$\lambda_1 X_1 = AX_1, \quad \lambda_2 X_2 = AX_2$$

因
$$(\lambda_1 X_1)^T = (AX_1)^T$$

故
$$\lambda_1 X_1^T = X_1^T A$$

用 X_2 右乘上式兩端得
$$\lambda_1 X_1^T X_2 = X_1^T AX_2 = X_1^T \lambda_2 X_2 = \lambda_2 X_1^T X_2$$

即
$$(\lambda_1 - \lambda_2) X_1^T X_2 = 0$$

由於 $\lambda_1 \neq \lambda_2$,所以
$$X_1^T X_2 = 0$$

---

① 若 $A_{m \times n} = (a_{ij})_{m \times n}$,定義其共軛矩陣 $\overline{A}_{m \times n} = (\overline{a}_{ij})_{m \times n}$ 其中 $\overline{a}_{ij}$ 是 a_{ij} 的共軛復數.

即 X_1 與 X_2 正交.

定理 5.9　實對稱矩陣 A 的屬於 k 重特徵值 λ_0 的線性無關的特徵向量恰有 k 個.(證略)

§5.3.2　n 階實對稱矩陣的對角化

由定理5.9我們得出:任意實對稱矩陣必與對角陣相似.

將 n 階實對稱陣 A 的每個 k 重特徵值 λ 對應的 k 個線性無關的特徵向量用施密特方法正交化後,它們仍是 A 的屬於特徵值 λ 的特徵向量,由此可知 n 階實對稱矩陣 A 一定有 n 個正交的特徵向量,再將這 n 個正交向量單位化,得到一組標準正交基,用其構成正交矩陣 Q,有

$$Q^{-1}AQ = \Lambda$$

其中 $\Lambda = \text{diag}(\lambda_1, \lambda_2, \cdots, \lambda_n)$, $\lambda_i(i = 1, 2, \cdots, n)$ 為 A 的 n 個特徵值.
於是我們有:

定理 5.10　對於任意一個 n 階實對稱矩陣 A,都存在一個 n 階正交矩陣 Q,使 $Q^{-1}AQ$ 為對角陣.

定義 5.5　設 A, B 是兩個 n 階矩陣,若存在正交矩陣 Q,使得

$$Q^{-1}AQ = B$$

則稱 A 與 B 正交相似.

於是,定理5.10又可敘述為:n 階實對稱矩陣必正交相似於對角陣.

求正交矩陣 Q 的步驟為:

(1) 求出實對稱矩陣 A 的特徵方程 $|\lambda E - A| = 0$ 的全部特徵值,設 $\lambda_1, \lambda_2, \cdots, \lambda_r$ 是 A 的全部互異特徵值;

(2) 對每個 λ_i(相同的值只需計算一次),求出齊次線性方程組 $(\lambda_i E - A)X = 0$ 的基礎解系,它們就是 A 的屬於 λ_i 的線性無關特徵向量;

(3) 將每個重特徵值 λ_i 對應的線性無關的特徵向量用施密特方法正交化,再單位化使之成為一組標準正交向量組(它們仍然是 A 的屬於 λ_i 的特徵向量),對於單根 λ_i,則只須將其所對應的線性無關特徵向量單位化即可;

(4) 用 A 的所有屬於不同特徵值的已標準正交化的特徵向量作為矩陣的列向量構成正交矩陣 Q.

例1　設
$$A = \begin{pmatrix} \frac{3}{2} & -\frac{1}{2} & 0 \\ -\frac{1}{2} & \frac{3}{2} & 0 \\ 0 & 0 & 3 \end{pmatrix}$$

求變換矩陣 Q 使 A 正交相似於對角陣.

解
$$|\lambda E - A| = \begin{vmatrix} \lambda - \frac{3}{2} & \frac{1}{2} & 0 \\ \frac{1}{2} & \lambda - \frac{3}{2} & 0 \\ 0 & 0 & \lambda - 3 \end{vmatrix} = (\lambda - 1)(\lambda - 2)(\lambda - 3) = 0$$

因此 A 的特徵值為 $1,2,3$. 由於這是三個不同的特徵值,A 肯定有三個兩兩正交的特徵向量. 故只需求出這三個特徵向量並把它們標準化即可.

對 $\lambda = 1,2,3$,分別求解對應的齊次線性方程組可得相應的線性無關特徵向量為

$$X_1 = \begin{pmatrix} 1 \\ 1 \\ 0 \end{pmatrix}, \quad X_2 = \begin{pmatrix} -1 \\ 1 \\ 0 \end{pmatrix}, \quad X_3 = \begin{pmatrix} 0 \\ 0 \\ 1 \end{pmatrix}$$

將它們單位化,得

$$X_1^* = \begin{pmatrix} \frac{1}{\sqrt{2}} \\ \frac{1}{\sqrt{2}} \\ 0 \end{pmatrix}, \quad X_2^* = \begin{pmatrix} -\frac{1}{\sqrt{2}} \\ \frac{1}{\sqrt{2}} \\ 0 \end{pmatrix}, \quad X_3^* = \begin{pmatrix} 0 \\ 0 \\ 1 \end{pmatrix}$$

因此變換陣 Q 為

$$Q = (X_1^*, X_2^*, X_3^*) = \begin{pmatrix} \frac{1}{\sqrt{2}} & -\frac{1}{\sqrt{2}} & 0 \\ \frac{1}{\sqrt{2}} & \frac{1}{\sqrt{2}} & 0 \\ 0 & 0 & 1 \end{pmatrix}$$

有

$$Q^{-1}AQ = Q^{T}AQ$$

$$= \begin{pmatrix} \frac{1}{\sqrt{2}} & \frac{1}{\sqrt{2}} & 0 \\ -\frac{1}{\sqrt{2}} & \frac{1}{\sqrt{2}} & 0 \\ 0 & 0 & 1 \end{pmatrix} \begin{pmatrix} \frac{3}{2} & -\frac{1}{2} & 0 \\ -\frac{1}{2} & \frac{3}{2} & 0 \\ 0 & 0 & 3 \end{pmatrix} \begin{pmatrix} \frac{1}{\sqrt{2}} & -\frac{1}{\sqrt{2}} & 0 \\ \frac{1}{\sqrt{2}} & \frac{1}{\sqrt{2}} & 0 \\ 0 & 0 & 1 \end{pmatrix}$$

$$= \begin{pmatrix} 1 & 0 & 0 \\ 0 & 2 & 0 \\ 0 & 0 & 3 \end{pmatrix}$$

例2 設

$$A = \begin{pmatrix} 4 & 2 & 2 \\ 2 & 4 & 2 \\ 2 & 2 & 4 \end{pmatrix}$$

求變換矩陣 Q 使 A 正交相似於對角陣.

解

$$|\lambda E - A| = \begin{vmatrix} \lambda - 4 & -2 & -2 \\ -2 & \lambda - 4 & -2 \\ -2 & -2 & \lambda - 4 \end{vmatrix} = (\lambda - 2)^{2}(\lambda - 8) = 0$$

得 A 的特徵值為 $2, 2, 8$.

對 $\lambda = 8$,解齊次線性方程組 $(8E - A)X = 0$,得 A 的屬於特徵值 8 的線性無關特徵向量為

$$X_{1} = \begin{pmatrix} 1 \\ 1 \\ 1 \end{pmatrix}$$

將 X_{1} 單位化得

$$X_{1}^{*} = \begin{pmatrix} \frac{1}{\sqrt{3}} \\ \frac{1}{\sqrt{3}} \\ \frac{1}{\sqrt{3}} \end{pmatrix}$$

對 $\lambda = 2$,解齊次線性方程組 $(2E - A)X = 0$,得 A 的屬於特徵值 2 的線性無關

特徵向量

$$X_2 = \begin{pmatrix} -1 \\ 1 \\ 0 \end{pmatrix}, \quad X_3 = \begin{pmatrix} -1 \\ 0 \\ 1 \end{pmatrix}$$

用施密特方法正交化並單位化得兩個長度為 1 且相互正交的向量

$$X_2^* = \begin{pmatrix} -\frac{1}{\sqrt{2}} \\ \frac{1}{\sqrt{2}} \\ 0 \end{pmatrix}, \quad X_3^* = \begin{pmatrix} -\frac{1}{\sqrt{6}} \\ -\frac{1}{\sqrt{6}} \\ \frac{2}{\sqrt{6}} \end{pmatrix}$$

於是得正交矩陣

$$Q = (X_1^*, X_2^*, X_3^*) = \begin{pmatrix} \frac{1}{\sqrt{3}} & -\frac{1}{\sqrt{2}} & -\frac{1}{\sqrt{6}} \\ \frac{1}{\sqrt{3}} & \frac{1}{\sqrt{2}} & -\frac{1}{\sqrt{6}} \\ \frac{1}{\sqrt{3}} & 0 & \frac{2}{\sqrt{6}} \end{pmatrix}$$

有

$$Q^{-1}AQ = Q^T AQ = \begin{pmatrix} 8 & 0 & 0 \\ 0 & 2 & 0 \\ 0 & 0 & 2 \end{pmatrix}$$

例 3 設 3 階實對稱方陣 A 的特徵值為 $1, 2, 3$，$X_1 = (-1, -1, 1)^T$，$X_2 = (1, 2, -1)^T$ 分別為 A 的屬於特徵值 $1, 2$ 的特徵向量．求：(1) A 的屬於特徵值 3 的特徵向量；(2) 方陣 A．

解 (1) 設 A 的屬於特徵值 3 的特徵向量為 $X_3 = (x_1, x_2, x_3)^T$，因實對稱陣的屬於不同特徵值的特徵向量相互正交，即 $X_1^T X_3 = 0, X_2^T X_3 = 0$，故有

$$X_1^T X_3 = (-1, -1, 1)\begin{pmatrix} x_1 \\ x_2 \\ x_3 \end{pmatrix} = -x_1 - x_2 + x_3 = 0$$

$$X_2^T X_3 = (1, -2, -1)\begin{pmatrix} x_1 \\ x_2 \\ x_3 \end{pmatrix} = x_1 - 2x_2 - x_3 = 0$$

即
$$\begin{cases} -x_1 - x_2 + x_3 = 0 \\ x_1 - 2x_2 - x_3 = 0 \end{cases}$$

解之得
$$\begin{cases} x_1 = x_3 \\ x_2 = 0 \end{cases}$$

取 $x_3 = 1$, 得 $X_3 = (1,0,1)^T$.

(2) 令
$$P = (X_1, X_2, X_3) = \begin{pmatrix} -1 & 1 & 1 \\ -1 & -2 & 0 \\ 1 & -1 & 1 \end{pmatrix}$$

計算得
$$P^{-1} = \frac{1}{6}\begin{pmatrix} -2 & -2 & 2 \\ 1 & -2 & -1 \\ 3 & 0 & 3 \end{pmatrix}$$

由
$$P^{-1}AP = \Lambda = \begin{pmatrix} 1 & 0 & 0 \\ 0 & 2 & 0 \\ 0 & 0 & 3 \end{pmatrix}$$

得
$$A = P\Lambda P^{-1} = \begin{pmatrix} -1 & 1 & 1 \\ -1 & -2 & 0 \\ 1 & -1 & 1 \end{pmatrix}\begin{pmatrix} 1 & 0 & 0 \\ 0 & 2 & 0 \\ 0 & 0 & 3 \end{pmatrix} \cdot \frac{1}{6}\begin{pmatrix} -2 & -2 & 2 \\ 1 & -2 & -1 \\ 3 & 0 & 3 \end{pmatrix}$$

$$= \frac{1}{6}\begin{pmatrix} 13 & -2 & 5 \\ -2 & 10 & 2 \\ 5 & 2 & 13 \end{pmatrix}$$

於是, A 的屬於 3 的全部特徵向量為

$$X_3 = k \begin{pmatrix} 1 \\ 0 \\ 1 \end{pmatrix}, (k \neq 0)$$

例 4 判斷 n 階矩陣 A、B 是否相似，其中

$$A = \begin{pmatrix} 1 & 1 & \cdots & 1 \\ 1 & 1 & \cdots & 1 \\ \cdots & \cdots & \cdots & \cdots \\ 1 & 1 & \cdots & 1 \end{pmatrix}, B = \begin{pmatrix} n & 0 & \cdots & 0 \\ 1 & 0 & \cdots & 0 \\ \cdots & \cdots & \cdots & \cdots \\ 1 & 0 & \cdots & 0 \end{pmatrix}$$

解 由

$$|\lambda E - A| = \begin{vmatrix} \lambda - 1 & -1 & \cdots & -1 \\ -1 & \lambda - 1 & \cdots & -1 \\ \cdots & \cdots & \cdots & \cdots \\ -1 & -1 & \cdots & \lambda - 1 \end{vmatrix} = 0$$

即

$$(\lambda - n)\lambda^{n-1} = 0$$

得 A 的特徵值為

$$\lambda_1 = n, \lambda_2 = \lambda_3 = \cdots = \lambda_n = 0$$

因 A 是實對稱矩陣，故存在可逆矩陣 P_1，使得

$$P_1^{-1} A P_1 = \Lambda = \begin{pmatrix} n & 0 & \cdots & 0 \\ 0 & 0 & \cdots & 0 \\ \cdots & \cdots & \cdots & \cdots \\ 0 & 0 & \cdots & 0 \end{pmatrix}$$

又

$$|\lambda E - B| = (\lambda - n)\lambda^{n-1}$$

可見 B 與 A 有相同的特徵值．

對於 B 的 $n-1$ 重特徵根 $\lambda = 0$，因為 $R(0E - B) = R(-B) = 1$ 所以對應有 $n-1$ 個線性無關的特徵向量，因而存在可逆矩陣 P_2，使得

$$P_2^{-1} B P_2 = \Lambda$$

從而

$$P_1^{-1} A P_1 = P_2^{-1} B P_2$$

即

$$B = (P_1 P_2^{-1})^{-1} A (P_1 P_2^{-1})$$

故 A 與 B 相似.

習題 5.3

1. 求變換矩陣 Q, 使 A 正交相似於對角陣.

(1) $A = \begin{pmatrix} 1 & 2 & 3 \\ 2 & 1 & 3 \\ 3 & 3 & 6 \end{pmatrix}$ (2) $A = \begin{pmatrix} 1 & 1 & 1 \\ 1 & 1 & 1 \\ 1 & 1 & 1 \end{pmatrix}$

(3) $A = \begin{pmatrix} 0 & 1 & 1 & -1 \\ 1 & 0 & -1 & 1 \\ 1 & -1 & 0 & 1 \\ -1 & 1 & 1 & 0 \end{pmatrix}$

2. 設三階實對稱矩陣 A 的特徵值為 $\lambda_1 = -1, \lambda_2 = \lambda_3 = 1$, 其屬於 λ_1 的特徵向量為 $X_1 = (0,1,1)^T$, 求 A 的屬於特徵值 $\lambda_2 = \lambda_3 = 1$ 的特徵向量及矩陣 A.

3. 已知 $\lambda_1 = 6, \lambda_2 = \lambda_3 = 3$ 是實對稱矩陣 A 的三個特徵值, A 的屬於 $\lambda_2 = \lambda_3 = 3$ 的線性無關特徵向量為 $X_2 = (-1,0,1)^T, X_3 = (1,-2,1)^T$, 求 A 的屬於 $\lambda_1 = 6$ 的特徵向量及矩陣 A.

復習題五

(一) 填空

1. 已知 12 是矩陣

$$A = \begin{pmatrix} 7 & 4 & -1 \\ 4 & 7 & -1 \\ -4 & a & 4 \end{pmatrix}$$

的一個特徵值, 則 $a = $ _____.

2. 設 A 為 3 階方陣, 其特徵值為 3、-1、2, 則 $|A| = $ _____; A^{-1} 的特徵值為 _____; $2A^2 - 3A + E$ 的特徵值為 _____.

3. 設 3 階方陣 A 的特徵值為 1、-1、2, $B = A^3 - 5A^2$, 則 $|B^*| = $ _____.

4. 若 3 階方陣 A 與 B 相似，A 的特徵值為 $\dfrac{1}{2}$、$\dfrac{1}{3}$、$\dfrac{1}{4}$，則行列式

$$\left|\begin{pmatrix} B^{-1}-E & E \\ O & A^{-1} \end{pmatrix}\right| = \underline{\qquad}.$$

5. A、B 均為 3 階方陣，A 的特徵值為 1、2、3，$|B|=-1$，則 $|A^*B+B| = \underline{\qquad}$.

6. 設 A 為 3 階方陣，且 $|A+2E|=|A+E|=|A-3E|=0$，則 $|A^*+5E| = \underline{\qquad}$.

7. 設 A 為 n 階方陣，其秩滿足 $R(E+A)+R(A-E)=n$，且 $A \neq E$，則 A 必有特徵值 $\underline{\qquad}$.

8. 設

$$A = \begin{pmatrix} 1 & b & 1 \\ b & a & 1 \\ 1 & 1 & 1 \end{pmatrix}, B = \begin{pmatrix} 0 & 0 & 0 \\ 0 & 1 & 0 \\ 0 & 0 & 4 \end{pmatrix}$$

有相同的特徵值，則 $a = \underline{\qquad}$，$b = \underline{\qquad}$.

9. 已知矩陣

$$A = \begin{pmatrix} 3 & 2 & -1 \\ t & -2 & 2 \\ 3 & s & -1 \end{pmatrix}$$

的一個特徵向量為 $X=(1,-2,3)^T$，則 $s = \underline{\qquad}$，$t = \underline{\qquad}$.

10. 設

$$A = \begin{pmatrix} 0 & -1 & 0 \\ 1 & 0 & 0 \\ 0 & 0 & -1 \end{pmatrix}$$

B 與 A 相似，則 $B^{2004}-2A^2 = \underline{\qquad}$.

(二) 選擇

1. 設非奇異矩陣 A 的一個特徵值 $\lambda=2$，則矩陣 $\left(\dfrac{1}{3}A^2\right)^{-1}$ 的一個特徵值為 $\underline{\qquad}$.

(A) $\dfrac{4}{3}$；   (B) $\dfrac{3}{4}$；   (C) $\dfrac{1}{2}$；   (D) $\dfrac{1}{4}$.

2. 設 λ_1、λ_2 是矩陣 A 的兩個不相同的特徵值，ξ、η 是 A 的分別屬於 λ_1、λ_2 的

特徵向量,則_____.

(A) 對任意 $k_1 \neq 0$、$k_2 \neq 0$,$k_1\xi + k_2\eta$ 都是 A 的特徵向量;

(B) 存在常數 $k_1 \neq 0$、$k_2 \neq 0$,使 $k_1\xi + k_2\eta$ 都是 A 的特徵向量;

(C) 當 $k_1 \neq 0$、$k_2 \neq 0$ 時,$k_1\xi + k_2\eta$ 不可能是 A 的特徵向量;

(D) 存在唯一的一組常數 $k_1 \neq 0$、$k_2 \neq 0$,使 $k_1\xi + k_2\eta$ 是 A 的特徵向量.

3. 設 A 為 n 階方陣,則下列結論不成立的是_____.

(A) 若 A 可逆,則矩陣 A 的屬於特徵值 λ 的特徵向量也是矩陣 A^{-1} 的屬於特徵值 $\dfrac{1}{\lambda}$ 的特徵向量;

(B) 若矩陣 A 存在屬於特徵值 λ 的 n 個線性無關的特徵向量,則 $A = \lambda E$;

(C) 矩陣 A 的屬於特徵值 λ 的全部特徵向量為齊次線性方程組 $(\lambda E - A)X = 0$ 的全部解向量;

(D) A 與 A^T 有相同的特徵值.

4. 若可逆矩陣 A 的特徵值為 λ,A 的屬於特徵值 λ 的特徵向量為 X,則下列結論錯誤的是_____.

(A) X 也是方陣 A^T 的屬於特徵值 λ 的特徵向量

(B) X 也是方陣 $3A$ 的屬於特徵值 3λ 的特徵向量

(C) X 也是方陣 A^2 的屬於特徵值 λ^2 的特徵向量

(D) X 也是方陣 A^* 的屬於特徵值 $\dfrac{|A|}{\lambda}$ 的特徵向量

5. 下列結論中正確的是_____.

(A) 若 X_1, X_2 是方程組 $(\lambda E - A)X = 0$ 的一個基礎解系,則 $k_1 X_1 + k_2 X_2$ 是 A 的屬於 λ 的全部特徵向量,其中 k_1, k_2 是全不為零的常數;

(B) 若 A、B 有相同的特徵值,則 A 與 B 相似;

(C) 若 $|A| = 0$,則 A 至少有一個特徵值為零;

(D) 若 λ 同是方陣 A 與 B 的特徵值,則 λ 也是 $A + B$ 的特徵值.

6. 若 A 與 B 相似,則_____.

(A) $\lambda E - A = \lambda E - B$;   (B) $|\lambda E - A| = |\lambda E - B|$;

(C) $A = B$;   (D) $A^* = B^*$.

7. 設 A 與 B 相似,則_____.

(A) A 與 B 有相同的逆矩陣;

(B) A 與 B 有相同的特徵值和特徵向量;

(C) A 與 B 都相似於同一個對角陣;

(D) 對任意常數 t, $tE - A$ 與 $tE - B$ 相似.

8. 設 A 為 3 階方陣, A 的 3 個特徵值分別為 1、-1、2, 對應的特徵向量分別為 α_1、α_2、α_3, 令 $P = (\alpha_1 \ \alpha_2 \ \alpha_3)$, 則 $P^{-1}A^*P = $ _____.

(A) $\begin{pmatrix} 1 & & \\ & -1 & \\ & & 2 \end{pmatrix}$;   (B) $\begin{pmatrix} -2 & & \\ & 2 & \\ & & -1 \end{pmatrix}$;

(C) $\begin{pmatrix} 2 & & \\ & -2 & \\ & & 1 \end{pmatrix}$;   (D) $\begin{pmatrix} 2 & & \\ & -1 & \\ & & 1 \end{pmatrix}$.

9. 下列矩陣相似於對角陣的是_____.

(A) $\begin{pmatrix} 1 & 1 \\ 0 & 1 \end{pmatrix}$;   (B) $\begin{pmatrix} 3 & 1 \\ -1 & 1 \end{pmatrix}$;

(C) $\begin{pmatrix} 1 & -2 \\ -2 & 0 \end{pmatrix}$;   (D) $\begin{pmatrix} 2 & -1 & 2 \\ 5 & -3 & 3 \\ -1 & 0 & -2 \end{pmatrix}$.

10. 與矩陣 $\begin{pmatrix} 1 & 0 \\ 0 & -1 \end{pmatrix}$ 正交相似的矩陣是_____.

(A) $\begin{pmatrix} 0 & 1 \\ 1 & 0 \end{pmatrix}$;   (B) $\begin{pmatrix} 1 & -1 \\ 0 & 0 \end{pmatrix}$;

(C) $\begin{pmatrix} 1 & 1 \\ 1 & -1 \end{pmatrix}$;   (D) $\begin{pmatrix} 0 & 1 \\ -1 & 0 \end{pmatrix}$.

(三) 計算與證明

1. 設矩陣

$$A = \begin{pmatrix} 3 & 2 & -2 \\ -k & -1 & k \\ 4 & 2 & -3 \end{pmatrix}$$

問當 k 為何值時, 存在可逆矩陣 P, 使得 $P^{-1}AP$ 為對角陣? 求出 P 和相應的對角陣.

2. 設三階矩陣 A 滿足 $AX_i = iX_i (i = 1, 2, 3)$, 其中列向量

$$X_1 = (1, 2, 2)^T, X_2 = (2, -2, 1)^T, X_3 = (-2, -1, 2)^T$$

求矩陣 A.

3. 已知向量 $X = (1,k,1)^T$ 是矩陣
$$A = \begin{pmatrix} 2 & 1 & 1 \\ 1 & 2 & 1 \\ 1 & 1 & 2 \end{pmatrix}$$
的逆矩陣 A^{-1} 的特徵向量,求 k 的值.

4. 已知 n 階可逆方陣 A 的每行元素之和為常數 a. 證明: $a \neq 0$ 且 a^{-1} 是 A^{-1} 的一個特徵值, $e = (1,1,\cdots,1)^T$ 是 A^{-1} 的屬於 a^{-1} 的特徵向量.

5. 設 $B = P^{-1}AP$, X 是矩陣 A 對應於特徵值 λ 的特徵向量,證明: $P^{-1}X$ 是 B 的對應於特徵值 λ 的特徵向量.

6. 設
$$A = \begin{pmatrix} 2 & 0 & 0 \\ 0 & 0 & 1 \\ 0 & 1 & 0 \end{pmatrix}, B = \begin{pmatrix} 1 & 0 & 0 \\ 0 & -1 & 0 \\ 0 & -6 & 2 \end{pmatrix}$$
試判斷 A、B 是否相似,若相似,求出可逆矩陣 P,使得 $B = P^{-1}AP$.

7. 已知三階矩陣 A 的特徵值為 1、-1, 2,矩陣 $B = A^3 - 5A^2$.

(1) 求 B 的特徵值並判斷 B 是否與對角陣相似,若相似,求出此對角陣;

(2) 計算行列式 $|B|$ 與 $|A - 5E|$.

8. 設 A 為 n 階方陣,其 n 個特徵值為 $2,4,\cdots,2n$,求 $|A - 3E|$.

9. 設三階矩陣 A 的特徵值分別為 $\lambda_1 = 1, \lambda_2 = 2, \lambda_3 = 3$,對應的特徵向量依次為
$$X_1 = (1,1,1)^T, X_2 = (1,2,4)^T, X_3 = (1,3,9)^T$$
又向量 $\beta = (1,1,3)^T$.

(1) 將 β 用 X_1, X_2, X_3 線性表示;

(2) 求 $A^n\beta$ (n 為自然數).

10. 若矩陣 A 與 B 相似,證明

(1) A^T 與 B^T 相似;

(2) kA 與 kB 相似(k 為任意實數);

(3) $A - 2E$ 與 $B - 2E$ 相似;

(4) 當 A 與 B 均可逆時, A^{-1} 與 B^{-1} 相似.

11. 設 A 與 B 相似, $f(x) = a_0x^n + a_1x^{n-1} + \cdots + a_{n-1}x + a_n (a_0 \neq 0)$,證明 $f(A)$ 與 $f(B)$ 相似.

12. 若矩陣 A 可逆,證明 AB 與 BA 相似.

13. 若 A 與 B 相似,C 與 D 相似,證明 $\begin{pmatrix} A & 0 \\ 0 & C \end{pmatrix}$ 與 $\begin{pmatrix} B & 0 \\ 0 & D \end{pmatrix}$ 相似.

14. 設 A、B 都是實對稱矩陣,試證:存在正交矩陣 Q,使 $Q^{-1}AQ = B$ 的充要條件是 A 與 B 的特徵多項式相等.

15*. 設 A、B 均為 n 階方陣,A 有 n 個互異的特徵值且 $AB = BA$,證明 B 相似於對角矩陣.

16*. 設 A 是 3 階方陣,A 有 3 個不同的特徵值 λ_1、λ_2、λ_3,對應的特徵向量依次為 α_1、α_2、α_3,令 $\beta = \alpha_1 + \alpha_2 + \alpha_3$,證明:$\beta, A\beta, A^2\beta$ 線性無關.

17*. 若 A 與 B 相似且 A 可逆,證明:A^* 與 B^* 相似.

18*. 某實驗性生產線每年一月份進行熟練工與非熟練工的人數統計,然後將 $\dfrac{1}{6}$ 熟練工支援其他生產部門,其缺額由招收新的非熟練工補齊. 新、老非熟練工經過培訓及實踐至年終考核有 $\dfrac{2}{5}$ 成為熟練工. 設第 n 年一月份統計的熟練工和非熟練工所佔百分比分別為 x_n 和 y_n,記成向量 $\begin{pmatrix} x_n \\ y_n \end{pmatrix}$.

(1) 求 $\begin{pmatrix} x_{n+1} \\ y_{n+1} \end{pmatrix}$ 與 $\begin{pmatrix} x_n \\ y_n \end{pmatrix}$ 的關係式並寫成矩陣形式:$\begin{pmatrix} x_{n+1} \\ y_{n+1} \end{pmatrix} = A \begin{pmatrix} x_n \\ y_n \end{pmatrix}$;

(2) 驗證 $\eta_1 = \begin{pmatrix} 4 \\ 1 \end{pmatrix}$、$\eta_2 = \begin{pmatrix} -1 \\ 1 \end{pmatrix}$ 是 A 的兩個線性無關特徵向量,並求出相應的特徵值;

(3) 當 $\begin{pmatrix} x_1 \\ y_1 \end{pmatrix} = \begin{pmatrix} \dfrac{1}{2} \\ \dfrac{1}{2} \end{pmatrix}$ 時,求 $\begin{pmatrix} x_{n+1} \\ y_{n+1} \end{pmatrix}$.

6 二次型

本章討論在數學、物理、工程技術及經濟管理中都有重要應用的二次型的初步理論.

§6.1 二次型

§6.1.1 二次型的基本概念

定義6.1 系數在數域 F 中的含有 n 個變量 $x_1, x_2, \cdots, x_n$ 的二次齊次多項式

$$\begin{aligned}
f(x_1, x_2, \cdots, x_n) &= a_{11}x_1^2 + 2a_{12}x_1x_2 + \cdots + 2a_{1n}x_1x_n \\
&\quad + a_{22}x_2^2 + \cdots + 2a_{2n}x_2x_n \\
&\quad + \cdots\cdots\cdots\cdots \\
&\quad + a_{nn}x_n^2
\end{aligned} \tag{6.1}$$

稱為數域 F 上的二次型,簡稱二次型. 實數域上的二次型簡稱實二次型,復數域上的二次型簡稱復二次型.

若令 $a_{ij} = a_{ji}$,由於

$$x_ix_j = x_jx_i, \quad 2a_{ij}x_ix_j = a_{ij}x_ix_j + a_{ji}x_jx_i,$$

所以(6.1)式可寫成

$$\begin{aligned}
f(x_1, x_2, \cdots, x_n) &= a_{11}x_1^2 + a_{12}x_1x_2 + \cdots + a_{1n}x_1x_n \\
&\quad + a_{21}x_2x_1 + a_{22}x_2^2 + \cdots + a_{2n}x_2x_n \\
&\quad + \cdots\cdots\cdots\cdots\cdots \\
&\quad + a_{n1}x_nx_1 + a_{n2}x_nx_2 + \cdots a_{nn}x_n^2 \\
&= \sum_{i=1}^{n}\sum_{j=1}^{n} a_{ij}x_ix_j
\end{aligned} \tag{6.2}$$

將(6.2)式的系數排成的 $n \times n$ 矩陣

$$A = \begin{pmatrix} a_{11} & a_{12} & \cdots & a_{1n} \\ a_{21} & a_{22} & \cdots & a_{2n} \\ \cdots & \cdots & \cdots & \cdots \\ a_{n1} & a_{n2} & \cdots & a_{nn} \end{pmatrix}$$

稱為二次型(6.1)的矩陣.

由於 $a_{ij} = a_{ji}, (i,j = 1,2,\cdots,n)$,所以二次型的矩陣都是對稱矩陣.再令

$$X = \begin{pmatrix} x_1 \\ x_2 \\ \vdots \\ x_n \end{pmatrix}$$

則二次型(6.1)又可以表示為矩陣乘積的形式

$$f(x_1, x_2, \cdots, x_n) = X^T A X \tag{6.3}$$

顯然,二次型和它的矩陣相互唯一確定,因而二次型的某些性質往往被其矩陣所決定.例如,通常將二次型的矩陣的秩稱為**二次型的秩**.以下我們將看到,對二次型的討論常可以轉化為對其矩陣的討論.

例1 將二次型
$$f(x_1, x_2, x_3, x_4) = 3x_1^2 + 2x_1x_2 - 8x_1x_4 + x_2^2 - 4x_2x_3 + 2x_2x_4 + 2x_3^2 - 2x_3x_4 - x_4^2$$

寫成矩陣形式.

解 二次型 f 的矩陣

$$A = \begin{pmatrix} 3 & 1 & 0 & -4 \\ 1 & 1 & -2 & 1 \\ 0 & -2 & 2 & -1 \\ -4 & 1 & -1 & -1 \end{pmatrix}$$

再令

$$X = \begin{pmatrix} x_1 \\ x_2 \\ x_3 \\ x_4 \end{pmatrix}$$

得

$$f(x_1,x_2,x_3,x_4) = (x_1 \quad x_2 \quad x_3 \quad x_4)\begin{pmatrix} 3 & 1 & 0 & -4 \\ 1 & 1 & -2 & 1 \\ 0 & -2 & 2 & -1 \\ -4 & 1 & -1 & -1 \end{pmatrix}\begin{pmatrix} x_1 \\ x_2 \\ x_3 \\ x_4 \end{pmatrix}$$

例2 將二次型

$$f(x_1,x_2,\cdots,x_n) = a_{11}x_1^2 + a_{22}x_2^2 + \cdots + a_{nn}x_n^2$$

寫成矩陣形式.

解 二次型 $f(x_1,x_2,\cdots,x_n)$ 中只含有平方項,它的矩陣是

$$A = \begin{pmatrix} a_{11} & 0 & \cdots & 0 \\ 0 & a_{22} & \cdots & 0 \\ \cdots & \cdots & \cdots & \cdots \\ 0 & 0 & \cdots & a_{nn} \end{pmatrix}$$

因而

$$f(x_1,x_2,\cdots,x_n) = (x_1 \quad x_2 \quad \cdots \quad x_n)\begin{pmatrix} a_{11} & 0 & \cdots & 0 \\ 0 & a_{22} & \cdots & 0 \\ \cdots & \cdots & \cdots & \cdots \\ 0 & 0 & \cdots & a_{nn} \end{pmatrix}\begin{pmatrix} x_1 \\ x_2 \\ \vdots \\ x_4 \end{pmatrix}$$

顯然,只含有平方項的二次型的矩陣是對角矩陣,而其矩陣為對角陣的二次型則只含有平方項.

例3 對二次型

$$f(x_1,x_2,x_3) = x_1^2 - x_2^2 - 2x_3^2 + 2x_1x_2 - 4x_2x_3$$

作變換

$$\begin{cases} x_1 = y_1 - y_2 + y_3 \\ x_2 = y_2 - y_3 \\ x_3 = y_3 \end{cases}$$

求經過變換後的 f.

解 將變換式代入原二次型,經計算整理後得

$$f = y_1^2 - 2y_2^2 + 0 \cdot y_3^2 = y_1^2 - 2y_2^2$$

它仍為二次型,且只含有平方項,系數矩陣是

$$\begin{pmatrix} 1 & 0 & 0 \\ 0 & -2 & 0 \\ 0 & 0 & 0 \end{pmatrix}$$

§6.1.2 線性變換

定義 6.2 稱兩組變量 $x_1, x_2, \cdots, x_n$ 與 $y_1, y_2, \cdots, y_n$ 的如下關係式

$$\begin{cases} x_1 = c_{11}y_1 + c_{12}y_2 + \cdots + c_{1n}y_n \\ x_2 = c_{21}y_1 + c_{22}y_2 + \cdots + c_{2n}y_n \\ \cdots \quad\quad \cdots \quad\quad \cdots \\ x_n = c_{n1}y_1 + c_{n2}y_2 + \cdots + c_{nn}y_n \end{cases} \tag{6.4}$$

為由 $x_1, x_2, \cdots, x_n$ 到 $y_1, y_2, \cdots, y_n$ 的一個線性變換.

令

$$C = (c_{ij}) = \begin{pmatrix} c_{11} & c_{12} & \cdots & c_{1n} \\ c_{21} & c_{22} & \cdots & c_{2n} \\ \cdots & \cdots & \cdots & \cdots \\ c_{n1} & c_{n2} & \cdots & c_{nn} \end{pmatrix}, Y = \begin{pmatrix} y_1 \\ y_2 \\ \vdots \\ y_n \end{pmatrix}$$

則(6.4)式又可寫為

$$X = CY \tag{6.5}$$

其中 C 稱為線性變換的系數矩陣.

若 C 非奇異,則(6.5)式稱為非奇異線性變換,並稱

$$Y = C^{-1}X \tag{6.6}$$

為 $X = CY$ 的逆變換.

若線性變換的系數矩陣為正交矩陣,則稱此線性變換為正交變換.顯然,正交變換必為非奇異線性變換.

§6.1.3 矩陣合同

不難看出,將線性變換(6.4)代入(6.1)所得到的關於 $y_1, y_2, \cdots, y_n$ 的多項式仍然是二次齊次的.即線性變換把二次型變成二次型.特別地,二次型經非奇異線性變換 $X = CY$ 後亦為二次型,而逆變換 $Y = C^{-1}X$ 又將所得的二次型還原.但經非奇異線性變換後的二次型的矩陣與原二次型的矩陣之間有什麼關係呢?下面對此進行探討.

將非奇異線性變換(6.5)代入二次型(6.3)得
$$f = X^TAX = (CY)^TA(CY) = Y^T(C^TAC)Y$$
顯然有$(C^TAC)^T = C^TA^T(C^T)^T = C^TAC$ 即C^TAC為對稱矩陣,因此C^TAC是二次型(6.3)經非奇異線性變換(6.5)後所得到的新二次型的矩陣. 若以B表示新二次型的矩陣,則有
$$B = C^TAC \tag{6.7}$$

這就是前後兩個二次型的矩陣的關係. 與之相應,我們引入矩陣合同的概念.

定義6.3 設A、B為n階矩陣,若存在非奇異矩陣C,使得
$$B = C^TAC$$
則稱A與B是合同的(或A合同於B).

可見二次型作非奇異線性變換後,前後兩個二次型的矩陣是合同的. 與等價、相似一樣,合同也是矩陣之間的一種關係. 容易證明合同關係滿足:

1° 反身性: n階矩陣A與A合同;

2° 對稱性: 若A與B合同,則B與A合同;

3° 傳遞性: 若A與B合同,B與C合同,則A與C合同.

合同矩陣還具有如下性質:

定理6.1 若A與B合同,則$R(A) = R(B)$.

證明 因$B = C^TAC$,故
$$R(B) \leqslant R(A)$$
又因C為非奇異矩陣,有
$$A = (C^T)^{-1}BC^{-1}$$
從而
$$R(A) \leqslant R(B)$$
於是
$$R(A) = R(B)$$

定理6.1表明,非奇異線性變換$X = CY$將原二次型$f = X^TAX$化為新二次型Y^TBY後,其秩不變. 二次型的這一性質使我們可以利用新二次型來研究原二次型.

習題 6.1

1. 寫出下列二次型的矩陣

(1) $f(x_1, x_2, x_3) = -4x_1x_2 + 2x_1x_3 + 2x_2x_3$；

(2) $f(x_1, x_2, x_3, x_4) = x_1^2 + 3x_2^2 - x_3^2 + 2x_1x_2 + 2x_1x_3 - 3x_2x_3$；

(3) $f(x_1, x_2, x_3) = X^T \begin{pmatrix} 1 & 3 & 5 \\ 2 & 4 & 6 \\ 7 & 8 & 5 \end{pmatrix} X$；

(4) $f(x_1, x_2, \cdots, x_n) = \sum_{1 \leq i < j \leq n} 2x_i x_j$.

2. 求下列矩陣所對應的二次型

(1) $\begin{pmatrix} 2 & -1 & 3 \\ -1 & 0 & 4 \\ 3 & 4 & -1 \end{pmatrix}$ (2) $\begin{pmatrix} 1 & 0 & 0 \\ 0 & -3 & 0 \\ 0 & 0 & 5 \end{pmatrix}$

3. 已知二次型 $f(x_1, x_2, x_3) = 5x_1^2 + 5x_2^2 + cx_3^2 - 2x_1x_2 + 6x_1x_3 - 6x_2x_3$ 的秩為 2, 求參數 c.

4. 設

$$A = \begin{pmatrix} a_1 & 0 & 0 \\ 0 & a_2 & 0 \\ 0 & 0 & a_3 \end{pmatrix}, \quad B = \begin{pmatrix} a_2 & 0 & 0 \\ 0 & a_3 & 0 \\ 0 & 0 & a_1 \end{pmatrix}$$

證明矩陣 A 與 B 合同, 並求 C, 使得 $B = C^T A C$.

§6.2 標準形

§6.2.1 標準形

定義 6.4 二次型 $f(x_1, x_2, \cdots, x_n)$ 經非奇異線性變換所得的只含有平方項的二次型稱為原二次型 $f(x_1, x_2, \cdots, x_n)$ 的標準形.

例如, §6.1 例 3 中, 線性變換矩陣

$$C = \begin{pmatrix} 1 & -1 & 1 \\ 0 & 1 & -1 \\ 0 & 0 & 1 \end{pmatrix}$$

由於 $|C| \ne 0$,因此相應的變換 $X = CY$ 為一非奇異線性變換,它將原二次型化為

$$f = y_1^2 - 2y_2^2$$

這就是原二次型通過非奇異線性變換 $X = CY$ 得到的標準形. 標準形的矩陣為

$$\begin{pmatrix} 1 & & \\ & -2 & \\ & & 0 \end{pmatrix}$$

它是原二次型矩陣的合同矩陣,其秩為 2,從而標準形的秩為 2,所以原二次型 $f(x_1, x_2, x_3)$ 的秩也為 2.

那麼對於任意二次型是否一定能找到適當的非奇異線性變換使其化為標準形呢?對此我們不加證明地給出下面的定理.

定理 6.2 數域 F 上的任意一個二次型都可以經過非奇異線性變換化為標準形.

用矩陣的語言,定理 6.2 可以敘述為:數域 F 上的任意一個對稱矩陣 A 都合同於某個對角矩陣. 即可以找到一個非奇異矩陣 C,使得 $C^T AC$ 成為對角矩陣.

§6.2.2 化二次型為標準形

怎樣才能找到適當的非奇異線性變換將已知的二次型化為標準形呢?本節介紹兩種方法.

1. 正交變換法

正交變換法是實二次型化標準形的方法。如前所述,二次型化為標準形的問題,實質上就是對稱矩陣合同於對角陣的問題. 對實二次型 $f = X^T AX$,因矩陣 A 是實對稱矩陣,故由定理 5.10,A 必與對角陣正交相似,亦即存在正交矩陣 Q,使得

$$Q^{-1}AQ = \Lambda = \mathrm{diag}(\lambda_1, \lambda_2, \cdots, \lambda_n)$$

其中 $\lambda_1, \lambda_2, \cdots, \lambda_n$ 為 A 的特徵值.

因為對正交矩陣 Q,有 $Q^{-1} = Q^T$,所以

$$Q^T AQ = \Lambda$$

即實對稱陣必與對角陣 Λ 合同. 於是對實二次型,我們利用正交矩陣 Q 作正交變換 $X = QY$,則實二次型

$$f = X^T A X = (QY)^T A(QY) = Y^T Q^T A Q Y = Y^T \Lambda Y$$
$$= \lambda_1 y_1^2 + \lambda_2 y_2^2 + \cdots + \lambda_n y_n^2$$

即正交變換 $X = QY$ 將實二次型化為標準形. 於是, 我們有如下的定理.

定理6.3 任意一個實二次型都可經過正交變換化為標準形, 且標準形中平方項的系數就是原實二次型矩陣 A 的全部特徵值.

將實二次型化為標準形的正交變換法的步驟是:

(1) 求出實二次型 f 的系數矩陣 A 的全部特徵值 $\lambda_1, \lambda_2, \cdots, \lambda_n$;

(2) 求出使 A 對角化的正交變換矩陣 Q, 得正交變換 $X = QY$;

(3) 寫出 f 的標準形
$$f = \lambda_1 y_1^2 + \lambda_2 y_2^2 + \cdots + \lambda_n y_n^2 \text{ 或 } f = Y^T \Lambda Y,$$

其中
$$\Lambda = \text{diag}(\lambda_1, \lambda_2, \cdots, \lambda_n)$$

【註】 實二次型 f 經正交變換所化成的標準形中系數非零的平方項的個數, 恰為 A 的非零特徵值的個數, 從而亦為 A 的秩.

例 1 化實二次型
$$f(x_1, x_2, x_3) = x_1^2 + 2x_2^2 + x_3^2 + 2x_1 x_2 + 2x_2 x_3$$

為標準形, 並求出相應的正交變換.

解 f 的系數矩陣
$$A = \begin{pmatrix} 1 & 1 & 0 \\ 1 & 2 & 1 \\ 0 & 1 & 1 \end{pmatrix}$$

其特徵方程為
$$|\lambda E - A| = \begin{vmatrix} \lambda - 1 & -1 & 0 \\ -1 & \lambda - 2 & -1 \\ 0 & -1 & \lambda - 1 \end{vmatrix} = (\lambda - 1)(\lambda - 3)\lambda = 0$$

解之得 A 的三個特徵根
$$\lambda_1 = 1, \ \lambda_2 = 3, \ \lambda_3 = 0.$$

對 $\lambda_1 = 1$, 由齊次線性方程組 $(E - A)X = 0$ 解得基礎解系
$$X_1 = \begin{pmatrix} 1 \\ 0 \\ -1 \end{pmatrix}$$

對 $\lambda_2 = 3$, 由齊次線性方程組 $(3E - A)X = 0$ 解得基礎解系

$$X_2 = \begin{pmatrix} 1 \\ 2 \\ 1 \end{pmatrix}$$

對 $\lambda_3 = 0$,由齊次線性方程組 $(0E - A)X = 0$ 解得基礎解系

$$X_3 = \begin{pmatrix} 1 \\ -1 \\ 1 \end{pmatrix}$$

由於 A 的特徵根互不相同,因此它們各自對應的特徵向量兩兩正交. 將 X_1, X_2, X_3 單位化,即得正交矩陣

$$Q = \begin{pmatrix} \dfrac{1}{\sqrt{2}} & \dfrac{1}{\sqrt{6}} & \dfrac{1}{\sqrt{3}} \\ 0 & \dfrac{2}{\sqrt{6}} & -\dfrac{1}{\sqrt{3}} \\ -\dfrac{1}{\sqrt{2}} & \dfrac{1}{\sqrt{6}} & \dfrac{1}{\sqrt{3}} \end{pmatrix}$$

於是原實二次型 f 通過正交變換 $X = QY$ 化成標準形

$$f = y_1^2 + 3y_2^2$$

例2 化實二次型

$$f(x_1, x_2, x_3, x_4) = 2x_1x_2 + 2x_1x_3 + 2x_1x_4 + 2x_2x_3 + 2x_2x_4 + 2x_3x_4$$

為標準形,並求出相應的正交變換.

解 f 的系數矩陣

$$A = \begin{pmatrix} 0 & 1 & 1 & 1 \\ 1 & 0 & 1 & 1 \\ 1 & 1 & 0 & 1 \\ 1 & 1 & 1 & 0 \end{pmatrix}$$

其特徵方程為

$$|\lambda E - A| = \begin{vmatrix} \lambda & -1 & -1 & -1 \\ -1 & \lambda & -1 & -1 \\ -1 & -1 & \lambda & -1 \\ -1 & -1 & -1 & \lambda \end{vmatrix} = (\lambda - 3)(\lambda + 1)^3 = 0$$

解之得 A 的特徵根

$$\lambda_1 = 3, \ \lambda_2 = \lambda_3 = \lambda_4 = -1$$

當 $\lambda_1 = 3$ 時,由齊次線性方程組 $(3E - A)X = 0$ 解得基礎解系

$$X_1 = \begin{pmatrix} 1 \\ 1 \\ 1 \\ 1 \end{pmatrix}$$

對三重根 $\lambda_2 = \lambda_3 = \lambda_4 = -1$,由齊次線性方程組 $(-E - A)X = 0$ 解得基礎解系

$$X_2 = \begin{pmatrix} -1 \\ 1 \\ 0 \\ 0 \end{pmatrix}, \quad X_3 = \begin{pmatrix} -1 \\ 0 \\ 1 \\ 0 \end{pmatrix}, \quad X_4 = \begin{pmatrix} -1 \\ 0 \\ 0 \\ 1 \end{pmatrix}$$

將它們正交化得

$$X_2^* = \begin{pmatrix} -1 \\ 1 \\ 0 \\ 0 \end{pmatrix}, \quad X_3^* = \begin{pmatrix} -\frac{1}{2} \\ -\frac{1}{2} \\ 1 \\ 0 \end{pmatrix}, \quad X_4^* = \begin{pmatrix} -\frac{1}{3} \\ -\frac{1}{3} \\ -\frac{1}{3} \\ 1 \end{pmatrix}$$

因它們與 X_1 對應於不同的特徵根,所以 X_1, X_2^*, X_3^*, X_4^* 兩兩正交. 再將 X_1, X_2^*, X_3^*, X_4^* 單位化,構成正交矩陣

$$Q = \begin{pmatrix} \frac{1}{2} & -\frac{1}{\sqrt{2}} & -\frac{1}{\sqrt{6}} & -\frac{1}{\sqrt{12}} \\ \frac{1}{2} & \frac{1}{\sqrt{2}} & -\frac{1}{\sqrt{6}} & -\frac{1}{\sqrt{12}} \\ \frac{1}{2} & 0 & \frac{2}{\sqrt{6}} & -\frac{1}{\sqrt{12}} \\ \frac{1}{2} & 0 & 0 & \frac{3}{\sqrt{12}} \end{pmatrix}$$

Q 即是使得 A 合同於對角矩陣 $\Lambda = \mathrm{diag}(3, -1, -1, -1)$ 的正交矩陣,$X = QY$ 就是所求的正交變換,在此變換下原二次型 f 化成標準形

$$f = 3y_1^2 - y_2^2 - y_3^2 - y_4^2$$

例3 設實二次型
$$f(x_1,x_2,x_3) = x_1^2 + x_2^2 + x_3^2 + 2ax_1x_2 + 2bx_2x_3 + 2x_1x_3$$
經正交變換 $X = QY$ 化成標準形
$$f = y_2^2 + 2y_3^2$$
其中
$$X = (x_1,x_2,x_3)^T, Y = (y_1,y_2,y_3)^T$$
求 a、b.

解 變換前後實二次型的矩陣分別為
$$A = \begin{pmatrix} 1 & a & 1 \\ a & 1 & b \\ 1 & b & 1 \end{pmatrix}, \quad B = \begin{pmatrix} 0 & 0 & 0 \\ 0 & 1 & 0 \\ 0 & 0 & 2 \end{pmatrix}$$
因 $B = Q^TAQ = Q^{-1}AQ$,即 A 與 B 相似,故有
$$|\lambda E - A| = |\lambda E - B|$$
從而
$$\begin{vmatrix} \lambda-1 & -a & -1 \\ -a & \lambda-1 & -b \\ -1 & -b & \lambda-1 \end{vmatrix} = \begin{vmatrix} \lambda & 0 & 0 \\ 0 & \lambda-1 & 0 \\ 0 & 0 & \lambda-2 \end{vmatrix}$$
即
$$\lambda^3 - 3\lambda^2 + (2-a^2-b^2)\lambda + (a-b)^2 = \lambda^3 - 3\lambda^2 + 2\lambda$$
比較兩邊 λ 的同次項系數可得
$$2 - a^2 - b^2 = 2, \quad a - b = 0$$
所以
$$a = b = 0$$

2. 配方法

以下介紹適用於任意二次型的化標準形的方法,稱之為拉格朗日順序配方法. 在變量不太多時,此法簡便易行. 下面通過例題說明這種方法.

例4 化二次型
$$f(x_1,x_2,x_3) = x_1^2 + 2x_2^2 + 2x_1x_2 + 2x_1x_3 + 6x_2x_3$$
為標準形,並求出所用的非奇異線性變換.

解 如果二次型含有某一變量的平方,就先集中含該變量的各項進行配方. 本例中,我們先集中含 x_1 的各項(當然也可以先集中含 x_2 的各項) 配方,再集中含 x_2 的各項配方,如此繼續下去,直到配成平方和為止.

$$\begin{aligned}
f &= x_1^2 + 2(x_2 + x_3)x_1 + 2x_2^2 + 6x_2x_3 \\
&= [x_1^2 + 2(x_2 + x_3)x_1 + (x_2 + x_3)^2] - (x_2 + x_3)^2 + 2x_2^2 + 6x_2x_3 \\
&= (x_1 + x_2 + x_3)^2 + x_2^2 + 4x_2x_3 - x_3^2 \\
&= (x_1 + x_2 + x_3)^2 + (x_2^2 + 4x_2x_3 + 4x_3^2) - 4x_3^2 - x_3^2 \\
&= (x_1 + x_2 + x_3)^2 + (x_2 + 2x_3)^2 - 5x_3^2
\end{aligned}$$

令

$$\begin{cases} y_1 = x_1 + x_2 + x_3 \\ y_2 = x_2 + 2x_3 \\ y_3 = x_3 \end{cases}, \quad 即 \quad \begin{cases} x_1 = y_1 - y_2 + y_3 \\ x_2 = y_2 - 2y_3 \\ x_3 = y_3 \end{cases}$$

則此變換將原二次型化為標準形

$$f = y_1^2 + y_2^2 - 5y_3^2$$

其中變換矩陣為

$$C = \begin{pmatrix} 1 & -1 & 1 \\ 0 & 1 & -2 \\ 0 & 0 & 1 \end{pmatrix}$$

顯然 C 是非奇異的，從而所用線性變換是非奇異的．

例 5 化二次型

$$f = 2x_1x_2 + 2x_1x_3 - 6x_2x_3$$

為標準形，並求出所用的非奇異線性變換．

解 f 中沒有平方項，為出現平方項，先作非奇異線性變換

$$\begin{cases} x_1 = y_1 + y_2 \\ x_2 = y_1 - y_2 \\ x_3 = y_3 \end{cases}$$

得

$$f = 2y_1^2 - 2y_2^2 - 4y_1y_3 + 8y_2y_3$$

再配方

$$\begin{aligned}
f &= 2[(y_1^2 - 2y_1y_3 + y_3^2) - y_2^2 + 4y_2y_3 - y_3^2] \\
&= 2[(y_1 - y_3)^2 - (y_2^2 - 4y_2y_3 + 4y_3^2) + 3y_3^2] \\
&= 2[(y_1 - y_3)^2 - (y_2 - 2y_3)^2 + 3y_3^2]
\end{aligned}$$

再作第二次非奇異線性變換

$$\begin{cases} z_1 = y_1 - y_3 \\ z_2 = y_2 - 2y_3 \\ z_3 = y_3 \end{cases}$$

即

$$\begin{cases} y_1 = z_1 + z_3 \\ y_2 = z_2 + 2z_3 \\ y_3 = z_3 \end{cases}$$

為得到由 x_1, x_2, x_3 到 z_1, z_2, z_3 的非奇異線性變換,只須將後一個變換代入前一個變換. 經整理得

$$\begin{cases} x_1 = z_1 + z_2 + 3z_3 \\ x_2 = z_1 - z_2 - z_3 \\ x_3 = z_3 \end{cases}$$

此即所求之非奇異線性變換. 在此變換下,原二次型 f 化為標準形

$$f = 2z_1^2 - 2z_2^2 + 6z_3^2$$

一般地,若由 X 到 Y 的非奇異線性變換為 $X = C_1Y$,由 Y 到 Z 的非奇異線性變換為 $Y = C_2Z$,則由 X 到 Z 的非奇異線性變換為 $X = CZ$,其中變換矩陣 $C = C_1C_2$. 例如,例 3 中我們有

$$C = C_1C_2 = \begin{pmatrix} 1 & 1 & 0 \\ 1 & -1 & 0 \\ 0 & 0 & 1 \end{pmatrix} \begin{pmatrix} 1 & 0 & 1 \\ 0 & 1 & 2 \\ 0 & 0 & 1 \end{pmatrix} = \begin{pmatrix} 1 & 1 & 3 \\ 1 & -1 & -1 \\ 0 & 0 & 1 \end{pmatrix}$$

$$(|C| = -2 \neq 0)$$

本題若採用正交變換法,由

$$A = \begin{pmatrix} 0 & 1 & 1 \\ 1 & 0 & -3 \\ 1 & -3 & 0 \end{pmatrix}$$

$$|\lambda E - A| = \begin{vmatrix} \lambda & -1 & -1 \\ -1 & \lambda & 3 \\ -1 & 3 & \lambda \end{vmatrix} = (\lambda - 3)(\lambda^2 + 3\lambda - 2)$$

得 A 的特徵值為

$$\lambda_1 = 3, \lambda_2 = -\frac{3}{2} + \frac{\sqrt{17}}{2}, \lambda_3 = -\frac{3}{2} - \frac{\sqrt{17}}{2}$$

原二次型在正交變換下化為標準形

$$f = 3z_1^2 + (-\frac{3}{2} + \frac{\sqrt{17}}{2})z_2^2 - (\frac{3}{2} + \frac{\sqrt{17}}{2})z_3^2$$

由此可見：

（1）用配方法所得的標準形與用正交變換法所得的標準形不一定相同，所以二次型的標準形不唯一．下面的定理將告訴我們，實二次型的標準形中正項的個數和負項的個數是唯一確定的．

（2）用配方法所得的標準形的系數不一定是原二次型矩陣的特徵值．

§6.2.3 實二次型的規範形

由前面的討論我們知道，任一實二次型 $f(x_1, x_2, \cdots, x_n)$ 都可經過非奇異線性變換化為標準形，標準形不唯一．化為標準形後，可再將標準形中的變量按系數為正、為負、為零重排順序，得二次型標準形為：

$$d_1 y_1^2 + \cdots + d_p y_p^2 - d_{p+1} y_{p+1}^2 - \cdots - d_r y_r^2 \tag{6.8}$$

其中 $d_i > 0, (i = 1, \cdots, r)$，$r$ 是 $f(x_1, x_2, \cdots, x_n)$ 的系數矩陣的秩．因為在實數域中，正實數總可以開平方，所以再作一非奇異線性變換

$$\begin{cases} y_1 = \frac{1}{\sqrt{d_1}} z_1 \\ \cdots\cdots\cdots \\ y_r = \frac{1}{\sqrt{d_r}} z_r \\ y_{r+1} = z_{r+1} \\ \cdots\cdots\cdots \\ y_n = z_n \end{cases} \tag{6.9}$$

(6.8) 就變成

$$f = z_1^2 + \cdots + z_p^2 - z_{p+1}^2 - \cdots - z_r^2 \tag{6.10}$$

定義 6.5 實二次型 f 的形如 (6.10) 的標準形稱為 f 的規範形．

顯然，規範形完全被 r, p 這兩個數所決定．對此我們有下面的重要定理．

定理 6.4（慣性定理） 任意一個實二次型都可經適當的非奇異線性變換變成規範形，且其規範形是唯一的．

定理的前一半在上面已經證明,唯一性的證明略.

定義6.6 在實二次型$f(x_1,x_2,\cdots,x_n)$的規範形中,正平方項的個數p稱為$f(x_1,x_2,\cdots,x_n)$的正慣性指數;負平方項的個數$r-p$稱為$f(x_1,x_2,\cdots,x_n)$的負慣性指數;它們的差$p-(r-p)$稱為$f(x_1,x_2,\cdots,x_n)$的符號差.

應該指出,雖然實二次型的標準形不是唯一的,但是由上面化成規範形的過程可以看出,標準形中係數為正的平方項的個數與規範形中正平方項的個數是一致的.因此,慣性定理也可以敘述為:實二次型的標準形中係數為正的平方項的個數是唯一確定的,它等於正慣性指數,而係數為負的平方項的個數就等於負慣性指數.

習題6.2

1. 用配方法化下列二次型為標準形,並求出所用的非奇異線性變換.
(1) $f(x_1,x_2,x_3) = x_1^2 + 2x_2^2 + 2x_1x_2 - 2x_1x_3$;
(2) $f(x_1,x_2,x_3) = x_1^2 - 3x_2^2 - 2x_1x_2 + 2x_1x_3 - 6x_2x_3$;
(3) $f(x_1,x_2,x_3,x_4) = x_1x_2 + x_1x_3 + x_1x_4 + x_2x_3 + x_2x_4 + x_3x_4$;
(4) $f(x_1,x_2,\cdots,x_{2n}) = x_1x_{2n} + x_2x_{2n-1} + \cdots + x_nx_{n+1}$.

2. 在二次型$f(x_1,x_2,x_3) = (x_1-x_2)^2 + (x_2-x_3)^2 + (x_3-x_1)^2$中,令
$$\begin{cases} y_1 = x_1 - x_2 \\ y_2 = x_2 - x_3 \\ y_3 = x_3 - x_1 \end{cases}$$
得
$$f = y_1^2 + y_2^2 + y_3^2$$
可否由此認為上式即為原二次型f的標準形且原二次型的秩為3?為什麼?若結論是否定的,請給出化f為標準形的正確方法並確定f的秩.

3. 用正交變換法化下列二次型為標準形,並求出所用的正交變換.
(1) $f(x_1,x_2,x_3) = 2x_1^2 + 5x_2^2 + 5x_3^2 + 4x_1x_2 - 4x_1x_3 - 8x_2x_3$;
(2) $f(x_1,x_2,x_3,x_4) = x_1^2 + x_2^2 + x_3^2 + x_4^2 + 2x_1x_2 - 2x_1x_4 - 2x_2x_3 + 2x_3x_4$;
(3) $f(x_1,x_2,x_3) = 5x_1^2 + 5x_2^2 + 3x_3^2 - 2x_1x_2 + 6x_1x_3 - 6x_2x_3$.

4. 如果兩個實對稱矩陣具有相同的特徵多項式,證明它們一定是合同的.

5. 已知實二次型$f(x_1,x_2,x_3) = 2x_1^2 + 3x_2^2 + 3x_3^2 + 2ax_2x_3(a>0)$通過正交變

換化成標準形 $f = y_1^2 + 2y_2^2 + 5y_3^2$,求參數 a 及所用的正交變換矩陣.

6. 將1、3題中化成的二次型的標準形進一步化成規範形,並指出各二次型的正、負慣性指數與符號差.

§6.3 正定二次型

§6.3.1 正定二次型

在實二次型中,正定二次型佔有特殊的地位,下面給出它的定義以及判別方法.

定義6.7 設 $f(x_1, x_2, \cdots, x_n)$ 為一個實二次型,若對任意一組不全為零的實數 $c_1, c_2, \cdots, c_n$ 都有

$$f(c_1, c_2, \cdots, c_n) > 0 \tag{6.11}$$

則稱 $f(x_1, x_2, \cdots, x_n)$ 為正定二次型. 正定二次型所對應的矩陣稱為正定矩陣.

若將(6.11)式中的大於號「>」分別改作「<」、「≥」和「≤」,則相應的實二次型依次稱為**負定的**、**半正定的**和**半負定的**;若某些不全為零的實數 $c_1, c_2, \cdots, c_n$ 使得(6.11)式成立,而另外一些不全為零的實數 $b_1, b_2, \cdots, b_n$ 使得 $f(b_1, b_2, \cdots, b_n) < 0$,則稱實二次型 f 為**不定的**.

負定二次型的矩陣稱為負定矩陣. 顯然,若 f 是正定二次型,則 $-f$ 必為負定二次型.

容易看出,三元實二次型 $f = x_1^2 + 3x_2^2 + 2x_3^2$ 是正定二次型,三元實二次型 $f = x_1^2 + 3x_2^2 + 0x_3^2$ 是半正定二次型,而實二次型 $f = x_1^2 + x_2^2 - x_3^2$ 是不定的.

上述三例實二次型之所以如此容易被看出其類型,顯然是由於其本身就是標準形. 那麼我們能否通過非奇異實線性變換將一個任意的實二次型化為標準形來判斷其正定性呢?

設正定二次型

$$f(x_1, x_2, \cdots, x_n) \tag{6.12}$$

經過非奇異實線性變換

$$X = CY \tag{6.13}$$

變成實二次型

$$g(y_1, y_2, \cdots, y_n) \tag{6.14}$$

令 $y_1 = k_1, y_2 = k_2, \cdots, y_n = k_n$(其中 $k_1, k_2, \cdots, k_n$ 為任意一組不全為零的實

數). 代入(6.13)的右端,即得 $x_1, x_2, \cdots, x_n$ 對應的一組值,譬如說,是 $c_1, c_2, \cdots, c_n$,即

$$\begin{pmatrix} c_1 \\ c_2 \\ \vdots \\ c_n \end{pmatrix} = C \begin{pmatrix} k_1 \\ k_2 \\ \vdots \\ k_n \end{pmatrix}$$

因 C 可逆,故又有

$$\begin{pmatrix} k_1 \\ k_2 \\ \vdots \\ k_n \end{pmatrix} = C^{-1} \begin{pmatrix} c_1 \\ c_2 \\ \vdots \\ c_n \end{pmatrix}$$

所以當 $k_1, k_2, \cdots, k_n$ 是一組不全為零的實數時,$c_1, c_2, \cdots, c_n$ 也是一組不全為零的實數. 於是

$$g(k_1, k_2, \cdots, k_n) = f(c_1, c_2, \cdots, c_n) > 0$$

這表明實二次型 $g(k_1, k_2, \cdots, k_n)$ 亦是正定的.

定理 6.5 設正定二次型 $f = X^T A X$ 經非奇異實線性變換 $X = CY$ 變成實二次型 $f = Y^T B Y$,則 $Y^T B Y$ 必為正定二次型.

因為實二次型(6.14)也可以經非奇異實線性變換 $Y = C^{-1} X$ 變到實二次型(6.12),所以同理,當(6.14)正定時(6.12)也正定. 可見非奇異實線性變換保持實二次型的正定性不變.

綜上所述,一個實二次型的正定性可由其標準形或規範形是否正定來確定.

定理 6.6 設 $f = X^T A X$ 為 n 元實二次型,其中 A 為此二次型的矩陣,則下面5個條件等價:

(1) f 為正定二次型;

(2) A 的特徵值全為正;

(3) f 的正慣性指數為 n;

(4) A 合同於單位陣 E;

(5) 存在 n 階非奇異矩陣 C,使得 $A = C^T C$.

證明 以下採用循環證法.

(1) $\Rightarrow$ (2)

設 A 的特徵值為 λ_i,A 的屬於 λ_i 的特徵向量為 $X_i (i = 1, 2, \cdots, n)$. 因 A 為實

對稱矩陣,故諸 λ_i 均為實數,諸 X_i 均為實向量.

由 f 的正定性,並注意到 $X_i \neq \theta$,有
$$X_i^T A X_i = \lambda_i X_i^T X_i > 0$$
因 $X_i^T X_i > 0$ 故得
$$\lambda_i > 0 \quad (i = 1, 2, \cdots, n)$$

(2) $\Rightarrow$ (3)

由定理 6.3,存在正交交換 $X = QY$ 將二次型 $f = X^T A X$ 化為標準型
$$f = \lambda_1 y_1^2 + \lambda_2 y_2^2 + \cdots + \lambda_n y_n^2$$
其中 $\lambda_i (i = 1, 2, \cdots, n)$ 為 A 的特徵值.

由(2),諸 $\lambda_i > 0$,故二次型 f 的正慣性指數為 n.

(3) $\Rightarrow$ (4)

當(3)成立時,二次型 $f = X^T A X$ 的規範形為
$$f = y_1^2 + y_2^2 + \cdots + y_n^2 = Y^T E Y$$
由變換前後兩個二次型的系數矩陣的關係知 A 合同於 E.

(4) $\Rightarrow$ (5)

由(4),即存在 n 階非奇異矩陣 P 使得 $P^T A P = E$,於是
$$A = (P^T)^{-1} P^{-1} = (P^{-1})^T P^{-1}$$
令 $C = P^{-1}$,則 C 非奇異,且有 $A = C^T C$.

(5) $\Rightarrow$ (1)

由 $A = C^T C$(C 非奇異),對任意 $X \neq \theta$,有 $CX \neq \theta$,從而
$$f = X^T A X = X^T (C^T C) X = (CX)^T CX > 0$$
故 $f = X^T A X$ 為正定二次型.

例1 判定實二次型
$$f(x_1, x_2, x_3) = 3x_1^2 - 4x_1 x_2 + 3x_2^2 + x_3^2$$
的正定性.

解 f 的二次型矩陣為 $A = \begin{pmatrix} 3 & -2 & 0 \\ -2 & 3 & 0 \\ 0 & 0 & 1 \end{pmatrix}$,$A$ 的特徵多項式為

$$|\lambda E - A| = \begin{vmatrix} \lambda - 3 & 2 & 0 \\ 2 & \lambda - 3 & 0 \\ 0 & 0 & \lambda - 1 \end{vmatrix} = (\lambda - 1)^2 (\lambda - 5)$$

從而 A 的特徵值為 1,1,5,全為正.由定理 6.6,f 為正定的.

下面介紹直接從實二次型 f 的係數矩陣 A 的某些性質來判定其正定性的方法. 為此先引入下面的定義.

定義 6.8　設 n 階矩陣

$$A = \begin{pmatrix} a_{11} & a_{12} & \cdots & a_{1n} \\ a_{21} & a_{22} & \cdots & a_{2n} \\ \cdots & \cdots & \cdots & \cdots \\ a_{n1} & a_{n2} & \cdots & a_{nn} \end{pmatrix}$$

稱 A 的子式

$$P_i = \begin{vmatrix} a_{11} & a_{12} & \cdots & a_{1i} \\ a_{21} & a_{22} & \cdots & a_{2i} \\ \cdots & \cdots & \cdots & \cdots \\ a_{i1} & a_{i2} & \cdots & a_{ii} \end{vmatrix} \quad (i = 1, 2, \cdots, n)$$

為矩陣 A 的 i 階順序主子式.

例如 $P_1 = a_{11}, P_2 = \begin{vmatrix} a_{11} & a_{12} \\ a_{21} & a_{22} \end{vmatrix}$ 和 $P_n = |A|$ 就分別是 A 的 1 階、2 階和 n 階順序主子式.

定理 6.7　實二次型 $f(x_1, x_2, \cdots, x_n) = X^T A X$ 為正定二次型的充分必要條件是 A 的各階順序主子式全都大於零；實二次型 $f = X^T A X$ 為負定二次型的充分必要條件是 A 的全部奇數階順序主子式都小於零, 且全部偶數階順序主子式都大於零. (證明從略)

例 2　判定實二次型

$$f(x_1, x_2, x_3) = 5x_1^2 + x_2^2 + 5x_3^2 + 4x_1 x_2 - 8x_1 x_3 - 4x_2 x_3$$

是否正定.

解　f 的矩陣

$$A = \begin{pmatrix} 5 & 2 & -4 \\ 2 & 1 & -2 \\ -4 & -2 & 5 \end{pmatrix}$$

其順序主子式

$$P_1 = 5 > 0, \quad P_2 = \begin{vmatrix} 5 & 2 \\ 2 & 1 \end{vmatrix} = 1 > 0$$

$$P_3 = \begin{vmatrix} 5 & 2 & -4 \\ 2 & 1 & -2 \\ -4 & -2 & 5 \end{vmatrix} = 1 > 0$$

所以 f 是正定的.

例3 判定實對稱矩陣

$$A = \begin{pmatrix} -2 & 1 & 1 \\ 1 & -2 & 0 \\ 1 & 0 & -1 \end{pmatrix}$$

是否為負定矩陣.

解 A 的順序主子式

$$P_1 = -2 < 0, \qquad P_2 = \begin{vmatrix} -2 & 1 \\ 1 & -2 \end{vmatrix} = 3 > 0$$

$$P_3 = \begin{vmatrix} -2 & 1 & 1 \\ 1 & -2 & 0 \\ 1 & 0 & -1 \end{vmatrix} = -1 < 0$$

所以實對稱矩陣 A 是負定矩陣.

必須指出的是, 只有實對稱矩陣才有正定與負定之說. 故判定矩陣是否正定時, 所討論的矩陣須是實對稱矩陣.

例4 設實二次型

$$f(x_1, x_2, x_3) = x_1^2 + 4x_2^2 + 4x_3^2 + 2\lambda x_1 x_2 - 2x_1 x_3 + 4x_2 x_3$$

試判定當 λ 取何值時 f 為正定二次型.

解 f 的係數矩陣

$$A = \begin{pmatrix} 1 & \lambda & -1 \\ \lambda & 4 & 2 \\ -1 & 2 & 4 \end{pmatrix}$$

A 的各階順序主子式為

$$P_1 = 1, \qquad P_2 = \begin{vmatrix} 1 & \lambda \\ \lambda & 4 \end{vmatrix} = 4 - \lambda^2$$

$$P_3 = \begin{vmatrix} 1 & \lambda & -1 \\ \lambda & 4 & 2 \\ -1 & 2 & 4 \end{vmatrix} = -4(\lambda - 1)(\lambda + 2)$$

令

$$\begin{cases} 4 - \lambda^2 > 0 \\ -4(\lambda - 1)(\lambda + 2) > 0 \end{cases}$$

解之得
$$-2 < \lambda < 1$$

故當 $-2 < \lambda < 1$ 時,f 為正定二次型.

例 5 設 A 為 n 階實對稱矩陣且 $A^3 - 3A^2 + 5A - 3E = O$,證明 A 是正定矩陣.

證明 設 λ 是 A 的任一特徵值,X 為 A 屬於 λ 的特徵向量,則
$$\lambda^3 - 3\lambda^2 + 5\lambda - 3$$

是矩陣
$$A^3 - 3A^2 + 5A - 3E \tag{6.15}$$

的特徵值,X 為矩陣(6.15)的屬於 $\lambda^3 - 3\lambda^2 + 5\lambda - 3$ 的特徵向量. 從而有
$$(A^3 - 3A^2 + 5A - 3E)X = (\lambda^3 - 3\lambda^2 + 5\lambda - 3)X$$

再由題設
$$A^3 - 3A^2 + 5A - 3E = O$$

得
$$(\lambda^3 - 3\lambda^2 + 5\lambda - 3)X = \theta$$

而 $X \neq \theta$,故
$$\lambda^3 - 3\lambda^2 + 5\lambda - 3 = 0$$

解之得
$$\lambda = 1 \text{ 或 } \lambda = 1 \pm \sqrt{2}i$$

因為 A 為實對稱矩陣,所以特徵值一定是實數,故只有特徵值 $\lambda = 1$,即 A 的全部特徵值為正,所以 A 是正定矩陣.

§6.3.2 正定矩陣的性質

正定矩陣具有如下性質:

1° 若 A 為正定矩陣,則 $|A| > 0$.

2° 若 A 為正定矩陣,則 A^{-1}、A^*、A^k(k 為正整數) 亦為正定矩陣.

3° 若 A 與 B 均為 n 階正定矩陣,則 $A + B$ 亦為正定矩陣.

4° 若 $A = (a_{ij})$ 為 n 階正定矩陣,則 $a_{ii} > 0 (i = 1, 2, \cdots, n)$.

證明 (性質 1°、2°、3° 請讀者自證,下證性質 4°)

因 $A = (a_{ij})$ 為 n 階正定矩陣,故 $f = X^T A X$ 為正定二次型,從而對
$$\varepsilon_i = (0, \cdots, 1, \cdots, 0)^T \qquad (i = 1, 2, \cdots, n)$$

有
$$f = \varepsilon_i^T A \varepsilon_i = a_{ii} > 0 \quad (i = 1, 2, \cdots, n)$$
即 A 的主對角線上元素
$$a_{ii} > 0 \quad (i = 1, 2, \cdots, n)$$

習題 6.3

1. 判定下列實二次型的正定性.
(1) $f(x_1, x_2, x_3) = -2x_1^2 - 6x_2^2 - 4x_3^2 + 2x_1x_2 + 2x_1x_3$;
(2) $f(x_1, x_2, x_3) = 5x_1^2 + 6x_2^2 + 4x_3^2 - 4x_1x_2 - 4x_2x_3$;
(3) $\sum_{i=1}^{n} x_i^2 + \sum_{1 \leq i < j \leq n} x_i x_j$.

2. 試討論當 t 為何值時,下列實二次型是正定的.
(1) $f(x_1, x_2, x_3) = x_1^2 + x_2^2 + 5x_3^2 + 2tx_1x_2 - 2x_1x_3 + 4x_2x_3$;
(2) $f(x_1, x_2, x_3) = x_1^2 + 4x_2^2 + x_3^2 + 2tx_1x_2 + 10x_1x_3 + 6x_2x_3$.

3. 證明正定矩陣的性質 1°、2°、3°.

復習題六

(一) 填空

1. 二次型 $f(x_1, x_2, x_3) = 2x_1^2 - x_1x_2 + x_2^2$ 的矩陣為_____.

2. 實對稱矩陣 A 的秩等於 r,它的正慣性指數為 m,則它的符號差為_____.

3. n 元實二次型 f 的系數矩陣 A 的負特徵值共有 u 個(重根按重數計算),零特徵值是 v 重根,則 A 的正慣性指數是_____.

4. 設二次型 $f(x_1, x_2, x_3) = 2x_1^2 + x_2^2 + x_3^2 + 2x_1x_2 + tx_2x_3$ 是正定的,則 t 的取值為_____.

5. 當 k _____時,實二次型 $f(x_1, x_2, x_3) = (k+1)x_1^2 + (k-1)x_2^2 + (k-2)x_3^2$ 必是正定二次型.

6. 二次型 $f(x_1, x_2, x_3) = (x_1 + x_2)^2 + (x_2 - x_3)^2 + (x_3 + x_1)^2$ 的秩為_____.

7. 已知實二次型 $f(x_1,x_2,x_3) = x_1^2 + x_2^2 + 2tx_1x_2 + 3x_3^2$ 通過正交變換化為標準形 $f(x_1,x_2,x_3) = -2y_1^2 + 3y_2^2 + 4y_3^2$,則 $t = $ _____ .

(二) 選擇

1. 用正交變換法化二次型為標準形時,如果只求出系數矩陣的全部特徵根,則 _____ .

(A) 標準形的形式和所用正交變換都無法確定;

(B) 標準形的形式和所用正交變換都能確定;

(C) 標準形的形式可以確定,但所用正交變換無法確定;

(D) 標準形的形式無法確定,但所用正交變換可以確定.

2. 如果秩為 r 的 n 元實二次型 f 是半正定的,則它的負慣性指數是 _____ .

(A) 0;　　　(B) r;　　　(C) n;　　　(D) $n-r$.

3. 設

$$A = \begin{pmatrix} -1 & 0 & 0 \\ 0 & \dfrac{1}{3} & 0 \\ 0 & 0 & -2 \end{pmatrix}$$

則下列矩陣中與 A 合同的矩陣是 _____ .

(A) $\begin{pmatrix} -1 & 0 & 0 \\ 0 & 1 & 0 \\ 0 & 0 & 1 \end{pmatrix}$;　　　(B) $\begin{pmatrix} 1 & 0 & 0 \\ 0 & -2 & 0 \\ 0 & 0 & 1 \end{pmatrix}$;

(C) $\begin{pmatrix} 2 & 0 & 0 \\ 0 & -1 & 0 \\ 0 & 0 & -5 \end{pmatrix}$;　　　(D) $\begin{pmatrix} 2 & 0 & 0 \\ 0 & 1 & 0 \\ 0 & 0 & 3 \end{pmatrix}$.

4. 若 A 是負定矩陣,則 _____ .

(A) $|A| < 0$;　　(B) $|A| = 0$;　　(C) $|A| > 0$;

(D) $|A|$ 可能大於零,也可能小於零,這與 A 的階數有關.

5. 設 A、B 都是正定陣,則 _____ .

(A) AB、$A+B$ 一定都是正定陣;

(B) AB 是正定陣, $A+B$ 不是正定陣;

(C) AB 不一定是正定陣, $A+B$ 是正定陣;

(D) AB、$A+B$ 都不是正定陣.

6. A 是 n 階實對稱矩陣，則 A 為正定的充要條件是_____．

(A) $|A| > 0$；

(B) 存在 n 階可逆矩陣 C 使 $A = C^T C$；

(C) 對元素全不為零的實 n 維列向量 X，總有 $X^T A X > 0$；

(D) 存在實 n 維列向量 $X \neq \theta$，使 $X^T A X > 0$．

7. 下列條件下不能保證 n 階實對稱矩陣 A 為正定的是_____．

(A) A^{-1} 正定；

(B) 二次型 $f = X^T A X$ 的負慣性指數為 0；

(C) 二次型 $f = X^T A X$ 的正慣性指數為 n；

(D) A 合同於單位矩陣．

8. 設 A 是正定矩陣，則下列結論錯誤的是_____．

(A) $|A| > 0$； (B) A 非奇異； (C) A 的元素全是正數；

(D) A 的主對角線上的元素全是正數．

9. 下列矩陣合同於單位矩陣的是_____．

(A) $\begin{pmatrix} 1 & 1 & 1 \\ 1 & 1 & 1 \\ 1 & 1 & 1 \end{pmatrix}$； (B) $\begin{pmatrix} 1 & 0 & 1 \\ 0 & 1 & 0 \\ 1 & 0 & 1 \end{pmatrix}$；

(C) $\begin{pmatrix} 1 & 2 & 1 \\ 2 & 7 & 1 \\ 1 & 1 & 8 \end{pmatrix}$； (D) $\begin{pmatrix} 2 & -1 & 2 \\ -1 & 3 & -\dfrac{3}{2} \\ 2 & -\dfrac{3}{2} & -4 \end{pmatrix}$．

(三) 計算與證明

1. 化下列二次型為規範形，並求出正、負慣性指數及符號差．

(1) $f(x_1, x_2, x_3) = x_1^2 + 3x_3^2 + 2x_1 x_2 + 4x_1 x_3 + 2x_2 x_3$；

(2) $f(x_1, x_2, x_3) = x_1 x_2 + x_1 x_3 + x_2 x_3$．

2. 判定實二次型

$$f(x_1, x_2, \cdots, x_n) = \sum_{i=1}^{n} x_i^2 + \sum_{i=1}^{n-1} x_i x_{i+1}$$

是否正定．

3. 已知實二次型
$$f(x_1,x_2,x_3) = tx_1^2 + tx_2^2 + tx_3^2 + 2x_1x_2 + 2x_1x_3 - 2x_2x_3$$
問：（1）t 為何值時，二次型 f 是正定的？

（2）t 為何值時，二次型 f 是負定的？

4. 設 A 是 n 階正定矩陣，E 是 n 階單位矩陣．證明 $|A+E|>1$．

5. 設 A 為 $m\times n$ 實矩陣，E 為 n 階單位矩陣，$B=\lambda E+A^TA$．證明：當 $\lambda>0$ 時，B 為正定矩陣．

6. 設 A 為 n 階實對稱矩陣且滿足 $A^3+A^2+A=3E$．證明 A 是正定矩陣．

7. 設 A 是實對稱矩陣．證明：當實數 t 充分大時，$tE+A$ 是正定矩陣．

8. 設 $f(x_1,x_2,\cdots,x_n)=X^TAX$ 是實二次型，若有實 n 維列向量 X_1,X_2 使
$$X_1^TAX_1>0,\qquad X_2^TAX_2<0$$
證明：必存在實 n 維列向量 $X_0\neq\theta$，使
$$X_0^TAX_0=0$$

9. 試證：若 A 是負定矩陣，則 $a_{ii}<0\,(i=1,2,\cdots,n)$．

10. 試證：若 A 是實 n 階方陣，則 A^TA 是半正定矩陣．

11. 設 $f=X^TAX$ 為 n 元實二次型，λ 與 μ 分別為其矩陣 A 的最大特徵值與最小特徵值，證明對任一實 n 維列向量 X，總有
$$\mu X^TX \leq X^TAX \leq \lambda X^TX$$

12*. 設 A 為 3 階實對稱矩陣，且滿足 $A^2+2A=O$，已知 A 的秩 $R(A)=2$．

（1）求 A 的全部特徵值；

（2）當 k 為何值時，矩陣 $A+kE$ 為正定矩陣．

13*. 設 A 是 n 階正定矩陣，$\alpha_1,\alpha_2,\cdots,\alpha_n$ 是非零的 n 維列向量，且 $\alpha_i^TA\alpha_j=0\ (i\neq j;i,j=1,2,\cdots,n)$，證明 $\alpha_1,\alpha_2,\cdots,\alpha_n$ 線性無關．

14*. 設 $A=(a_{ij})_{n\times n}$ 為 n 階實對稱矩陣，$R(A)=n$，A_{ij} 是元素 a_{ij} 的代數餘子式，二次型 $f(x_1,x_2,\cdots,x_n)=\sum_{i=1}^{n}\sum_{j=1}^{n}\dfrac{A_{ij}}{|A|}x_ix_j$．

（1）記 $X=(x_1,x_2,\cdots,x_n)^T$，將 $f(x_1,x_2,\cdots,x_n)$ 寫成矩陣形式，並證明二次型 $f(x_1,x_2,\cdots,x_n)$ 的矩陣為 A^{-1}；

（2）二次型 $g(x_1,x_2,\cdots,x_n)=X^TAX$ 與 $f(x_1,x_2,\cdots,x_n)$ 的規範形是否相同？

7 若干經濟數學模型

本章介紹幾個常用的經濟數學模型,借以說明線性代數工具的巨大實用價值. 期望它們能引起讀者的興趣,進而嘗試運用它們去解決某些實際問題,並作更深入的探索.

§7.1 投入產出數學模型

本節介紹投入產出綜合平衡數學模型. 這是一種用來全面分析某個經濟系統內各部門的消耗(即投入) 及產品的生產(即產出) 之間的數量依存關係的數學模型. 這一模型系1973年諾貝爾經濟學獎獲得者列昂捷夫(W. Leontief) 於二十世紀三十年代創立,並於五六十年代開始風行於世界. 迄今投入產出技術已成為世界各國、各地區,乃至各企業研究經濟、規劃經濟的常規手段.

投入產出模型主要通過投入產出表及平衡方程組來描述. 投入產出表依其適用範圍可分為世界型、國家型、地區型及企業型等,依其經濟分析的時期可有靜態型與動態型的區別,依其計量單位的不同又有實物型與價值型的分類. 下面僅介紹適用於國家(或地區) 的靜態價值型投入產出表.

§7.1.1 投入產出表

一個國家(或地區) 的經濟系統由各個不同的生產部門組成,每個部門的生產須消耗其他部門的產品,同時又以自己的產品提供給其他部門作為生產資料或提供給社會作非生產性消費,其間的物質流動可通過下面的投入產出表完全展現出來(見表7.1):

表 7.1 　　　　　　　　　　　價值型投入產出表

投入＼產出			中間產品				最終產品				總產品
			1	2	⋯	n	消費	累積	其他	合計	
生產資料補償價值	生產部門	1	x_{11}	x_{12}	⋯	x_{1n}				y_1	x_1
		2	x_{21}	x_{22}	⋯	x_{2n}				y_2	x_2
		⋮	⋮	⋮		⋮				⋮	⋮
		n	x_{n1}	x_{n2}	⋯	x_{nn}				y_n	x_n
	固定資產折舊		d_1	d_2	⋯	d_n					
新創造價值	勞動報酬		v_1	v_2		v_n					
	純收入		m_1	m_2	⋯	m_n					
	合　計		z_1	z_2	⋯	z_n					
總產值			x_1	x_2	⋯	x_n					

【註】

(1) 表中諸產品的數量均是其貨幣價值量．諸變量的定義如下：

x_i——第 i 部門的總產品量；

y_i——第 i 部門的最終產品量；

x_{ij}——第 i 部門提供給第 j 部門的產品量，即第 j 部門消耗第 i 部門的產品量；

d_j、v_j、m_j——分別表示第 j 部門的固定資產折舊、勞動報酬、純收入；

z_j——第 j 部門新創造價值： 　　　 $z_j = v_j + m_j$.

(2) 表中以雙線分隔開的四個部分依次稱為第 Ⅰ、Ⅱ、Ⅲ、Ⅳ 象限．其中第 Ⅰ 象限反應了各部門的技術經濟聯繫；第 Ⅱ 象限反應了各部門可供社會最終消費和使用的產品量；第 Ⅲ 象限反應了各部門的固定資產折舊和新創造價值，體現了國民收入的初次分配以及必要勞動與剩餘勞動的比例；第 Ⅳ 象限用於體現國民收入的再分配，因其複雜性而常被略去．

§ 7.1.2 　平衡方程組

1. 分配平衡方程組

投入產出表 7.1 的第 Ⅰ、Ⅱ 象限中的行反應了各部門產品的去向即分配情況：一部分作為中間產品提供給其他部門作原材料，另一部分作為最終產品提供

給社會（包括消費、累積、出口等）．即有

$$總產品 = 中間產品 + 最終產品$$

用公式可表示為

$$\begin{cases} x_1 = x_{11} + x_{12} + \cdots + x_{1n} + y_1 \\ x_2 = x_{21} + x_{22} + \cdots + x_{2n} + y_2 \\ \cdots\cdots\cdots\cdots\cdots\cdots\cdots\cdots\cdots\cdots \\ x_n = x_{n1} + x_{n2} + \cdots + x_{nn} + y_n \end{cases}$$

即

$$x_i = \sum_{j=1}^{n} x_{ij} + y_i \quad (i = 1, 2, \cdots, n) \qquad (7.1)$$

通常稱(7.1)為分配平衡方程組．

2. 生產平衡方程組

投入產出表7.1的第 I、III 象限中的列反應了各部門產品的價值形成過程．即有

$$總產值 = 生產資料轉移價值 + 新創造價值$$

用公式可表示為

$$\begin{cases} x_1 = x_{11} + x_{21} + \cdots + x_{n1} + d_1 + z_1 \\ x_2 = x_{12} + x_{22} + \cdots + x_{n2} + d_2 + z_2 \\ \cdots\cdots\cdots\cdots\cdots\cdots\cdots\cdots\cdots\cdots\cdots \\ x_n = x_{1n} + x_{2n} + \cdots + x_{nn} + d_n + z_n \end{cases}$$

即

$$x_j = \sum_{i=1}^{n} x_{ij} + d_j + z_j \quad (j = 1, 2, \cdots, n) \qquad (7.2)$$

§7.1.3 直接消耗系數

為了反應部門之間在生產與技術上的相互依存關係，下面引入直接消耗系數．

定義7.1 第 j 部門生產單位產品所直接消耗第 i 部門的產品數量稱為第 j 部門對第 i 部門的直接消耗系數．記為

$$a_{ij} = \frac{x_{ij}}{x_j} \quad (i,j = 1, 2, \cdots, n) \qquad (7.3)$$

並稱矩陣

$$A = \begin{pmatrix} a_{11} & a_{12} & \cdots & a_{1n} \\ a_{21} & a_{22} & \cdots & a_{2n} \\ \cdots & \cdots & \cdots & \cdots \\ a_{n1} & a_{n2} & \cdots & a_{nn} \end{pmatrix}$$

為直接消耗系數矩陣.

一般而言,直接消耗系數與報告期的生產技術水平有關,具有一定的穩定性.但在生產技術水平有較大變化時它亦會發生相應的變動.

由(7.3)我們有

$$x_{ij} = a_{ij}x_j \quad (i,j = 1,2,\cdots,n) \tag{7.4}$$

將其代入分配平衡方程組(7.1)得

$$\begin{cases} x_1 = a_{11}x_1 + a_{12}x_2 + \cdots + a_{1n}x_n + y_1 \\ x_2 = a_{21}x_1 + a_{22}x_2 + \cdots + a_{2n}x_n + y_2 \\ \cdots\cdots\cdots\cdots\cdots\cdots\cdots\cdots\cdots\cdots\cdots\cdots \\ x_n = a_{n1}x_1 + a_{n2}x_2 + \cdots + a_{nn}x_n + y_n \end{cases} \tag{7.5}$$

若記

$$X = \begin{pmatrix} x_1 \\ x_2 \\ \vdots \\ x_n \end{pmatrix}, Y = \begin{pmatrix} y_1 \\ y_2 \\ \vdots \\ y_n \end{pmatrix}$$

則方程組(7.5)可寫成矩陣形式

$$X = AX + Y \tag{7.6}$$

從而有

$$Y = (E - A)X \tag{7.7}$$

其中 E 為 n 階單位陣.

公式(7.7)揭示了最終產品 Y 與總產品 X 之間的數量依存關系.由於直接消耗系數 A 在一定時期內具有穩定性,所以常可以利用上一報告期的直接消耗系數來估計本報告期的直接消耗系數.在 A 已知的條件下,顯然,最終產品 Y 可由總產品 X 唯一確定;反之,總產品 X 亦可由最終產品 Y 唯一確定:

$$X = (E - A)^{-1}Y$$

【註】 可以證明,矩陣 $E - A$ 可逆.

將(7.4)代入生產平衡方程組(7.2),得

$$x_j = \sum_{i=1}^{n} a_{ij}x_j + d_j + z_j \quad (j = 1, 2, \cdots, n) \tag{7.8}$$

或

$$(1 - \sum_{i=1}^{n} a_{ij})x_j = d_j + z_j \quad (j = 1, 2, \cdots, n) \tag{7.9}$$

利用方程組(7.9),在已知各部門的折舊的前提下(各部門的折舊可利用折舊系數算得),各部門的總產值與新創造價值可以互相唯一確定.

若記

$$X = \begin{pmatrix} x_1 \\ x_2 \\ \vdots \\ x_n \end{pmatrix}, Z = \begin{pmatrix} z_1 \\ z_2 \\ \vdots \\ z_n \end{pmatrix}, D = \begin{pmatrix} d_1 \\ d_2 \\ \vdots \\ d_n \end{pmatrix}, C = \begin{pmatrix} \sum_{i=1}^{n} a_{i1} & 0 & \cdots & 0 \\ 0 & \sum_{i=1}^{n} a_{i2} & \cdots & 0 \\ \cdots & \cdots & \cdots & \cdots \\ 0 & 0 & \cdots & \sum_{i=1}^{n} a_{in} \end{pmatrix}$$

則方程組(7.8)有如下的矩陣形式

$$X = CX + D + Z \tag{7.10}$$

§7.1.4 完全消耗系數

直接消耗系數 a_{ij} 反應了第 j 部門對第 i 部門產品的直接消耗量. 但是第 j 部門還有可能通過第 k 部門的產品(第 k 部門要消耗第 i 部門的產品)而間接消耗第 i 部門的產品. 例如汽車生產部門除了直接消耗鋼鐵之外還會通過使用機床而間接消耗鋼鐵,所以有必要引進刻劃部門之間的完全聯繫的量——完全消耗系數.

定義7.2 稱第 j 部門生產單位產品對第 i 部門產品的完全消耗量為第 j 部門對第 i 部門的完全消耗系數. 記為

$$b_{ij}(i, j = 1, 2, \cdots, n)$$

並稱

$$B = \begin{pmatrix} b_{11} & b_{12} & \cdots & b_{1n} \\ b_{21} & b_{22} & \cdots & b_{2n} \\ \cdots & \cdots & \cdots & \cdots \\ b_{n1} & b_{n2} & \cdots & b_{nn} \end{pmatrix}$$

為完全消耗系數矩陣.

顯然,b_{ij}應包括兩部分:

(1) 對第i部門的直接消耗量a_{ij};

(2) 通過第k部門而間接消耗第i部門的量$b_{ik}a_{kj}(k=1,2,\cdots,n)$

於是,有

$$b_{ij} = a_{ij} + \sum_{k=1}^{n} b_{ik}a_{kj} \quad (i,j=1,2,\cdots,n) \tag{7.11}$$

寫成矩陣形式,就是

$$B = A + BA \tag{7.12}$$

於是

$$B = A(E-A)^{-1}$$

又因

$$A = E - (E-A)$$

所以

$$B = (E-A)^{-1} - E \tag{7.13}$$

(7.13)表明,完全消耗系數可由直接消耗系數求得.

完全消耗系數是一個國家的經濟結構分析及經濟預測的重要參數,完全消耗系數的求得是投入產出模型的最顯著的特點.

§7.2 線性規劃數學模型

線性規劃是運籌學的重要分支,是一種優化數學模型. 它是解決生產計劃、合理下料、人力安排、運輸問題、佈局問題等資源合理配置問題的強有力的數學工具.

例1 (生產計劃問題) 某化工廠要用d_1噸甲原料和d_2噸乙原料生產 Ⅰ、Ⅱ、Ⅲ 三種產品. 已知每生產1噸產品 Ⅰ 需消耗甲、乙原料的數量分別為a_1和b_1噸,每生產1噸產品 Ⅱ 需消耗甲、乙原料的數量分別為a_2和b_2噸,每生產1噸產

品 III 需消耗甲、乙原料的數量分別為 a_3 和 b_3 噸. 若工廠每生產 1 噸 I、II、III 產品分別可獲利 c_1、c_2、c_3 元. 問應如何安排生產才能使工廠獲利最大？

解 設工廠生產 I、II、III 三種產品的數量分別為 x_1、x_2、x_3 噸，總利潤為 f 元. 則此問題就是求目標函數

$$f = c_1 x_1 + c_2 x_2 + c_3 x_3$$

滿足約束條件

$$\begin{cases} a_1 x_1 + a_2 x_2 + a_3 x_3 \leq d_1 \\ b_1 x_1 + b_2 x_2 + b_3 x_3 \leq d_2 \\ x_1、x_2、x_3 \geq 0 \end{cases}$$

的條件極(大)值問題.

例 2 (運輸問題) 某公司有 m 個油田 $A_1、A_2、\cdots、A_m$ 及 n 個煉油廠 $B_1、B_2、\cdots、B_n$. 已知油田 A_i 的原油產量為 a_i 噸 $(i = 1, 2, \cdots, m)$，煉油廠 B_j 的最大煉油能力為 b_j 噸 $(j = 1, 2, \cdots, n)$. 而每噸原油由油田 A_i 運到煉油廠 B_j 的運價為 c_{ij} 元. 問公司應如何組織運輸才能使總運費最小？

解 設 x_{ij} 為由油田 A_i 運往煉油廠 B_j 的原油數量，f 為總運費. 則此問題就是求目標函數

$$f = \sum_{i=1}^{m} \sum_{j=1}^{n} c_{ij} x_{ij}$$

滿足約束條件

$$\begin{cases} \sum_{j=1}^{n} x_{ij} = a_i & (i = 1, 2, \cdots, m) \\ \sum_{i=1}^{m} x_{ij} \leq b_j & (j = 1, 2, \cdots, n) \\ x_{ij} \geq 0 \end{cases}$$

的條件極(小)值問題.

通常稱如例 1、例 2 這樣的，目標函數為線性函數，約束條件為線性等式或不等式的條件極值問題為一個線性規劃問題，簡記為 LP (Linear Programming).

§7.2.1 LP 的標準形式

LP 的一般形式為

$$\max(\text{或 min})f = \sum_{i=1}^{n} c_i x_i \qquad (7.14)$$

$$\text{s.t.} \begin{cases} \sum_{j=1}^{n} a_{ij} x_j \leq 或(=, \geq) b_i & (i=1,2,\cdots,m) \\ x_j \geq 0 & (j=1,2,\cdots,n) \end{cases}$$

(7.14) 中 max(或 min) 表示求目標函數的最大(最小) 值, s.t. 是 subject to(遵從) 的縮寫.

為了便於討論, 通常將形式各異的 LP 問題化為下面的標準形式

(LP) $\quad \max f = \sum_{i=1}^{n} c_i x_i$

$\text{s.t.} \begin{cases} \sum_{j=1}^{n} a_{ij} x_j = b_i & (i=1,2,\cdots,m) \\ x_j \geq 0 & (j=1,2,\cdots,n) \end{cases}$

若令

$$A = \begin{pmatrix} a_{11} & a_{12} & \cdots & a_{1n} \\ a_{21} & a_{22} & \cdots & a_{2n} \\ \cdots & \cdots & \cdots & \cdots \\ a_{m1} & a_{m2} & \cdots & a_{mn} \end{pmatrix}, b = \begin{pmatrix} b_1 \\ b_2 \\ \vdots \\ b_m \end{pmatrix}, c = \begin{pmatrix} c_1 \\ c_2 \\ \vdots \\ c_n \end{pmatrix}, x = \begin{pmatrix} x_1 \\ x_2 \\ \vdots \\ x_n \end{pmatrix}$$

則標準形式(LP) 又可表示成如下的矩陣形式

(LP) $\qquad \max f = c^T x \qquad (7.15)$

$\text{s.t.} \begin{cases} Ax = b \\ x \geq 0 \end{cases} \qquad (7.16)$

§7.2.2 LP 的解

定義 7.3 稱滿足約束條件(7.16) 的 $x \in R^n$ 為(LP) 的可行解, 並稱(LP) 全部可行解的集合 $S = \{x \mid Ax = b, x \geq 0\}$ 為(LP) 的可行域.

對任意 LP 而言, 顯然只有當其可行域中有不止一個可行解時, 討論其最優解才有意義. 故可設 $R(A) = m < n$. 若記

$$A = (\alpha_1, \alpha_2, \cdots, \alpha_n)$$

其中 $\alpha_j (j=1,2,\cdots,n)$ 為矩陣 A 的列向量, 則矩陣 A 中至少有一個非奇異的 m 階子矩陣

$$B = (\alpha_{i_1} \quad \alpha_{i_2} \quad \cdots \quad \alpha_{i_m}) \qquad (i_1 < i_2 < \cdots < i_m)$$

定義7.4 (LP)中矩陣A的任意一個非奇異的m階子矩陣$B = (\alpha_{i_1}, \alpha_{i_2}, \cdots, \alpha_{i_m})$稱為(LP)的一個基,其所對應的變量$x_{i_1}, x_{i_2}, \cdots, x_{i_m}$稱為基$B$的基變量,其餘的變量稱為非基變量.

不失一般性,可設
$$B = (\alpha_1, \alpha_2, \cdots, \alpha_m)$$
為(LP)的一個基,並記
$$N = (\alpha_{m+1}, \alpha_{m+2}, \cdots, \alpha_n), x_B = (x_1, x_2, \cdots, x_m)^T$$
$$x_N = (x_{m+1}, x_{m+2}, \cdots, x_n)^T$$
則(LP)的約束條件$Ax = b$便成為
$$(B \quad N)\begin{pmatrix} x_B \\ x_N \end{pmatrix} = b$$
即
$$Bx_B + Nx_N = b \tag{7.17}$$
相應地,若記
$$c_B = (c_1, c_2, \cdots, c_m)^T, c_N = (c_{m+1}, c_{m+2}, \cdots, c_n)^T$$
則(LP)的目標函數又可表示為
$$f = c^T x = (c_B^T \quad c_N^T)\begin{pmatrix} x_B \\ x_N \end{pmatrix} = c_B^T x_B + c_N^T x_N \tag{7.18}$$

由(7.17),若令$x_N = \theta$,則有$x_B = B^{-1}b$.

定義7.5 設B為(LP)的一個基,稱$x_B = B^{-1}b, x_N = \theta$為(LP)的對應於基$B$的基本解.

一般,因$x_B = B^{-1}b$不一定滿足(LP)的非負約束,故(LP)的基本解不一定是可行解. 只有當$x_B = B^{-1}b \geq 0$時(LP)的基本解同時又是可行解,此時稱$x_B = B^{-1}b, x_N = \theta$為(LP)的**基本可行解**,並稱$B$為(LP)的**可行基**. 若(LP)的基本可行解是(LP)的最優解,則稱此基本可行解為(LP)的**基最優解**,並稱相應的基B為(LP)的**最優基**.

那麼(LP)的基本可行解何時是(LP)的最優解呢?

由(7.17)可解得
$$x_B = B^{-1}b - B^{-1}Nx_N,$$
將其代入(7.18)得
$$f = c_B^T B^{-1} b - (c_B^T B^{-1} N - c_N^T) x_N \tag{7.19}$$

顯然,若 $c_B^T B^{-1} N - c_N^T \geq 0$,則對任意非負的 x_N,有
$$f \leq c_B^T B^{-1} b$$
這表明,此時(LP)的目標函數 f 有最大值,且在 $x_N = \theta$ 時達到其最大值,此時的 $x_B = B^{-1} b$.

於是我們得到下面的判定定理.

定理 7.1 若(LP)的基 B 滿足
$$B^{-1} b \geq 0 \quad 且 \quad c_B^T B^{-1} N - c_N^T \geq 0$$
則基 B 就是(LP)的最優基,B 所對應的基本可行解
$$x_B = B^{-1} b, x_N = \theta$$
就是(LP)的基最優解.

關於(LP)的解,我們不加證明地給出如下的**線性規劃基本定理**.

定理 7.2

(1) 若(LP)的可行域非空,則(LP)必有基本可行解;

(2) 若(LP)有最優解,則必有基最優解.

由於(LP)至多只有 C_n^m 個基,所以基本可行解的個數是有限的. 於是,由(LP)的某個基本可行解開始,利用定理 7.1 對其是否是最優解進行判斷:是,則已求得最優解;不是,則設法找出另一個基本可行解再行判斷. 如此反覆進行,經有限的步驟最終必能對(LP)是否有最優解做出判定,且在(LP)有最優解時求出其最優解. (LP)的**單純形法**正是根據這一思路形成的(LP)的有效計算方法. 囿於本章的編寫目的,此處不作介紹,有興趣的讀者可以參考有關書籍.

§7.3　層次分析數學模型

層次分析(The Analytic Hierarchy Process,簡稱 AHP)是由美國運籌學家,匹兹堡大學 T. L. Saaty 教授於二十世紀七十年代初創立的一種決策分析數學模型. 它適用於現實中大量存在的無結構決策問題,並以能將定性問題定量化為其顯著特點. 由於其實用性,AHP 已被廣泛應用於包括社會經濟系統決策、工程建設決策在內的大量決策問題之中. 概略地講,AHP 是通過建立決策問題的遞階層次結構,構造遞階層次結構中每層元素對於上層元素重要性程度的比較判斷矩陣,利用判斷矩陣計算每層元素對於其上層支配元素的權重,最後進行層次總排序,從而最終得出決策問題的備選方案的優劣排序以供決策者進行決策的.

下面分步予以介紹.

§7.3.1 建立決策問題的遞階層次結構

什麼是決策問題的遞階層次結構？我們先看一個大學畢業生選擇工作單位的實例.

通過四處郵寄求職信,某甲受到若干個單位的垂青. 經初步篩選,他準備在其中的3個單位中確定1個前往應聘. 哪個單位才是最理想的呢？顯然,這與「理想」的具體標準有關. 假如某甲擇業的主要著眼點是：第一,是否有利於個人發展；第二,工作地點的優劣；第三,收入的多少(當然,上述三點在某甲心目中又有輕重之分). 此外,就每一點而言,例如第一點,又可進一步細分. 對此某甲又將其細分成：(1) 專業是否對口；(2) 有無出國機會；(3) 有無進修機會；(4) 是否有利於個人能力的培養. 可見,為了比較出三個候選單位的優劣,某甲首先應將其擇業的標準確定下來並加以細化,以便逐條比較各方案的優劣. 經過一番思考,某甲將自己的想法梳理成下面的決策思維框圖(見圖7.1)：

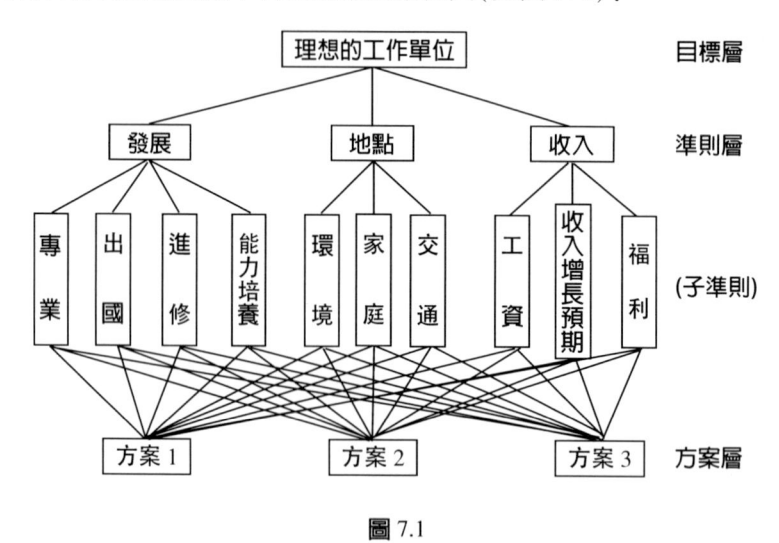

圖 7.1

AHP 將如圖7.1這樣的能夠完全體現決策者思維模式的框圖稱為一個遞階層次結構. 一個決策問題的遞階層次結構的建立是運用 AHP 進行決策的關鍵步驟. 它反應了決策者(或決策分析者)的偏好,它的確立在很大程度上決定了最終的決策結果. 很多無結構決策問題在採用 AHP 進行決策時確立了自己的結構,故有的學者將其稱為概念生成形決策.

圖7.2給出了一個典型的遞階層次結構.

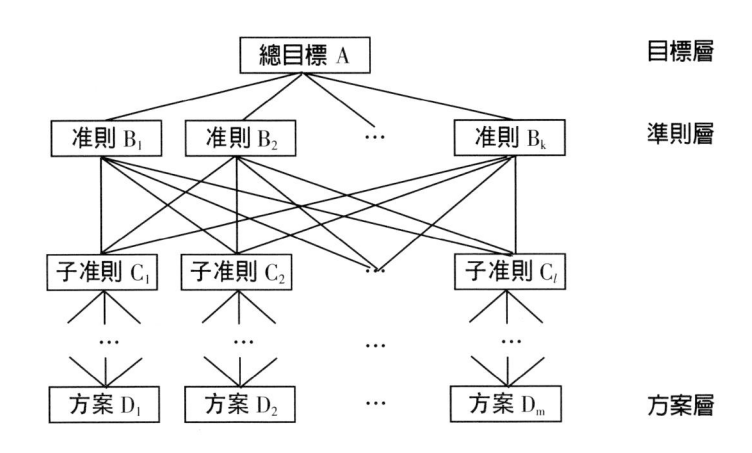

圖 7.2 遞階層結構示意圖

怎樣建立一個決策問題的遞階層次結構呢？首先要確定決策目標．上述大學畢業生擇業決策問題的決策目標是「理想的工作單位」．AHP 中稱之為**目標層**．其次是建立判斷目標是否實現的標準，或對目標進行細化．上例目標層下面的兩層即刻畫了理想工作單位的詳細標準，形成遞階層次結構的第二、第三層．如果需要，還可以建立更多的層次．AHP 將這些層次統稱為**準則層**．最後，全部備選方案形成層次結構的最底層，AHP 中稱之為**方案層**．上述總目標、準則、子準則和方案在遞階層次結構中統稱**元素**．

關於遞階層次結構我們再作如下幾點說明：

（1）整個遞階層次結構至少由目標層、準則層和方案層三個層次構成，其中準則層又可細分為若干層次；

（2）目標層只有 1 個元素，並支配第二層的所有元素（層次結構中以元素間的連線表示這種支配與被支配關係）；

（3）每層中的元素至少受其上層 1 個元素的支配，且至少支配下一層 1 個元素（至多支配下一層 9 個元素），同層元素不存在支配關係．

§7.3.2　構造兩兩比較判斷矩陣

一個決策問題的遞階層次結構建立之後，接下來就是要構造每層元素對於上層支配元素的重要性的兩兩比較判斷矩陣，以便從判斷矩陣導出這些元素從上層支配元素分配到的權重．

設某層元素 C 直接支配其下層元素 $u_1, u_2, \cdots, u_n$．為了構造出元素 $u_1, u_2, \cdots, u_n$ 對於元素 C 的兩兩比較判斷矩陣須由決策者反覆回答「相對於元素 C，元素 u_i

與元素 u_j 哪個更重要,重要程度如何」,並根據回答的結果參照 Saaty 給定的比例標度表(見表 7.2)寫出元素 u_i 對元素 u_j 的比例標度 a_{ij},從而得到元素 $u_1, u_2, \cdots, u_n$ 對於元素 C 的兩兩比較判斷矩陣 $A = (a_{ij})_{n \times n}$。比例標度表如表 7.2 所示。

表 7.2　　　　　　　　　　比例標度表

標　　度	意　　義
1	u_i 與 u_j 具有同樣重要性
3	u_i 比 u_j 稍重要
5	u_i 比 u_j 明顯重要
7	u_i 比 u_j 強烈重要
9	u_i 比 u_j 極端重要
2,4,6,8	表示上述相鄰判斷的中間值
$1, \dfrac{1}{2}, \dfrac{1}{3}, \cdots, \dfrac{1}{9}$	若 u_i 與 u_j 重要性之比為 a_{ij},則 u_j 與 u_i 之比為 $a_{ji} = 1/a_{ij}$

表 7.2 中所採用的比例標度(用 1—9 九個自然數及其倒數)是 Saaty 經過精心研究(包括心理學試驗)後建議採用的.

顯然,判斷矩陣中的元素應具有如下性質:

1° $a_{ij} > 0$;　　2° $a_{ij} = \dfrac{1}{a_{ji}}$;　　3° $a_{ii} = 1$.

要求判斷矩陣具有性質 2° 是由於,當決策者已經得出元素 u_i 對於元素 u_j 的比例標度為 a_{ij} 時,將元素 u_j 對於元素 u_i 的比例標度取作 $\dfrac{1}{a_{ij}}$ 應是合理的.

通常稱具有這些性質的 n 階矩陣為**正互反矩陣**.由於判斷矩陣的上述性質,在實際構造一個 n 階判斷矩陣時,決策者須作 $C_n^2 = \dfrac{n(n-1)}{2}$ 次比較判斷.

定義 7.6　設 $A = (a_{ij})$ 為 n 階判斷矩陣.若對於任意的 i、j、$k \in \{1, 2, \cdots, n\}$ 都成立

$$a_{ik} \cdot a_{kj} = a_{ij} \qquad (7.20)$$

則稱 A 為一致性判斷矩陣.

定義 7.6 體現了人的判斷的傳遞性及一致性.但是,由於事物的複雜性和人的認識的多樣性以及 AHP 對比例標度的特殊規定,在實際構造判斷矩陣時一般難以使所有的元素都具有這種傳遞性,所以 AHP 並不刻意要求這種傳遞性.另

一方面,AHP 也不允許判斷矩陣中出現嚴重的矛盾判斷. 例如,$a_{12} = 5, a_{23} = 5$, $a_{13} = \dfrac{1}{5}$ 就是一組明顯的矛盾判斷. 因為當元素 u_1 比元素 u_2 明顯重要,而元素 u_2 又比元素 u_3 明顯重要時,元素 u_3 卻又比元素 u_1 明顯重要,這顯然是違背常理的判斷. 關於判斷的一致性問題,下面還要專門討論.

§7.3.3 由判斷矩陣計算元素對於上層支配元素的權重

設元素 $u_1, u_2, \cdots, u_n$ 對於元素 C 的兩兩比較判斷矩陣為
$$A = (a_{ij})_{n \times n} = (\alpha_1, \alpha_2, \cdots, \alpha_n)$$
其中 α_j 為 A 的第 j 列. 元素 $u_1, u_2, \cdots, u_n$ 對於元素 C 的權重分別為 $w_1, w_2, \cdots, w_n \left(\sum_{i=1}^{n} w_i = 1 \right)$. 稱向量
$$\omega = (w_1, w_2, \cdots, w_n)^T$$
為元素 $u_1, u_2, \cdots, u_n$ 對於元素 C 的**權重向量**或**排序向量**. 向量 ω 反應了元素 $u_1, u_2, \cdots, u_n$ 對於元素 C 的重要程度. 下面介紹由判斷矩陣 A 計算排序向量 ω 的方法.

1. 和法. 計算步驟如下:

(1) 將 A 的列向量進行**歸一化**, 即用該列向量全部分量之和去除每一個分量, 即
$$\alpha_j \to \dfrac{1}{\sum_{i=1}^{n} a_{ij}} \alpha_j \stackrel{\Delta}{=} \beta_j \quad (j = 1, 2, \cdots, n)$$

(2) 計算上述歸一化後的各列的算術平均, 所得向量即為排序向量 ω, 即
$$\omega = \dfrac{1}{n} \sum_{j=1}^{n} \beta_j$$

綜合 (1)、(2), 排序向量 ω 的第 i 個分量為
$$w_i = \dfrac{1}{n} \sum_{j=1}^{n} \dfrac{a_{ij}}{\sum_{k=1}^{n} a_{kj}} \quad (i = 1, 2, \cdots, n)$$

2. 最小夾角法. 計算步驟如下:

(1) 將 A 的列向量單位化, 設這一變化將 A 化為 $B = (b_{ij})_{n \times n}$;

(2) 計算

$$w_i = \frac{\sum_{j=1}^{n} b_{ij}}{\sum_{i=1}^{n}\sum_{j=1}^{n} b_{ij}} \quad (i = 1, 2, \cdots, n)$$

此即排序向量 ω 的第 i 個分量.

3. 特徵向量法. 計算步驟如下：

(1) 計算 A 的(模)最大特徵根 λ_{max};

(2) 求出 A 的對應於 λ_{max} 的正特徵向量(即分量全部大於零的特徵向量)並將其歸一化,所得向量即為排序向量 ω.

【註】 1° 由正矩陣的 Perron 定理可知判斷矩陣 A 存在唯一的(模)最大特徵根 λ_{max},且對應有正特徵向量;

2° 上述計算可由專門的計算軟件完成.

權重向量的上述計算雖然原理不同算法各異,但對於具有滿意一致性(下面即將論及)的判斷矩陣會得到大體相同的結果.

§7.3.4 判斷矩陣的一致性檢驗

如前所述,在用 AHP 進行決策分析時所構造出來的判斷矩陣一般難以滿足 (7.20) 的一致性要求. 雖然 AHP 並不要求判斷矩陣具有完全的一致性,但存在大量矛盾判斷從而偏離一致性要求過大的判斷矩陣也是難以作為決策依據的. 因此有必要對判斷矩陣進行一致性檢驗.

一致性檢驗可使我們在判斷矩陣的取捨上有所依據. 具體步驟如下：

(1) 計算判斷矩陣 A 的一致性指標 $C.I.$

$$C.I. = \frac{\lambda_{max} - n}{n - 1}$$

(2) 查找相應的平均隨機一致性指標 $R.I.$ (見表 7.3)

(3) 計算一致性比例 $C.R.$

$$C.R. = \frac{C.I.}{R.I.}$$

表 7.3　　　　　　　　　　平均隨機一致性指標

矩陣階數	2	3	4	5	6	7	8	9
$R.I.$	0	0.52	0.89	1.12	1.26	1.36	1.41	1.46

當判斷矩陣 A 的 $C.R. < 0.1$ 時即可認為 A 具有滿意的一致性, 是可以接受的, 否則認為 A 不具有滿意的一致性, 應予放棄或對其作適當修正.

【註】 在對判斷矩陣 A 作一致性檢驗時要用到 A 的最大特徵根 λ_{max}, 其近似算法由下式給出

$$\lambda_{max} = \frac{1}{n} \sum_{i=1}^{n} \frac{1}{w_i} \sum_{j=1}^{n} a_{ij} w_j$$

其中 w_i 為排序向量 ω 的第 i 個分量.

§7.3.5 計算各層元素對總目標的合成權重

由上述計算步驟的第三步我們得到的僅是各層元素對於上層支配元素的權重, 而利用 AHP 進行決策分析最終是要得到方案層中每個備選方案對於總目標的權重, 以便決定出方案的優劣排序. 因此必須將第三步得到的權重向量進行合成. 這一過程稱作層次總排序.

設第 $k-1$ 層的 n_{k-1} 個元素對總目標的排序向量為

$$\omega^{(k-1)} = (w_1^{(k-1)}, w_2^{(k-1)}, \cdots, w_{n_{k-1}}^{(k-1)})^T$$

第 k 層第 i 個元素對於第 $k-1$ 層第 j 個元素的排序權值為 $p_{ij}^{(k)}$ (若無連線則權值為 0). 並記

$$P^{(k)} = \begin{pmatrix} p_{11}^{(k)} & p_{12}^{(k)} & \cdots & p_{1n_{k-1}}^{(k)} \\ p_{21}^{(k)} & p_{22}^{(k)} & \cdots & p_{2n_{k-1}}^{(k)} \\ \cdots & \cdots & \cdots & \cdots \\ p_{n_k 1}^{(k)} & p_{n_k 2}^{(k)} & \cdots & p_{n_k n_{k-1}}^{(k)} \end{pmatrix}$$

則第 k 層的 n_k 個元素對總目標的排序向量

$$\omega^{(k)} = (w_1^{(k)}, w_2^{(k)}, \cdots, w_{n_k}^{(k)})^T$$

有如下的遞推公式

$$\omega^{(k)} = P^{(k)} \omega^{(k-1)} \qquad (k = 3, 4, \cdots, n)$$

於是

$$\omega^{(k)} = P^{(k)} P^{(k-1)} \omega^{(k-2)} = \cdots = P^{(k)} P^{(k-1)} \cdots P^{(3)} \omega^{(2)}$$

此即合成權重計算公式.

經過自上而下的層次總排序計算, 最終可以得到最底層 (即方案層) 中每個元素對於總目標的排序向量. 該向量中各分量的大小即完全決定了它所對應的方案的優劣排序.

參考答案

習題 1.1

1. (1) 奇； (2) 奇；
   (3) $\tau = \dfrac{k(k-1)}{2}$. 當 $k = 4i(i = 1,2,3,\cdots)$ 或 $k = 4i + 1(i = 0,1,2,\cdots)$ 時為偶排列；當 $k = 4i + 2$ 或 $k = 4i + 3$ 時為奇排列 $(i = 0,1,2,\cdots)$
2. (1) $i = 2, j = 6$； (2) $i = 4, j = 2$.
3. (1) $\cos 2\alpha$； (2) 0；
   (3) $x^3 + 3x - 10$； (4) $x^2 + 2x + 3$；
   (5) 120； (6) $(-1)^{\frac{(n-2)(n-1)}{2}} n!$；
   (7) $(-1)^{\frac{n(n-1)}{2}} a_{1,n} a_{2,(n-1)} \cdots a_{(n-1),2} a_{n,1}$；
   (8) 0.

習題 1.2

1. (1) -21； (2) 0；
   (3) -160； (4) 4192；
   (5) $(a-b)(c-d)(a+b-c)$；
   (6) 0； (7) $b^2(b^2 - 4a^2)$；
   (8) $\left(\sum\limits_{i=1}^{n} a_i - b\right)(-b)^{n-1}$
2. (1) $x_1 = -10, x_2 = x_3 = x_4 = 0$；
   (2) $x_1 = 0, x_2 = 1, \cdots, x_{n-1} = n - 2$

3. (1) 證略; (2) 證略.

4. (1) $(-1)^{n-1}(n-1)$; (2) $-2(n-2)!$ $(n \geqslant 2)$;

(3) $(-1)^{\frac{n(n+1)}{2}}(n+1)^{n-1}$;

(4) $n! \, x^{n-1}(x + a\sum_{k=1}^{n}\frac{1}{k})$.

5. 證略.

習題 1.3

1. (1) 4; (2) -76; (3) -21; (4) -80;

(5) $uvxyz$; (6) $(a-1)(a-3)^2(a-5)$

2. (1) $x^n + (-1)^{n+1}y^n$;

(2) $a_0 x^{n-1} + a_1 x^{n-2} + \cdots + a_{n-1}$;

(3) $n + 1$.

3. $f(x) = 26x^3 - x^2 - 22x - 72$

習題 1.4

1. (1) $x_1 = 1, x_2 = 2, x_3 = 1, x_4 = -1$;

(2) $x_1 = 1, x_2 = 2, x_3 = -1, x_4 = -2$

2. 當 $\lambda \neq -2$ 且 $\lambda \neq 1$ 時有唯一解:

$$x_1 = \frac{-(1+\lambda)}{\lambda+2}, x_2 = \frac{1}{\lambda+2}, x_3 = \frac{(1+\lambda)^2}{\lambda+2}$$

3. (1) $a \neq 2$ 且 $a \neq -1$; (2) $a \neq -3$ 且 $a \neq 3$

復習題一

(一) 填空

1. $(-1)^{n-1}(n-1)$. 2. $24a$. 3. 0

4. $-6,14,-9$.   5. $-2,1,4$.   6. $\lambda = 1$ 且 $\lambda \neq -3$.

(二) 選擇

1. (D).   2. (B).   3. (D).
4. (B).   5. (D).   6. (D).

(三) 計算與證明

1. $1;\quad -a_{11}-a_{22}-a_{33}-a_{44};\quad \begin{vmatrix} a_{11} & \cdots & a_{14} \\ \cdots & \cdots & \cdots \\ a_{41} & \cdots & a_{41} \end{vmatrix};$

2. 32.

3. (1) $1-a+a^2-a^3+a^4-a^5$;   (2) $\dfrac{1}{35}$;

   (3) $(a+b+c)(a+b-c)(a-b+c)(a-b-c)$;

4. 證略.

5. (1) $(1-x)^n+(-1)^{n+1}x^n$;   (2) $\dfrac{1}{n!}[1+\dfrac{n(n+1)}{2}x]$;

   (3) 若有某個 $y_i=0$, 則 $D=-y_1\cdots y_{i-1}y_{i+1}\cdots y_{n-1}$;

   若對任意 i 都有 $y_i \neq 0$, 則 $D = y_1 y_2 \cdots y_{n-1}(x-\sum\limits_{i=1}^{n-1}\dfrac{1}{y_i})$.

   (4) $1+\sum\limits_{k=1}^{n}(-1)^k\prod\limits_{i=1}^{k}a_i$;

   (5) $(-1)^{\frac{n(n-1)}{2}}\dfrac{n+1}{2}n^{n-1}$;   (6) $(n+1)a^n$.

6. $(a+1)^2 \neq 4b$.

7. 當 a,b,c 互不相等時有唯一解 $x=a, y=b, z=c$.

習題 2.1

1. $a=2, b=c=d=0$

2. (1) $\begin{pmatrix} -5 & -2 & -3 \\ 6 & -4 & 5 \end{pmatrix};$ (2) $\begin{pmatrix} -2 & 2 & 3 \\ 1 & 4 & 2 \end{pmatrix}.$

3. (1) $\begin{pmatrix} 2 & 2 & 0 \\ -3 & -1 & 3 \end{pmatrix};$ (2) -10;

$(3)\begin{pmatrix} -4 & 6 & 2 \\ 2 & -3 & -1 \\ 6 & -9 & -3 \end{pmatrix}$; $(4)\begin{pmatrix} 0 \\ -2 \\ -2 \end{pmatrix}$;

$(5)\begin{pmatrix} -2 & -5 & -2 \\ 0 & 0 & 6 \\ 0 & 0 & 3 \end{pmatrix}$;

$(6) x^2 + y^2 + z^2 + 2axy + 2bxz + 2cyz.$

4. $\begin{pmatrix} a & b & c \\ 0 & a & b \\ 0 & 0 & a \end{pmatrix}$　(a、b、c 為任意常數)

5. 證略．

6. 證略．

7. 證略．

8. $(1)\begin{pmatrix} 3 & -2 \\ 4 & 8 \end{pmatrix}$; $(2)\begin{pmatrix} 1 & n \\ 0 & 1 \end{pmatrix}$

9. $\begin{pmatrix} 1 & 6 \\ -3 & 4 \end{pmatrix}$

10. $(1)\begin{pmatrix} -3 & 3 & 0 \\ -2 & 0 & -2 \\ -4 & -3 & -3 \end{pmatrix}$; $(2)\begin{pmatrix} 2 & 1 & 0 \\ -4 & 10 & -4 \\ -4 & -1 & 3 \end{pmatrix}$

11. $(1)\begin{pmatrix} -3 & 10 \\ 0 & -3 \end{pmatrix}, \begin{pmatrix} -3 & 0 \\ 0 & -3 \end{pmatrix}$; $(2)\begin{pmatrix} 2 & 0 \\ 5 & 2 \end{pmatrix}$

　　$(3)\begin{pmatrix} 0 & 0 \\ -10 & 0 \end{pmatrix}$

12. 證略．

13. 證略．

14. (1)、(2) 證略；

　　(3) 當 k 為奇數時 A^k 為反對稱矩陣；當 k 為偶數時 A^k 為對稱矩陣．

229

習題 2.2

1. (1) $\begin{pmatrix} 1 & -2 \\ 1 & -\frac{3}{2} \end{pmatrix}$;   (2) $\begin{pmatrix} \frac{1+x}{x} & -1 \\ -1 & 1 \end{pmatrix}$ $(x \neq 0)$;

   (3) $\begin{pmatrix} \frac{1}{3} & -\frac{1}{3} & \frac{1}{3} \\ 0 & 1 & 2 \\ 0 & 0 & -1 \end{pmatrix}$;   (4) $\frac{1}{7}\begin{pmatrix} 6 & -3 & -4 \\ 2 & -1 & 1 \\ -3 & 5 & 2 \end{pmatrix}$

2. (1) -3^4;   (2) -2^6;   (3) $-\frac{1}{2}$.

3. 證略.

4. 證略.

5. 證略.

6. (1) $\begin{pmatrix} 3 & -1 & 3 \\ 4 & -4 & 5 \\ -\frac{3}{2} & \frac{3}{2} & -2 \end{pmatrix}$;   (2) $\frac{1}{3}\begin{pmatrix} -6 & 6 & 3 \\ -8 & 15 & -2 \\ -10 & 9 & 5 \end{pmatrix}$;

   (3) $\begin{pmatrix} 1 & 1 \\ \frac{1}{4} & 0 \end{pmatrix}$

7. $x = 3, y = 4, z = -\frac{3}{2}$

8. (1) 誤;   (2) 誤;   (3) 誤;   (4) 正;
   (5) 誤;   (6) 正;   (7) 正;   (8) 誤.

習題 2.3

1. $\begin{pmatrix} 1 & 0 & 3 \\ -1 & 2 & 0 \\ -2 & 4 & 1 \\ -1 & 1 & 5 \end{pmatrix}$

2. $A^T = \begin{pmatrix} A_1^T \\ A_2^T \\ \cdots \\ A_n^T \end{pmatrix}$

3. (1) $\begin{pmatrix} O & B^{-1} \\ A^{-1} & O \end{pmatrix}$; (2) $\begin{pmatrix} A^{-1} & -A^{-1}CB^{-1} \\ O & B^{-1} \end{pmatrix}$

4. (1) $\begin{pmatrix} \dfrac{1}{3} & 0 & 0 & 0 \\ 0 & 1 & -2 & 7 \\ 0 & 0 & 1 & -2 \\ 0 & 0 & 0 & 1 \end{pmatrix}$; (2) $\begin{pmatrix} 2 & 1 & 0 & 0 \\ 3 & 2 & 0 & 0 \\ 1 & 1 & 3 & 4 \\ 2 & -1 & 2 & 3 \end{pmatrix}$;

(3) $\begin{pmatrix} 0 & 0 & 0 & \cdots & 0 & \dfrac{1}{a_n} \\ \dfrac{1}{a_1} & 0 & 0 & \cdots & 0 & 0 \\ 0 & \dfrac{1}{a_2} & 0 & \cdots & 0 & 0 \\ \cdots & \cdots & \cdots & \cdots & \cdots & \cdots \\ 0 & 0 & 0 & \cdots & 0 & 0 \\ 0 & 0 & 0 & \cdots & \dfrac{1}{a_{n-1}} & 0 \end{pmatrix}$

5. $\begin{pmatrix} 1 & 0 & 0 & 0 \\ n\lambda & 1 & 0 & 0 \\ 0 & 0 & 1 & n\lambda \\ 0 & 0 & 0 & 1 \end{pmatrix}, \begin{pmatrix} 1 & 0 & 0 & 0 \\ -\lambda & 1 & 0 & 0 \\ 0 & 0 & 1 & -\lambda \\ 0 & 0 & 0 & 1 \end{pmatrix}.$

習題 2.4

1. (1) $\begin{pmatrix} 1 & 0 & 0 & 0 & \frac{1}{3} \\ 0 & 0 & 1 & 0 & \frac{2}{3} \\ 0 & 0 & 0 & 1 & \frac{1}{3} \\ 0 & 0 & 0 & 0 & 0 \end{pmatrix}$; (2) $\begin{pmatrix} 1 & 0 & 3 & 0 & 0 \\ 0 & 1 & -2 & 0 & 0 \\ 0 & 0 & 0 & 1 & 0 \\ 0 & 0 & 0 & 0 & 1 \\ 0 & 0 & 0 & 0 & 0 \end{pmatrix}$

2. (1) $\begin{pmatrix} 1 & 0 & 0 \\ 0 & 1 & 0 \\ 0 & 0 & 1 \end{pmatrix}, R(A) = 3$;

(2) $\begin{pmatrix} 1 & 0 & 0 & 0 & 0 \\ 0 & 1 & 0 & 0 & 0 \\ 0 & 0 & 0 & 0 & 0 \\ 0 & 0 & 0 & 0 & 0 \end{pmatrix}, R(A) = 2$

3. 用 $P_{12}(k)$ 左乘 A 相當於將 A 的第 2 行的 k 倍加到第 1 行；用 $P_{12}(k)$ 右乘 A 相當於將 A 的第 1 列的 k 倍加到第 2 列.

4. 標準形為 $\begin{pmatrix} 1 & 0 \\ 0 & 1 \end{pmatrix}$；初等矩陣為 $\begin{pmatrix} 1 & 1 \\ 0 & 1 \end{pmatrix}, \begin{pmatrix} 1 & 0 \\ -3 & 1 \end{pmatrix}, \begin{pmatrix} 1 & 0 \\ 0 & -\frac{1}{11} \end{pmatrix}, \begin{pmatrix} 1 & -5 \\ 0 & 1 \end{pmatrix}$.

(註：答案不唯一.)

5. (1) $\frac{1}{6}\begin{pmatrix} 5 & 1 & 1 \\ 13 & 5 & -1 \\ -1 & 1 & 1 \end{pmatrix}$; (2) $\begin{pmatrix} \frac{1}{5} & 0 & 0 \\ \frac{3}{5} & 1 & -1 \\ -\frac{8}{5} & -2 & 3 \end{pmatrix}$

6. (1) $\begin{pmatrix} 0 & 2 \\ 1 & 5 \\ -1 & 1 \end{pmatrix}$; (2) $\begin{pmatrix} -1 & -\frac{2}{3} & \frac{2}{3} \\ 1 & 1 & 1 \end{pmatrix}$

復習題二

(一) 填空

1. $\begin{pmatrix} 2 & 0 & 1 \\ 0 & 3 & 0 \\ 1 & 0 & 2 \end{pmatrix}$.

2. $(-1)^{n-1} 6^{n-1}$.

3. $\begin{pmatrix} 0 & 0 & 1 \\ 0 & 1 & 0 \\ -2 & 0 & 0 \end{pmatrix}$.

4. $\frac{1}{2} A + E$

5. $\frac{1}{5^{2n-1}}$.

6. 1.

7. $\begin{pmatrix} 1 & 0 & 0 & 0 \\ -1 & 2 & 0 & 0 \\ 0 & -2 & 3 & 0 \\ 0 & 0 & -3 & 4 \end{pmatrix}$.

(二) 選擇

1. (D).   2. (C).   3. (D).
4. (D).   5. (C).   6. (D).
7. (D).   8. (C).   9. (C).

(三) 計算與證明

1. (1) $\begin{pmatrix} \cos n\theta & -\sin n\theta \\ -\sin n\theta & \cos n\theta \end{pmatrix}$;

(2) $\begin{cases} 2^n E & n \text{ 為偶數} \\ 2^{n-1} A & n \text{ 為奇數} \end{cases}$ (A 為原矩陣).

2. 證略.

3. $\begin{pmatrix} 1 & \frac{1}{2} & 0 \\ -\frac{1}{2} & 1 & 0 \\ 0 & 0 & 2 \end{pmatrix}$

4. $\begin{pmatrix} 0 & \frac{1}{2} \\ -1 & -1 \end{pmatrix}$

5. 證略.

6. $\begin{pmatrix} 5 & -2 & -1 \\ -2 & 2 & 0 \\ -1 & 0 & 1 \end{pmatrix}$

7. (1) $\begin{pmatrix} A & \alpha \\ O & |A|(b-\alpha^T A^{-1}\alpha) \end{pmatrix}$; (2) 證略.

8. $k = -3$

9. 證略.

10. 證略.

11. 證略.

12. 證略.

13. (1) $XYZ = \begin{pmatrix} A & O \\ O & D - CA^{-1}B \end{pmatrix}$; (2) 用(1)小題的結論.

14. 用 13 題的結論.

15. $\begin{pmatrix} \dfrac{1}{3} & 0 & 0 \\ 0 & \dfrac{3}{14} & \dfrac{1}{14} \\ 0 & \dfrac{1}{14} & \dfrac{5}{14} \end{pmatrix}$

16. $\begin{pmatrix} 2 & 0 & 0 \\ 0 & -4 & 0 \\ 0 & 0 & 2 \end{pmatrix}$

17*. 證略.

18*. 證略.

19*. 證略.

20*. 證略.

習題 3.1

1. (1) $x_1 = 2, x_2 = 1, x_3 = 1$;

   (2) $R(A) = 2 < 3 = R(\bar{A})$ 無解;

   (3) $R(A) = R(\bar{A}) = 3 < 4, x_1 = -8, x_2 = -3 + k, x_3 = 6 - 2k,$

$x_4 = k$(k 為任意常數);

(4) $x_1 = -2 + k_1 + k_2 + 5k_3, x_2 = 3 - 2k_1 - 2k_2 - 6k_3, x_3 = k_1$,
$x_4 = k_2, x_5 = k_3$
$R(A) = R(\bar{A}) = 2 < 5$($k_1$、$k_2$、$k_3$ 為任意常數);

(5) $R(A) = R(\bar{A}) = 4 < 5, x_1 = -\frac{1}{2}k, x_2 = -1 - \frac{1}{2}k, x_3 = 0$,
$x_4 = -1 - \frac{1}{2}k, x_5 = k$($k$ 為任意常數);

(6) $R(A) = R(\bar{A}) = 3 < 4, x_1 = \frac{1}{6} + \frac{5}{6}k, x_2 = \frac{1}{6} - \frac{7}{6}k$,
$x_3 = \frac{1}{6} + \frac{5}{6}k, x_4 = k$($k$ 為任意常數).

2. (1) $a \neq 1$ 且 $a \neq 10$ 時有唯一解;
   (2) $a = 10, R(A) \neq R(\bar{A})$ 時無解;
   (3) $a = 1, R(A) = R(\bar{A}) = 1 < 3 = n$ 時有無窮解:
   $x_1 = 1 - 2k_1 + 2k_2, x_2 = k_1, x_3 = k_2$($k_1$、$k_2$ 為任意常數).

習題 3.2

1. (1) $(-2, 0, 0, 0)$;   (2) $(3, -11, 0, 3)$
2. $(3, -1, 4)$
3. $\left(\frac{3}{2}, \frac{3}{10}, \frac{9}{5}, \frac{12}{5}\right)$

習題 3.3

1. (1) $\beta = \frac{5}{4}\alpha_1 + \frac{1}{4}\alpha_2 - \frac{1}{4}\alpha_3 - \frac{1}{4}\alpha_4$;
   (2) $\beta = 1\alpha_1 + 0\alpha_2 - 1\alpha_3 + 0\alpha_4$
2. (1) 線性相關;(2) 線性相關;(3) 線性無關;(4) 線性相關;
   (5) 線性無關.

235

3. (1) $k = \dfrac{2}{3}$ 時線性相關; $k \neq \dfrac{2}{3}$ 時線性無關.

(2) $17a - 4b - 72 = 0$ 時線性相關; $17a - 4b - 72 \neq 0$ 時線性無關.

(3) $a = 2$ 時線性相關; $a \neq 2$ 時線性無關.

(4) $a = 5$ 且 $b = 12$ 時線性相關; 其餘線性無關.

4. (1) 不一定; (2) 不一定; (3) 不一定.

5. 不是, 如 $\alpha_1 = \begin{pmatrix} 1 \\ 0 \\ 0 \end{pmatrix}, \alpha_2 = \begin{pmatrix} 0 \\ 1 \\ 1 \end{pmatrix}, \alpha_3 = \begin{pmatrix} 0 \\ 2 \\ 2 \end{pmatrix}$ 線性相關, 但 α_1 不能由 α_2, α_3 線性表示.

6. 是.

7. 不一定.

8. (1) 線性相關; (2) 線性相關; (3) 線性相關; (4) 線性相關.

習題 3.4

1. 證略.

2. 證略.

3. (1) 極大無關組為 $\alpha_1, \alpha_2, \alpha_3$; $\alpha_4 = 2\alpha_1 - \alpha_2 - 2\alpha_3$

(2) 極大無關組為 α_1, α_2; $\alpha_3 = \alpha_1 + \alpha_2$

(3) 極大無關組為 α_1, α_2; $\alpha_3 = -\alpha_1 + 2\alpha_2, \alpha_4 = -2\alpha_1 + 3\alpha_2$

(4) 極大無關組為 $\alpha_1, \alpha_2, \alpha_4, \alpha_5$; $\alpha_3 = -\alpha_1$

4. (1) $\alpha_1, \alpha_2, \alpha_3$; $R(\alpha_1, \alpha_2, \alpha_3, \alpha_4) = 3$;

(2) $\alpha_1, \alpha_2, \alpha_5$; $R(\alpha_1, \alpha_2, \alpha_3, \alpha_4, \alpha_5) = 3$;

(3) $\alpha_1, \alpha_2, \alpha_4$; $R(\alpha_1, \alpha_2, \alpha_3, \alpha_4) = 3$;

(4) ; $\alpha_1, \alpha_2, \alpha_3, \alpha_4$; $R(\alpha_1, \alpha_2, \alpha_3, \alpha_4, \alpha_5) = 4$

5. $a = 1$ 時, $R(\alpha_1, \alpha_2, \alpha_3) = 2$; α_1, α_2;

$a \neq 1$ 時, $R(\alpha_1, \alpha_2, \alpha_3) = 3$

6. 證略.

7. 證略.

8. 證略.

9. 證略.

習題 3.5

1. 是解向量； $\alpha_1, \alpha_2, \alpha_4$ 構成一個基礎解系.

2. (1) $\eta_1 = (0, -1, 0, 1)^T, \eta_2 = \left(-\frac{1}{2}, \frac{3}{2}, 1, 0\right)^T$;

    $X^* = k_1\eta_1 + k_2\eta_2 (k_1, k_2$ 為任意常數$)$.

   (2) $\eta_1 = (0, 1, 1, 0, 0)^T, \eta_2 = (0, 1, 0, 1, 0)^T$,

    $\eta_3 = \left(\frac{1}{3}, -\frac{5}{3}, 0, 0, 1\right)^T$;

    $X^* = k_1\eta_1 + k_2\eta_2 + k_3\eta_3 (k_1, k_2, k_3$ 為任意常數$)$.

   (3) $\eta_1 = (-1, 1, 1, 0, 0)^T, \eta_2 = (2, 2, 0, 1, 1)^T$;

    $X^* = k_1\eta_1 + k_2\eta_2 (k_1, k_2$ 為任意常數$)$.

3. $c = 1; \eta_1 = (1, -1, 1, 0)^T, \eta_2 = (0, -1, 0, 1)^T$;

    $X^* = k_1\eta_1 + k_2\eta_2 (k_1, k_2$ 為任意常數$)$.

4. $\eta = (1, 1, \cdots, 1)^T; X^* = k\eta (k$ 為任意常數$)$.

5. 證略.

習題 3.6

1. (1) $R(A) = 3 < 4 = R(\overline{A})$ 無解；

   (2) $\gamma_0 = (3, -8, 0, 6)^T, \eta = (-1, 2, 1, 0)^T$;

    $X^* = \gamma_0 + k\eta (k \in R)$

   (3) $\eta_1 = \begin{pmatrix} 1 \\ -2 \\ 1 \\ 0 \\ 0 \end{pmatrix}, \eta_2 = \begin{pmatrix} 1 \\ -2 \\ 0 \\ 1 \\ 0 \end{pmatrix}, \eta_3 = \begin{pmatrix} 5 \\ -6 \\ 0 \\ 0 \\ 1 \end{pmatrix}, \gamma_0 = \begin{pmatrix} -3 \\ 2 \\ 0 \\ 0 \\ 0 \end{pmatrix}$;

    $X^* = \gamma_0 + k_1\eta_1 + k_2\eta_2 + k_3\eta_3 (k_1, k_2, k_3$ 為任意常數$)$.

2. $a \neq 0$ 且 $b \neq 1$ 時有唯一解；

$a = 0$ 時 $R(A) = 2 < 3 = R(\bar{A})$ 無解；

$a \neq 0$ 且 $b = 1$ 時,

（Ⅰ）$a \neq \dfrac{1}{2}$ 無解；

（Ⅱ）$a = \dfrac{1}{2}, \eta = (-1, 0, 1), \gamma_0 = (2, 2, 0)^T$;

$X^* = \gamma_0 + k\eta$（k 為任意常數）．

3. (1) $a \neq 0$ 且 $a \neq -3$ 時有唯一解, β 可由 $\alpha_1, \alpha_2, \alpha_3$ 唯一線性表示；

(2) $a = 0$ 時 $R(A) = 1 = R(\bar{A}) < 3$ 有無窮多解, β 可由 $\alpha_1, \alpha_2, \alpha_3$ 線性表示, 且表示式不唯一；

(3) $a = -3$ 時 $R(A) = 2 < 3 = R(\bar{A})$ 無解, β 不能由 $\alpha_1, \alpha_2, \alpha_3$ 線性表示．

4. $X^* = \begin{pmatrix} -1 \\ \dfrac{3}{2} \\ \dfrac{1}{2} \end{pmatrix} + k \begin{pmatrix} -5 \\ 4 \\ -1 \end{pmatrix}$（$k$ 為任意常數）．

5. 證略．
6. 證略．

復習題三

（一）填空

1. $abc \neq 0$.　　2. $\begin{pmatrix} 1 \\ 2 \\ 3 \\ 4 \end{pmatrix} + c \begin{pmatrix} 2 \\ 3 \\ 4 \\ 5 \end{pmatrix}$.　　3. $b - a$.

4. $-2, 0$.　　5. 1.　　6. 0.

7. -3.

（二）選擇

1. (D).　　2. (C).　　3. (B).

4. (C).　　5. (A).　　6. (C).

7. (D).

(三)計算與證明

1. $m \neq 0$ 且 $m \neq \pm 2$ 時線性無關；$m = 0$ 或 $m = \pm 2$ 時線性相關.

2. 提示：證明 $\alpha_1, \alpha_2, \alpha_3, \alpha_5 - \alpha_4$ 與向量組(Ⅲ)等價.

3. 提示：考慮線性方程組 $k_1 x_1 + k_2 x_2 + \cdots + k_m x_m = 0 (m \geq 2)$ 必有非零解.

4. 提示：用線性相關與無關定義證明.

5. 證略.

6. 提示：用定義證明.

7. $kl \neq 1$ 時線性無關；$kl = 1$ 時線性相關.

8. $\beta_1, \beta_2, \beta_3, \beta_4$ 線性相關.

9. (1) 當 $a = -4$ 且 $3b - c \neq 1$ 時 β 不可由 $\alpha_1, \alpha_2, \alpha_3$ 線性表出；

   (2) 當 $a \neq -4$ 時可由 $\alpha_1, \alpha_2, \alpha_3$ 唯一線性表出；

   (3) 當 $a = -4$ 且 $3b - c = 1$ 時 β 可由 $\alpha_1, \alpha_2, \alpha_3$ 線性表出，且表示不唯一：
   $$\beta = k\alpha_1 + [(-b-1) - 2k]\alpha_2 + (1+2b)\alpha_3 \quad (k \in R)$$

10. (1) 當 $a = -1$ 且 $b \neq 0$ 時，$R(A) = 2 \neq 3 = R(\bar{A})$，方程組無解，$\beta$ 不能由 $\alpha_1, \alpha_2, \alpha_3, \alpha_4$ 線性表出；

    (2) 當 $a \neq 1$ 時，$R(A) = R(\bar{A}) = 4$，方程組 $AX = \beta$ 有唯一解
    $$\beta = -\frac{2b}{a+1}\alpha_1 + \frac{a+b+1}{a+1}\alpha_2 + \frac{b}{a+1}\alpha_3 + 0\alpha_4;$$

    (3) 當 $a = -1$ 且 $b = 0$ 時，$R(A) = R(\bar{A}) = 2 < 4$
    $$\beta = (-2k_1 + k_2)\alpha_1 + (1 + k_1 - 2k_2)\alpha_2 + k_1\alpha_3 + k_2\alpha_4$$
    (其中 k_1, k_2 為任意常數).

11. 證略.

12. 證略.

13. 證略.

14. 提示：C 的列向量可由 A、B 的列向量的極大無關組線性表示.

15. 提示：證明 $R(A) = R(\bar{A})$

16. 提示：用 14 題結論.

17. $X^* = \begin{pmatrix} 1 \\ 2 \\ 3 \\ 4 \end{pmatrix} + k \begin{pmatrix} 2 \\ 3 \\ 4 \\ 5 \end{pmatrix} \quad (k \in R)$

18. $t \neq -2$ 時無解; $t = -2$ 且 $p \neq -8$ 時

$$X^* = \begin{pmatrix} -1 \\ 1 \\ 0 \\ 0 \end{pmatrix} + k \begin{pmatrix} -1 \\ -2 \\ 0 \\ 1 \end{pmatrix} \quad (k \in R)$$

$t = -2$ 且 $p = -8$ 時

$$X^* = \begin{pmatrix} -1 \\ 1 \\ 0 \\ 0 \end{pmatrix} + k_1 \begin{pmatrix} 4 \\ -2 \\ 1 \\ 0 \end{pmatrix} + k_2 \begin{pmatrix} -1 \\ -2 \\ 0 \\ 1 \end{pmatrix} \quad (k_1, k_2 \in R)$$

19. (1) $X^* = \begin{pmatrix} -2 \\ -4 \\ -5 \\ 0 \end{pmatrix} + k \begin{pmatrix} 1 \\ 1 \\ 2 \\ 1 \end{pmatrix} \quad (k \in R)$;

(2) 當 $m = 2, n = 4, s = -5, t = 6$ 時方程組(I)與(II)同解.

20. (1) $a \neq b \neq c$ 時僅有零解;

(2) a、b、c 至少有兩個相等時有非零解:

$a = b \neq c$ 時 $X = k(-1, 1, 0)^T$ $(k \in R)$;

$a = c \neq b$ 時 $X = k(-1, 0, 1)^T$ $(k \in R)$;

$a \neq b = c$ 時 $X = k(0, -1, 1)^T$ $(k \in R)$;

$a = b = c$ 時 $X = k_1(-1, 1, 0)^T + k_2(-1, 0, 1)^T$ $(k_1, k_2 \in R)$.

21. $X^* = \begin{pmatrix} 0 \\ 1 \\ 0 \end{pmatrix} + k \begin{pmatrix} -3 \\ 1 \\ 2 \end{pmatrix} \quad (k \in R)$

22. (1) $X^* = k_1 \begin{pmatrix} 5 \\ -3 \\ 1 \\ 0 \end{pmatrix} + k_2 \begin{pmatrix} -3 \\ 2 \\ 0 \\ 1 \end{pmatrix} \quad (k_1, k_2 \in R)$;

(2) $a = -1$ 時有非零公共解且為:

$$X^* = k_1 \begin{pmatrix} 5 \\ -3 \\ 1 \\ 0 \end{pmatrix} + k_2 \begin{pmatrix} -3 \\ 2 \\ 0 \\ 1 \end{pmatrix} \quad (k_1, k_2 \text{ 不全為零}).$$

23. 證略.
24. 證略.
25. $X^* = (-1,1,1)^T + k(-2,0,2)^T \quad (k \in R)$
26. $X^* = \left(1, \dfrac{3}{2}, \dfrac{1}{2}\right)^T + k_1(1,3,2)^T + k_2(0,2,4)^T \quad (k_1, k_2 \in R)$
27. 證略.

習題 4.1

1. (1) 是;   (2) 是;   (3) 不是.
2. (1) 是;   (2) 不是.

習題 4.2

1. (1) 是;   (2) 是.
2. $\left(\dfrac{5}{4}, \dfrac{1}{4}, -\dfrac{1}{4}, -\dfrac{1}{4}\right)^T$
3. $C = \begin{pmatrix} -27 & -71 & -41 \\ 9 & 20 & 9 \\ 4 & 12 & 8 \end{pmatrix}$
4. (1) $C = \begin{pmatrix} 1 & -4 & -2 & 1 \\ -2 & 10 & 5 & -2 \\ 0 & 0 & 4 & -1 \\ 0 & 0 & -10 & 3 \end{pmatrix}$;   (2) $\begin{pmatrix} -7 \\ 19 \\ 4 \\ -10 \end{pmatrix}$

習題 4.3

1. (1) 3;   (2) 4
2. $\|\alpha\| = \sqrt{5}$; $\|\beta\| = \sqrt{18}$; $\|\gamma\| = \sqrt{11}$
3. (1) $\|\alpha - \beta\| = \sqrt{14}$;   (2) $\|\alpha - \beta\| = \sqrt{20}$

4. (1) $\langle \alpha,\beta \rangle = \dfrac{\pi}{4}$; (2) $\langle \alpha,\beta \rangle = \dfrac{\pi}{2}$

習題 4.4

1. $\alpha^* = \dfrac{1}{2}(1,1,1,1)$

2. (1) $\beta_1^* = \left(\dfrac{1}{\sqrt{2}}, 0, \dfrac{1}{\sqrt{2}}\right)^T$, $\beta_2^* = \left(\dfrac{1}{\sqrt{6}}, \dfrac{2}{\sqrt{6}}, -\dfrac{1}{\sqrt{6}}\right)^T$,

$\beta_3^* = \left(-\dfrac{1}{\sqrt{3}}, \dfrac{1}{\sqrt{3}}, \dfrac{1}{\sqrt{3}}\right)^T$

(2) $\beta_1^* = \begin{pmatrix} \dfrac{1}{\sqrt{2}} \\ \dfrac{1}{\sqrt{2}} \\ 0 \\ 0 \end{pmatrix}$, $\beta_2^* = \begin{pmatrix} \dfrac{1}{\sqrt{6}} \\ -\dfrac{1}{\sqrt{6}} \\ \dfrac{2}{\sqrt{6}} \\ 0 \end{pmatrix}$, $\beta_3^* = \begin{pmatrix} -\dfrac{1}{\sqrt{12}} \\ \dfrac{1}{\sqrt{12}} \\ \dfrac{1}{\sqrt{12}} \\ \dfrac{3}{\sqrt{12}} \end{pmatrix}$, $\beta_4^* = \begin{pmatrix} \dfrac{1}{2} \\ -\dfrac{1}{2} \\ -\dfrac{1}{2} \\ \dfrac{1}{2} \end{pmatrix}$

3. 證略.
4. 證略.
5. 證略.

復習題四

(一) 填空

1. $-\dfrac{20}{7}$.
2. $(2,-5,4,3)^T$
3. $\arccos \dfrac{7}{\sqrt{105}}$.

4. $3^{n-1}\alpha^T\beta$.
5. $\pm\dfrac{1}{\sqrt{26}}(-4 \ 0 \ -1 \ 3)$.
6. 0.

(二) 選擇

1. (C).
2. (B)
3. (C).

4. (B). 　　　　　　5. (A).

(三) 計算與證明

1. 證略.

2. 是.

3. (1) $C^{-1} = \begin{pmatrix} 1 & -1 & 0 & 0 \\ 0 & 1 & -1 & 0 \\ 0 & 0 & 1 & -1 \\ 0 & 0 & 0 & 1 \end{pmatrix}$; 　　(2) $\alpha = k\alpha_4$ 　($k \in R$)

4. 證略.

5. (1) 證略; 　　　　(2) 證略.

6. $\begin{cases} a = \frac{1}{\sqrt{2}} \\ b = \frac{1}{\sqrt{2}} \\ c = -\frac{1}{\sqrt{2}} \end{cases}$; $\begin{cases} a = \frac{1}{\sqrt{2}} \\ b = -\frac{1}{\sqrt{2}} \\ c = \frac{1}{\sqrt{2}} \end{cases}$; $\begin{cases} a = -\frac{1}{\sqrt{2}} \\ b = \frac{1}{\sqrt{2}} \\ c = \frac{1}{\sqrt{2}} \end{cases}$; $\begin{cases} a = -\frac{1}{\sqrt{2}} \\ b = -\frac{1}{\sqrt{2}} \\ c = -\frac{1}{\sqrt{2}} \end{cases}$

7. 證略.

8. 證略.

9. 證略.

10. (1) 證略; 　　　　(2) 證略.

習題 5.1

1. (1) $k\lambda$ 　　　(2) λ^m 　　　(3) $f(\lambda)$

4. (1) $\lambda_1 = 0$, 　$k_1 \begin{pmatrix} 1 \\ -1 \\ -2 \end{pmatrix}$, 　($k_1 \neq 0$);

　　$\lambda_2 = \lambda_3 = 2$, 　$k_2 \begin{pmatrix} 1 \\ -1 \\ 0 \end{pmatrix}$, 　($k_2 \neq 0$)

(2) $\lambda_1 = 1$, 　$k_1 \begin{pmatrix} 1 \\ \frac{1}{2} \\ -1 \end{pmatrix}$, 　($k_1 \neq 0$);

243

$\lambda_2 = -2$, $k_2 \begin{pmatrix} \frac{1}{2} \\ 1 \\ 1 \end{pmatrix}$, $(k_2 \neq 0)$;

$\lambda_3 = 4$, $k_3 \begin{pmatrix} 2 \\ -2 \\ 1 \end{pmatrix}$, $(k_3 \neq 0)$

(3) $\lambda_1 = \lambda_2 = \lambda_3 = 1$, $k_1 \begin{pmatrix} \frac{1}{3} \\ 0 \\ -1 \end{pmatrix} + k_2 \begin{pmatrix} 1 \\ 1 \\ 0 \end{pmatrix}$ (k_1, k_2 不全為 0)

(4) $\lambda_1 = \lambda_2 = \lambda_3 = a$, $k_1 \begin{pmatrix} 1 \\ 0 \\ 0 \end{pmatrix} + k_2 \begin{pmatrix} 0 \\ 1 \\ 0 \end{pmatrix} + k_3 \begin{pmatrix} 0 \\ 0 \\ 1 \end{pmatrix}$

(k_1, k_2, k_3 不全為 0)

(5) $\lambda_1 = \lambda_2 = \cdots = \lambda_n = a$, $k \begin{pmatrix} 1 \\ 0 \\ \vdots \\ 0 \end{pmatrix}$, $(k \neq 0)$

5. (1) $\lambda_1 = 4$, $k_1 \begin{pmatrix} 1 \\ 1 \end{pmatrix}$, $(k_1 \neq 0)$; $\lambda_2 = -2$, $k_2 \begin{pmatrix} 1 \\ -5 \end{pmatrix}$, $(k_2 \neq 0)$;

(2) $2^{50} \begin{pmatrix} 1 \\ -5 \end{pmatrix}$

7. $-1, -4, 3$; 12

習題 5.2

1. (1) 不相似.

(2) 相似. $P = \begin{pmatrix} 1 & \frac{1}{2} & 2 \\ \frac{1}{2} & 1 & -2 \\ -1 & 1 & 1 \end{pmatrix}$, $\Lambda = \begin{pmatrix} 1 & 0 & 0 \\ 0 & -2 & 0 \\ 0 & 0 & 4 \end{pmatrix}$

(3) 不相似.

(4) 相似. $P = \begin{pmatrix} 1 & 0 & 0 \\ 0 & 1 & 0 \\ 0 & 0 & 1 \end{pmatrix}$, $\Lambda = \begin{pmatrix} a & 0 & 0 \\ 0 & a & 0 \\ 0 & 0 & a \end{pmatrix}$

(5) 不相似.

2. $\dfrac{1}{4} \begin{pmatrix} 5 \times 2^k - 6^k & 2^k - 6^k & -2^k + 6^k \\ -2^{k+1} + 2 \times 6^k & 2^{k+1} + 2 \times 6^k & 2^{k+1} - 2 \times 6^k \\ 3 \times 2^k - 3 \times 6^k & 3 \times 2^k - 3 \times 6^k & 2^k + 3 \times 6^k \end{pmatrix}$

3. $\begin{pmatrix} 1 & 2 & 2 \\ 2 & 1 & -2 \\ -2 & -2 & 1 \end{pmatrix}$

4. (1) $0, -2$ (2) $\begin{pmatrix} 0 & 0 & 1 \\ 2 & 1 & 0 \\ -1 & 1 & -1 \end{pmatrix}$

習題 5.3

1. (1) 變換矩陣: $\begin{pmatrix} -\dfrac{1}{\sqrt{3}} & -\dfrac{1}{\sqrt{2}} & \dfrac{1}{\sqrt{6}} \\ -\dfrac{1}{\sqrt{3}} & \dfrac{1}{\sqrt{2}} & \dfrac{1}{\sqrt{6}} \\ \dfrac{1}{\sqrt{3}} & 0 & \dfrac{2}{\sqrt{6}} \end{pmatrix}$, 對角陣: $\begin{pmatrix} 0 & & \\ & -1 & \\ & & 9 \end{pmatrix}$

(2) 變換矩陣: $\begin{pmatrix} \dfrac{1}{\sqrt{2}} & \dfrac{1}{\sqrt{6}} & \dfrac{1}{\sqrt{3}} \\ -\dfrac{1}{\sqrt{2}} & \dfrac{1}{\sqrt{6}} & \dfrac{1}{\sqrt{3}} \\ 0 & -\dfrac{2}{\sqrt{6}} & \dfrac{1}{\sqrt{3}} \end{pmatrix}$, 對角陣: $\begin{pmatrix} 0 & & \\ & 0 & \\ & & 3 \end{pmatrix}$

(3) 變換矩陣：$\begin{pmatrix} \frac{1}{\sqrt{2}} & \frac{1}{\sqrt{6}} & -\frac{1}{\sqrt{12}} & \frac{1}{2} \\ \frac{1}{\sqrt{2}} & -\frac{1}{\sqrt{6}} & \frac{1}{\sqrt{12}} & -\frac{1}{2} \\ 0 & \frac{2}{\sqrt{6}} & \frac{1}{\sqrt{12}} & -\frac{1}{2} \\ 0 & 0 & \frac{3}{\sqrt{12}} & \frac{1}{2} \end{pmatrix}$

對角陣：$\begin{pmatrix} 1 & & & \\ & 1 & & \\ & & 1 & \\ & & & -3 \end{pmatrix}$

2. $\begin{pmatrix} 1 \\ 0 \\ 0 \end{pmatrix}$, $\begin{pmatrix} 0 \\ -1 \\ 1 \end{pmatrix}$, $\begin{pmatrix} 1 & 0 & 0 \\ 0 & 0 & -1 \\ 0 & -1 & 0 \end{pmatrix}$

3. $\begin{pmatrix} 1 \\ 1 \\ 1 \end{pmatrix}$, $\begin{pmatrix} 4 & 1 & 1 \\ 1 & 4 & 1 \\ 1 & 1 & 4 \end{pmatrix}$

復習題五

(一) 填空

1. -4.   2. $-6, \frac{1}{3}, -1, \frac{1}{2}, 10, 6, 3$.   3. $(288)^2$.

4. 144.   5. -84.   6. -14.

7. -1.   8. 3, 1.   9. 6, -2.

10. $\begin{pmatrix} 3 & 0 & 0 \\ 0 & 3 & 0 \\ 0 & 0 & -1 \end{pmatrix}$.

(二) 選擇

1. (B).   2. (C).   3. (C).
4. (A).   5. (C).   6. (B).
7. (D).   8. (B).   9. (C).

10. (A).

(三) 計算與證明

1. 0, $\begin{pmatrix} -1 & 1 & 1 \\ 2 & 0 & 0 \\ 0 & 2 & 1 \end{pmatrix}$, $\begin{pmatrix} -1 & & \\ & -1 & \\ & & 1 \end{pmatrix}$

2. $\begin{pmatrix} \dfrac{7}{3} & 0 & -\dfrac{2}{3} \\ 0 & \dfrac{5}{3} & -\dfrac{2}{3} \\ -\dfrac{2}{3} & -\dfrac{2}{3} & 2 \end{pmatrix}$

3. -2 或 1

6. 相似; $\begin{pmatrix} 0 & -2 & 1 \\ 1 & 1 & 0 \\ 1 & -1 & 0 \end{pmatrix}$

7. (1) $-4, -6, -12$; 相似, $\begin{pmatrix} -4 & & \\ & -6 & \\ & & -12 \end{pmatrix}$;

(2) $-288, -72$

8. $\prod\limits_{i=1}^{n}(2i-3)$

9. (1) $\beta = 2X_1 - 2X_2 + X_3$ (2) $\begin{pmatrix} 2 - 2^{n+1} + 3^n \\ 2 - 2^{n+2} + 3^{n+1} \\ 2 - 2^{n+3} + 3^{n+2} \end{pmatrix}$

16*. 證略.

17*. 證略.

18*. (1) $\begin{cases} x_{n+1} = \dfrac{9}{10}x_n + \dfrac{2}{5}y_n \\ y_{n+1} = \dfrac{1}{10}x_n + \dfrac{3}{5}y_n \end{cases}$, $\begin{pmatrix} x_{n+1} \\ y_{n+1} \end{pmatrix} = \begin{pmatrix} \dfrac{9}{10} & \dfrac{2}{5} \\ \dfrac{1}{10} & \dfrac{3}{5} \end{pmatrix} \begin{pmatrix} x_n \\ y_n \end{pmatrix}$;

(2) $\lambda_1 = 1, \lambda_2 = \dfrac{1}{2}$;

(3) $\begin{pmatrix} x_{n+1} \\ y_{n+1} \end{pmatrix} = A^n \begin{pmatrix} \dfrac{1}{2} \\ \dfrac{1}{2} \end{pmatrix} = \dfrac{1}{10} \begin{pmatrix} 8 - 3\left(\dfrac{1}{2}\right)^n \\ 2 + 3\left(\dfrac{1}{2}\right)^n \end{pmatrix}$.

247

習題 6.1

1. (1) $\begin{pmatrix} 0 & -2 & 1 \\ -2 & 0 & 1 \\ 1 & 1 & 0 \end{pmatrix}$
   (2) $\begin{pmatrix} 1 & 1 & 1 & 0 \\ 1 & 3 & -\dfrac{3}{2} & 0 \\ 1 & -\dfrac{3}{2} & -1 & 0 \\ 0 & 0 & 0 & 0 \end{pmatrix}$

   (3) $\begin{pmatrix} 1 & \dfrac{5}{2} & 6 \\ \dfrac{5}{2} & 4 & 7 \\ 6 & 7 & 5 \end{pmatrix}$
   (4) $\begin{pmatrix} 0 & 1 & 1 & \cdots & 1 & 1 \\ 1 & 0 & 1 & \cdots & 1 & 1 \\ 1 & 1 & 0 & \cdots & 1 & 1 \\ \cdots & \cdots & \cdots & \cdots & \cdots & \cdots \\ 1 & 1 & 1 & \cdots & 0 & 1 \\ 1 & 1 & 1 & \cdots & 1 & 0 \end{pmatrix}$

2. (1) $2x_1^2 - x_3^2 - 2x_1x_2 + 6x_1x_3 + 8x_2x_3$
   (2) $x_1^2 - 3x_2^2 + 5x_3^2$

3. 3

4. 證略. $C = \begin{pmatrix} 0 & 0 & 1 \\ 1 & 0 & 0 \\ 0 & 1 & 0 \end{pmatrix}$

習題 6.2

1. (1) $f = y_1^2 + y_2^2 - 2y_3^2$, $\begin{pmatrix} x_1 \\ x_2 \\ x_3 \end{pmatrix} = \begin{pmatrix} 1 & -1 & 2 \\ 0 & 1 & -1 \\ 0 & 0 & 1 \end{pmatrix} \begin{pmatrix} y_1 \\ y_2 \\ y_3 \end{pmatrix}$

(2) $f = y_1^2 - 4y_2^2$, $\begin{pmatrix} x_1 \\ x_2 \\ x_3 \end{pmatrix} = \begin{pmatrix} 1 & 1 & -\dfrac{3}{2} \\ 0 & 1 & -\dfrac{1}{2} \\ 0 & 0 & 1 \end{pmatrix} \begin{pmatrix} y_1 \\ y_2 \\ y_3 \end{pmatrix}$

(3) $f = z_1^2 - z_2^2 - z_3^2 - \dfrac{3}{4}z_4^2$,

$\begin{pmatrix} x_1 \\ x_2 \\ x_3 \\ x_4 \end{pmatrix} = \begin{pmatrix} 1 & 1 & -1 & -\dfrac{1}{2} \\ 1 & -1 & -1 & -\dfrac{1}{2} \\ 0 & 0 & 1 & -\dfrac{1}{2} \\ 0 & 0 & 0 & 1 \end{pmatrix} \begin{pmatrix} z_1 \\ z_2 \\ z_3 \\ z_4 \end{pmatrix}$

(4) $f = y_1^2 + y_2^2 + \cdots + y_n^2 - y_{n+1}^2 - \cdots - y_{2n-1}^2 - y_{2n}^2$

$\begin{cases} x_1 = y_1 - y_{2n} \\ x_2 = y_2 - y_{2n-1} \\ \cdots\cdots\cdots\cdots \\ x_n = y_n - y_{n+1} \\ x_{n+1} = y_n + y_{n+1} \\ \cdots\cdots\cdots\cdots \\ x_{2n+1} = y_2 + y_{2n-1} \\ x_{2n} = y_1 + y_{2n} \end{cases}$

2. 不能. 因所作變換不是非奇異線性變換.

$f = 2y_1^2 + \dfrac{3}{2}y_2^2$, $\begin{pmatrix} x_1 \\ x_2 \\ x_3 \end{pmatrix} = \begin{pmatrix} 1 & 1 & 2 \\ 0 & 1 & 1 \\ 0 & 0 & 1 \end{pmatrix} \begin{pmatrix} y_1 \\ y_2 \\ y_3 \end{pmatrix}$, f 的秩為 2.

3. (1) $f = y_1^2 + y_2^2 + 10y_3^2$, $\begin{pmatrix} x_1 \\ x_2 \\ x_3 \end{pmatrix} = \begin{pmatrix} \dfrac{2}{\sqrt{5}} & \dfrac{2}{3\sqrt{5}} & \dfrac{1}{3} \\ -\dfrac{1}{\sqrt{5}} & \dfrac{4}{3\sqrt{5}} & \dfrac{2}{3} \\ 0 & \dfrac{5}{3\sqrt{5}} & -\dfrac{2}{3} \end{pmatrix} \begin{pmatrix} y_1 \\ y_2 \\ y_3 \end{pmatrix}$

249

線性代數

(2) $f = -y_1^2 + 3y_2^2 + y_3^2 + y_4^2$

$$\begin{pmatrix} x_1 \\ x_2 \\ x_3 \\ x_4 \end{pmatrix} = \begin{pmatrix} \frac{1}{2} & \frac{1}{2} & \frac{1}{\sqrt{2}} & 0 \\ -\frac{1}{2} & \frac{1}{2} & 0 & \frac{1}{\sqrt{2}} \\ -\frac{1}{2} & -\frac{1}{2} & \frac{1}{\sqrt{2}} & 0 \\ \frac{1}{2} & -\frac{1}{2} & 0 & \frac{1}{\sqrt{2}} \end{pmatrix} \begin{pmatrix} y_1 \\ y_2 \\ y_3 \\ y_4 \end{pmatrix}$$

(3) $f = 4y_2^2 + 9y_3^2$, $\begin{pmatrix} x_1 \\ x_2 \\ x_3 \end{pmatrix} = \begin{pmatrix} -\frac{1}{\sqrt{6}} & \frac{1}{\sqrt{2}} & \frac{1}{\sqrt{3}} \\ \frac{1}{\sqrt{6}} & \frac{1}{\sqrt{2}} & -\frac{1}{\sqrt{3}} \\ \frac{2}{\sqrt{6}} & 0 & \frac{1}{\sqrt{3}} \end{pmatrix} \begin{pmatrix} y_1 \\ y_2 \\ y_3 \end{pmatrix}$

4. 2, $\begin{pmatrix} 0 & 1 & 0 \\ \frac{1}{\sqrt{2}} & 0 & \frac{1}{\sqrt{2}} \\ -\frac{1}{\sqrt{2}} & 0 & \frac{1}{\sqrt{2}} \end{pmatrix}$

習題 6.3

1. (1) 負定；   (2) 正定；   (3) 正定.

2. (1) $-\frac{4}{5} < t < 0$；

   (2) 不論 t 取何值，原二次型都不可能是正定的.

250

復習題六

(一) 填空

1. $\begin{pmatrix} 2 & -\frac{1}{2} & 0 \\ -\frac{1}{2} & 1 & 0 \\ 0 & 0 & 0 \end{pmatrix}$. 　2. $2m - r$. 　3. $n - u - v$.

4. $-\sqrt{2} < t < \sqrt{2}$. 　5. > 2. 　6. 2.

7. ± 3.

(二) 選擇

1. (C). 　　　　　2. (A). 　　　　　3. (C).
4. (D). 　　　　　5. (C). 　　　　　6. (B).
7. (B). 　　　　　8. (C). 　　　　　9. (C).

(三) 計算與證明

1. (1) $f = y_1^2 - y_2^2$, 正負慣性指數均為 1, 符號差為 0.

   (2) $f = z_1^2 - z_2^2 - z_3^2$, 正慣性指數為 1, 負慣性指數為 2, 符號差為 -1.

2. 正定.

3. (1) $t > 2$ 　　　　(2) $t < -1$

12*. (1) $\lambda_1 = \lambda_2 = -2, \lambda_3 = 0$;

   (2) $k > 2$.

13. 證略.

14*. (1) $f(x_1, x_2, \cdots, x_n)$

$$= (x_1, x_2, \cdots, x_n)^T \frac{1}{|A|} \begin{pmatrix} A_{11} & A_{21} & \cdots & A_{n1} \\ A_{12} & A_{22} & \cdots & A_{n2} \\ \cdots & \cdots & \cdots & \cdots \\ A_{1n} & A_{2n} & \cdots & A_{nn} \end{pmatrix} \begin{pmatrix} x_1 \\ x_2 \\ \vdots \\ x_n \end{pmatrix}, 證略;$$

(2) 相同.

251

國家圖書館出版品預行編目(CIP)資料

線性代數 / 杜之韓, 劉麗, 吳曦 編著. -- 第四版.
-- 臺北市：財經錢線文化出版：崧博發行, 2018.12
　面；　公分
ISBN 978-957-680-324-6(平裝)
1.線性代數
313.3　　　107020011

書　名：線性代數
作　者：杜之韓,劉麗,吳曦　編著
發行人：黃振庭
出版者：財經錢線文化事業有限公司
發行者：崧博出版事業有限公司
E-mail：sonbookservice@gmail.com
粉絲頁　　　　　網　址：
地　址：台北市中正區延平南路六十一號五樓一室
8F.-815, No.61, Sec. 1, Chongqing S. Rd., Zhongzheng Dist., Taipei City 100, Taiwan (R.O.C.)
電　話：(02)2370-3310　傳　真：(02) 2370-3210
總經銷：紅螞蟻圖書有限公司
地　址：台北市內湖區舊宗路二段 121 巷 19 號
電　話:02-2795-3656　　傳真:02-2795-4100　網址：
印　刷：京峯彩色印刷有限公司（京峰數位）

　　本書版權為西南財經大學出版社所有授權崧博出版事業有限公司獨家發行電子書及繁體書繁體版。若有其他相關權利及授權需求請與本公司聯繫。
定價：500元
發行日期：2018 年 12 月第四版
◎ 本書以POD印製發行

◆ 崧博出版　◆ 崧燁文化　◆ 財經錢線

最狂
電子書閱讀活動

即日起至 2020/6/8，掃碼電子書享優惠價　**99/199** 元